一路走来与锂有缘

内 容 简 介

本书以笔者发现的超大型新 3 号锂辉石矿床、实现快速地质找矿突破的实践，通过对成矿背景、矿床地质与地球化学特征进行系统分析，深入探讨甲基卡稀有金属的成矿控矿条件，进一步论证了与成矿作用密切相关的 "花岗岩浆底辟穹窿构造" 及其核部 "Li-F 花岗质岩石" 的形成机制与演化过程；从成矿物质来源、成矿流体、成岩成矿时代、控矿系统等方面分析以及找矿标志等的总结，提出液态不混溶 Li-F 花岗伟晶岩浆源开放型裂隙系统以及脉动式多期次充填、交代 "三位一体" 的成因认识，完善了甲基卡式伟晶岩型矿床的成矿模型，为进一步找矿提供了理论依据；通过综合找矿方法集成与应用，建立了具多层次性和程序性的三维地质综合勘查与找矿模型，为实现快速找矿与快速评价提供了技术支撑，体现了科学理论和技术方法的创新与进步。

本书可供从事矿床地质及相关领域的研究人员和大专院校师生参考使用。

图书在版编目(CIP)数据

甲基卡式花岗伟晶岩型锂矿床成矿模式与三维勘查找矿模型 / 付小方等著.—北京:科学出版社, 2017.6
ISBN 978-7-03-052737-0

Ⅰ.①甲… Ⅱ.①付… Ⅲ.①甲基–花岗伟晶岩–锂矿床–成矿模式 ②甲基–花岗伟晶岩–锂矿床–三维–地质勘探–找矿模式 Ⅳ.①P588.13②P618.71

中国版本图书馆 CIP 数据核字 (2017) 第 101353 号

责任编辑：罗 莉 / 责任校对：王 翔
封面设计：墨创文化 / 责任印制：罗 科

科 学 出 版 社 出版

北京东黄城根北街16 号
邮政编码：100717
http://www.sciencep.com

四川煤田地质制图印刷厂印刷
科学出版社发行 各地新华书店经销
*

2017 年 6 月第 一 版 开本：787×1092 1/16
2017 年 6 月第一次印刷 印张：15 1/2
字数：368 千字
定价：198.00 元
(如有印装质量问题，我社负责调换)

甲基卡式花岗伟晶岩型锂矿床成矿模式与三维勘查找矿模型

付小方 侯立玮 梁 斌 等 著

科学出版社

北京

甲基卡式花岗伟晶岩型锂矿床
成矿模式与三维勘查找矿模型

（本书作者名单）

付小方　侯立玮　梁　斌　黄　韬　郝雪峰　阮林森

袁蔺平　唐　屹　潘　蒙　邹付戈　肖瑞卿　杨　荣

序

随着新兴产业的迅猛发展，锂金属突显出具有极高的战略价值，被誉为 21 世纪的"能源金属""白色石油"和"推动世界前进的金属"。国家在新能源战略的大背景下，给予重点扶持。锂资源开发利用已被作为国家战略列入"十二五"规划和"十三五"规划；在国家战略性新兴产业目录中，锂资源的开发利用贯穿节能环保、新一代信息技术、生物、高端装备制造、新能源、新材料和新能源汽车等七大产业。近期国家已定位甲基卡为国家新兴能源基地。

我国具工业意义和潜在工业意义的锂矿床，主要是花岗岩伟晶岩型、花岗岩型锂矿、盐湖卤水型。花岗岩伟晶岩型矿床主要分布在四川、新疆、河南、湖南，一直为我国锂矿的主要开采对象；花岗岩型锂矿仅见于江西，目前正被开发利用；盐湖卤水型液体矿，主要分布在青海柴达木和西藏北部各盐湖中，属高镁锂比型，已经过 30 多年试验研究，因尚未完全解决生产工艺技术问题，尚未被规模化开发利用。

自 20 世纪 70 年代以来，经四川地质矿产局下属地质队和研究所，以及中国地质科学院等单位调查研究与勘查，已在川西部地区查明多处伟晶岩型锂辉石矿富集区。其中的甲基卡为主要富集区，已发现伟晶岩矿(化)脉 498 条，但由于气候十分恶劣，广为浮土草甸覆盖，故经详查或勘探的含矿伟晶岩脉仅有 17 条，致使该区于 20 世纪 80 年代至 21 世纪初的 20 年间，地质找矿及勘查工作再未取得重大新进展。

为了国家新兴能源的需要，扩大锂金属矿产资源储量，按中国地质调查局和四川省国土资源厅部署，甲基卡锂辉石成矿区的重点评价和普查被列入 2012～2017 年，"我国三稀资源战略调查计划项目"四川三稀资源综合研究与重点评价工作项目和地勘基金锂矿重点普查项目。项目由中标单位——四川省地质调查院具体实施。

五年多来，项目组通过对前人资料的认真分析，选用有明确针对性的，对生态环境影响最小的多种勘查技术方法和手段，历经艰辛，于甲基卡及其外围地区开展了立体地质勘查与综合研究，并取得了值得点赞和推崇的如下重大新进展和地质找矿的重大突破。

首先是，实现了快速地质找矿的重大新突破，新发现了锂辉石矿脉 11 条，其中新 3 号(X03)矿脉经钻探追索控制，新探获氧化锂(Li_2O)资源量达 88 万吨。并同时查明可综合利用的共伴生氧化铍(BeO)、氧化铷(Rb_2O)资源量达超大型，氧化钽(Ta_2O_5)资源量达大型，氧化铌(Nb_2O_5)及锡(Sn)资源量达小型。该重大突破使甲基卡氧化锂的资源储量规模跃居亚洲第一位。

项目组通过分析研究花岗岩体、伟晶脉、围岩及蚀变岩的地质特征、地球化学、同位素特征，在分析成矿作用、控矿条件基础上，总结了成矿规律，强调了岩浆底辟穹窿对稀有金属成矿作用的具有关键性的控制作用，提出了 Li-F 花岗质岩石及液态不混溶的脉动式

i

多期充填-交代成因以及开放裂隙系统控矿的新认识，完善了甲基卡式矿床成矿模式，为解释甲基卡主要矿化伟晶岩为何不具环状结构带，且规模如此巨大，提供了依据。

根据所获得的有关多元信息，项目组探索建立了"前人资料综合研究＋遥感解译—坡残积地质填图—重力测量和/或高精度磁力测量—土壤化探—激电中梯测量—浅成雷达探测—便携式取样钻和岩心钻探验证控制"的三维立体综合勘查模型；通过对稀有金属矿产资源体的产布特点、主要控矿因素，以及找矿标志等的总结和高度概括，建立了具层次性和程序性的找矿模型，为寻找隐伏伟晶岩型稀有金属矿提供了技术指导和示范。这些成果的取得不仅对提升我国锂资源的保障程度、建设新兴能源基地具有重要的战略意义，而且丰富了稀有金属成矿理论、找矿方法，对于寻找新的稀有矿产资源也具有重要的理论和实际意义。

矿产资源属不可再生资源，随着长期大规模开发，部分矿产资源难免逐步枯竭，露头矿也愈来愈少，预测与寻找大型、超大型，特别是隐伏矿的重任，已历史地落在当今地学工作者的肩上。

《甲基卡式花岗伟晶岩型锂矿床成矿模式与三维勘查找矿模型》专著，为本书作者对以往已取得的主要调查研究成果和实践经验的阶段性总结，是先后参与调查研究人员的集体成果。

作为一名为祖国地质找矿事业奋斗终性的前辈，殷切希望本书的作者们在今后的工作中，以此为新的起点，在地质找矿勘查中取得更大的成绩。同时也希望本书的读者，能够借鉴和应用本书在稀有金属成矿作用理论和地质找矿勘查方面所取得成果，在类似成矿远景区和及工业矿床的对比预测与勘查实践参考借鉴。

张耀南

2017 年 6 月

前　言

锂(Li)是自然界中最轻的金属，原子序数为 3，原子质量为 6.94，密度为 0.543g/cm³，硬度 0.6，熔点 180℃，沸点 1347℃。其化学性质很活泼，在氧气和空气中能自燃，在自然界仅以化合物形式存在。在自然界中目前已发现锂矿物和含锂矿物有 150 多种，其中已定名的主要锂矿物有 37 种。最主要的锂矿物是锂辉石(含 Li_2O 5.8%～8.1%)、锂云母(含 Li_2O 3.2%～6.45%)和透锂长石(含 Li_2O 2.9%～4.8%)等。锂辉石($LiAl[Si_2O_6]$)：链状硅酸盐矿物，单斜晶系，常呈短柱状、板状产出，也见有粒状致密块体或粒状、短柱状集合体。颜色呈灰白色、绿色、暗绿色或黄色；玻璃光泽，半透明到不透明，摩氏硬度为 6.5～7，{110} 完全解理，夹角 87°，密度为 3.03～3.22g/cm³，是目前世界上开采利用的主要锂矿物之一。

锂作为一种主要的能源金属，在高能锂电池、受控热核反应中的应用使锂成为人类长期能源供给的重要资源之一。同时，锂的化合物广泛应用于玻璃陶瓷工业、冶炼工业、锂基润滑剂以及空调、医药、铸造等工业领域。

作为能源金属，1g 锂有效能量最高可达 8500～72000kW·h，比相同质量的 ^{235}U 裂变所产生能量大 8 倍，相当于 3.7t 标准煤。闻名于世的新疆可可托海三号矿脉曾是我国制造原子弹、氢弹、卫星所用的锂、铍、钽、铌、铯等稀有金属的主要来源。该矿脉为我国"两弹一星"的成功发射及国防建设做出了重要贡献，被誉为"英雄矿脉""功勋矿脉"。

近年来，随着高能锂电池、受控热核反应的发展和应用，锂矿作为战略资源的地位也日益显现出来。锂将成为解决人类长期能源供给的重要原料，能够替代石油，起到减少温室气体排放的作用，被公认为未来动力能源的发展方向。因此，锂又被称为 21 世纪的"白色石油"。随着锂电动汽车的市场化，以及解决太阳能和风能等新能源的储能需要，未来世界锂矿资源消耗将呈几何级倍数增长(图 1)。以绿色低碳为方向，着力发展新能源产业，也是国际能源技术革命的新趋势(王秋舒等，2016)。在国际经济、地缘政治、环境因素、经济激励等多种因素的共同推动下，锂矿资源已成为国际市场的热点，电池和储能产品研发的日新月异，很快将进入产业化快速发展期，其战略资源的地位也将日渐上升。

根据锂矿资源的赋存状态，全球锂矿床可划分为三种类型：盐湖卤水型、伟晶岩型和沉积型。其中盐湖卤水型锂矿资源储量约占全球总储量的 80%。伟晶岩型固体锂矿主要分为锂辉石、锂云母两大类，其中锂辉石是最富含锂和有利于工业利用的原料。沉积型锂矿，以黏土岩和湖相沉积物为赋矿层，但仍处于勘查及可行性研发阶段。全球锂矿资源分布严重不均。南美洲的"锂三角"(玻利维亚、阿根廷、智利)以及中国、澳大利亚和加拿大为锂矿主要储量国(地区)。

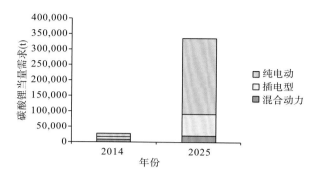

图 1　电动汽车对锂资源需求量预测

(Global Investment Research，Goldman Sachs，2016)

　　我国的盐湖卤水型锂矿床主要分布在青海、西藏，因锂含量低、镁锂比高、自然条件恶劣、缺乏淡水等因素，开发难度大。固体锂矿床主要分布在四川甘孜、阿坝、新疆、江西宜春及湖南等地区等，其中华南锂矿为锂云母型，较难利用，新疆阿勒泰矿为锂辉石型，资源濒临枯竭。唯有四川省固体锂资源具有非常明显优势，资源储量居全国第一，特别是近年来，笔者发现的四川省甘孜州甲基卡伟晶岩型新 3 号锂矿床(脉)是亚洲最大的锂辉石单脉，使甲基卡矿田氧化锂资源总量达到215万t，位居世界前列(图2)。

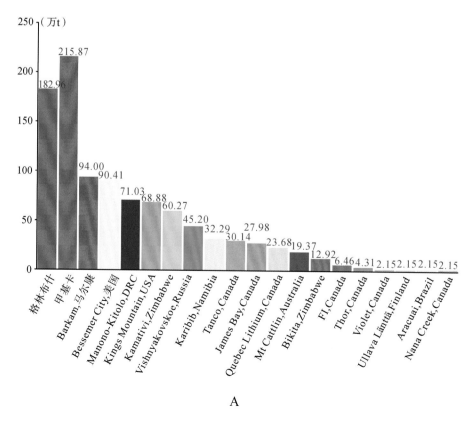

A

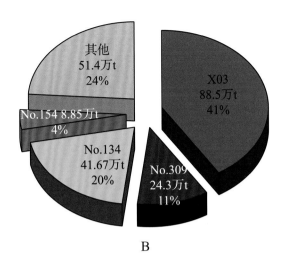

B

图 2　全球固体锂辉石氧化锂资源储量示意图

(Kesler S E，2012 修改)

A.全球锂辉石氧化锂资源储量示意图；B.甲基卡锂辉石氧化锂资源储量示意图

甲基卡锂辉石矿具有规模大，品位富，共伴生稀有金属多，埋藏浅，易开采，综合利用价值大，选矿性能好的特点。特别是经核工业西南物理研究院的测定，甲基卡的锂金属比盐湖卤水型锂更加富集可用于核聚变的同位素 ^{6}Li，战略意义重大。近期国家已将甲基卡列为战略性新兴能源基地，给锂矿的开发带来了很好的发展机遇。

四川甘孜甲基卡矿田位于青藏高原东缘，是世界以及我国最重要的以锂为主的稀有金属矿田之一，是四川锂矿的典型代表。因此，甲基卡成为地质学家的瞩目之地。

1959 年四川地矿局甘孜队根据群众报矿线索发现后(中国矿床发现史•四川卷，1996)，近半个多世纪以来，前人在甲基卡稀有金属矿田相继开展了地质调查与勘查工作。1961～1979 年，经四川地矿局 402、404 等地质队的地质调查与勘查，在甲基卡中南部，共发现花岗伟晶岩脉 498 条，并对其中的 17 条含矿伟晶岩脉进行了详查或初步勘探，提交了资源储量，确立了稀有金属矿田的资源远景；20 世纪 70～80 年代前期，四川地矿局攀西地质大队唐国凡、吴盛连以及中国科学院地质研究所吴利仁等先后对矿床成因、物质组分等进行了初步的研究。之后，由于国民经济调整以及矿田中北部第四系覆盖严重，地质找矿和勘查工作再未取得重大新进展。

20 世纪 90 年代初四川地矿局与中国地质科学院地质研究所合作，通过对松潘-甘孜造山带的造山过程的研究，首次将发育在甲基卡、容须卡、长征等地三叠系西康群中，以深熔花岗岩为中心的热隆伸展构造，划属"浅层次热隆伸展构造"，为进一步研究造山带的穹窿构造拓展了思路，出版了专著《中国松潘-甘孜造山带的造山过程》(许志琴、侯立玮等，1992)，成果获部级科技进步二等奖；1998～2002 年，四川地矿局承担的部级重点科技项目"扬子地台西南缘成矿地质条件及远景预测"中，设立了扬子地台西缘穹窿状变质体与成矿的课题，通过侯立玮、付小方等的调查研究，将穹窿状变质体划分为"花岗岩浆底辟穹窿""片麻岩穹窿""变质核杂岩""构造穹窿"四种类型，建立了各类穹隆体的结构模式和成因成矿模式。尤其是揭示了甲基卡等花岗岩浆底辟穹隆变形变质特征与成矿控矿作用特点，为进一步找矿打下了扎实的基础。扬子西缘研究成果获得四川省科技进步一等奖，出版了专著《松潘-甘孜造山带东缘穹隆状变质体》(侯立玮、付小方 2002)。2003~2004 年，李健康、王登红、付小方等对以甲基卡为重点的川西伟晶岩矿床进行了专题研究，对伟晶岩的形成时代以及成因机制进行了探讨，出版专著《川西伟晶型矿床的形成机制及大陆动力学背景》(李健康、王登红、付小方，2007)。

前人勘查与研究基础，为笔者取得地质找矿突破性进展奠定了坚实的基础。

2012~2015 年，四川省地质调查院中标承担了"四川三稀资源综合研究与重点评价"工作项目(编号：1212011220814)，西南科技大学和四川省矿产公司作为参加单位。该项目属于中国地质调查局部署的"我国三稀资源战略调查"计划项目。该项目主要工作任务之一是开展甲基卡外围稀有金属成矿远景区重点调查评价，其主要目的是发现新的矿产地，扩大锂等稀有金属矿产资源远景。该工作项目成果报告于 2016 年 5 月经中国地质调查局在北京组织专家评审，认定为优秀成果，初步估算甲基卡新 3 号等脉的氧化锂资源量88.55 万 t(四川三稀资源综合研究与重点评价报告，2016.5；中国地质调查成果快讯总第 41期，2016.11)，矿床规模达到特大型，成为亚洲第一大锂辉石单脉。这一发现使甲基卡矿田锂辉石氧化锂的资源总量达到 215 万 t，位居世界同类型前列，战略意义重大。

2014~2015 年，笔者相继开展"四川稀有矿床锂及共伴生元素及综合利用研究"(川国土 KJ-2015-5)。

2015~2017 年，笔者又中标承担了四川省国土资源厅下达的"四川康定县海子北锂矿普查"地勘基金项目(川国土资函〔2015〕55 号)，继续对以新 3 号脉为重点的麦基坦矿区开展地质调查与找矿评价工作，为国家提交锂矿资源储量评价报告。稀有稀土战略资源评价与利用四川省重点实验室参加甲基卡成矿规律与勘查找矿模式的综合研究。

五年来，项目组地质科研人员不畏艰苦、敢于创新、勇攀高峰，获得大量翔实的地质、物探、化探及勘查的第一手基础资料。理论上，笔者以新发现的新 3 号锂辉石矿床(脉)为重点，通过对矿田、典型矿床(脉)系统的地质填图、地球物理、地球化学及遥感解译等一系列详细的调查和科学研究，分析了花岗岩体、伟晶脉、围岩及蚀变岩的地质特征、地球化学、同位素特征，在综合分析成矿作用、控矿条件基础上，总结了成矿规律，提出了 Li-F 花岗质岩石、液态不混溶的脉动式多期充填-交代成因以及开放裂隙系统"三位一体"控矿的认识，完善了甲基卡式矿床成矿模式。

项目组取得了丰硕地质科研成果，并将其迅速转化为生产力，取得了锂矿找矿的重大突破。本书是五年来科学研究生和产实践相结合的总结，也是综合地质找矿实践和理论研究的结晶，体现了科学理论创新和技术方法的进步(中国地质调查成果快讯总第 41期，2016.11)。本书通过综合找矿方法集成与应用，建立了具多层次性和程序性的三维地质综合勘查与找矿模型，尤其是首次将探地雷达应用于第四系覆盖区稀有金属找矿应用，为实现快速找矿与快速评价和勘查提供了技术示范和支撑，体现了科学理论和技术方法的创新与进步。现概括如下：

1. 科研与实践相结合，稀有找矿取得重大突破和进展

甲基卡地区第四系堆积物和草甸广为覆盖，以往的地质找矿和勘查工作，主要局限于中南部零星基岩出露区开展。为取得地质找矿新的重大突破，笔者在充分收集和分析前人资料的基础上，通过对区内花岗伟晶型稀有金属矿床控矿条件、富集规律、产布特征以及各类直接和间接找矿标志的综合研究分析，突破前人认识上的误区，将中北部冰川沉积物区圈定为进一步开展找矿的靶区，新发现 11 条锂矿(化)伟晶岩脉。尤其是通过对新 3 号矿化脉的钻探验证，证实为一条规模巨大的以锂为主的稀有金属工业矿脉，称为"新 3 号脉"(付小方等，2014)，以下简称为 X03 脉。

X03 脉属于钠长石-锂辉石型花岗伟晶岩，呈分支复合大脉产出，矿脉南北走向长 2200m，往南仍未圈闭，矿体平均厚 36m，最厚达 124m，向西缓倾，并与 No.309 脉相连成一体，夹于花岗细晶岩中至尖灭，延伸至 300~500m。结构构造以发育微晶-细晶-中粗粒韵律式条带为特征，显示多期次脉动式充填-交代的成因特点。矿石矿物主要为锂辉石，全脉矿化，Li_2O 平均品位 1.46%~1.52%，共伴生的 Be、Rb、Ta、Nb、Sn、Cs 等均可综合回收利用。

2. 分析总结稀有金属区域成矿背景

区域大地构造处于特提斯-喜马拉雅造山系中的一个重要组成部分——松潘-甘孜造山带中部。印支晚期以来伴随着陆内造山运动的南北向与东西向的双向挤压，相继形成了 20 余个大小不等、呈圆形或椭圆形的穹窿变质体，分属变质核杂岩、花岗岩浆底辟穹窿、片麻岩穹窿和构造穹窿体(侯立玮，付小方，2002)。其中花岗岩浆底辟上侵和滞后伸展作用形成岩浆低辟穹窿作用，使岩浆侵位于造山带中部的马尔康-雅江被动陆缘残余海盆褶皱-推覆带的上三叠统变质地层中，具有良好的锂等稀有金属元素的成矿背景，形成与陆壳型 Li-F 花岗岩有关的伟晶岩型锂等稀有金属矿床。代表性的矿产地由北至南有：扎乌龙、甲基卡、可尔因、三岔河、埃今等。它们因产出位置不同，成矿地质特征显示一定差异，其中甲基卡和可尔因规模最大，构成巨大的稀有金属伟晶岩矿田。

雅江北部广布的动热变质带深部可能存在的更大隐伏花岗岩基或热流体，围绕各穹窿体中心伟晶岩脉，成群、成带产出。中心发育夕线石带，向外依次为十字石→红柱石→铁铝榴石带→黑云母带递增动热变质带。其平面呈环形展布，与穹窿有关 S_3 面理构造以横向置换为主，明显切割了区域上的 S_1 或 S_{1-2} 劈理，剪切变形显示以热隆为中心向周缘正向滑动的特点。该区曾先后经历了区域低温动力变质作用、低压型热流变质→中压型动热变质作用→局部气-液接触变质→退化变质，是一个升温至降温的过程。

3. 总结甲基卡矿田与典型矿床(脉)地质特征

甲基卡矿田位于海拔较高、剥蚀较浅、具有良好封闭条件的穹窿顶部及其周缘。上

三叠统西康群砂泥质复理石沉积建造，是主要的赋矿围岩。在其南段马颈子和中段的甲基甲米(No.308)分别出露有富含稀有金属的 Li-F 二云母花岗岩岩株(枝)。花岗岩体剥蚀浅，仅出露边缘相，外接触带蚀变强烈。岩体以含锂辉石及高挥发份副矿物电气石、磷灰石以及石榴子石为特色，是国内少见含锂辉石的花岗岩体。重力布格和磁源重力异常推断岩体主体隐伏于地表以下，呈不规则状，主体呈近南北向展布，向北北西向倾伏，向东侧伏，顶面起伏不平，存在多中心的岩株或岩枝(小穹窿)。马颈子布格重力异常的极低值显示马颈子一带可能是穹窿体中岩浆的主要通道。

　　矿田区动热中深变质带亦环绕隐伏花岗岩基呈南北向产布。构造变形样式大体表现为以穹窿体为中心，向外呈系列式变化。在穹窿体顶部以垂直压扁作用为主，S_3 面理平面上多环绕穹窿变质体产布，变斑晶旋转及不对称结晶尾所指示的剪切方向都表现出由穹窿中心向周缘正向滑移的特点。

　　在穹窿体顶部及周缘，受成穹期构造裂隙系统控制的花岗伟晶岩(矿)脉具有成群成带分布特征。据近期统计，具有一定规模的伟晶岩共 509 条(包括笔者新发现 11 条)，其中矿(化)脉占 62%。由穹窿体核部向外可以大致划分为微斜长石型(Ⅰ)→微斜长石钠长石型(Ⅱ)→钠长石型(Ⅲ)→钠长石锂辉石型(Ⅳ)→钠长石锂云母型(Ⅴ)→石英脉带等不规则的分带，稀有成矿元素的空间分布，大致具有 Be→Li→Nb+Ta→Cs+Rb 的分带性变化。但因受到相对开放的构造裂隙系统和岩浆作用控制，使大多数伟晶岩脉不具有明显对称结构分带特征，各类型脉体常互相穿插和叠加交代，不同粒度和组合的矿物往往构成韵律式条带构造，表现出多期次脉动式充填交代的特征。

　　甲基卡矿田稀有金属矿化特点，主要为锂矿，次为铍矿、铌钽铁矿。产出小型以上的矿床(脉)有 20 余个。代表性矿床(脉)有 X03 脉和 No.134 锂矿脉、No.9 号铍矿脉、No.528 铌钽矿脉。锂、铍、铌钽、锡主要赋存矿物分别为锂辉石、绿柱石、铌钽铁矿、锡石等独立矿物，铷和铯主要以类质同象形式存在。伟晶岩交代作用发育广泛，种类繁多，在钠长锂辉石伟晶岩中，交代作用以钠长石化为主，白云母化与云英岩化居于次要地位。

4. 总结成矿规律，建立甲基卡式矿床的成矿模式

　　(1)甲基卡、长征、容须卡三处穹窿体中心出露的岩体均为钙碱性铝过饱和 S 型花岗岩，SiO_2 过饱和。甲基卡二云母花岗岩与长征二云母花岗岩主量元素含量和特征值，微量元素和稀土元素特征等均比较接近，而容须卡岩体特征值与前二者有较明显差异。甲基卡伟晶岩主要为钙碱性系列，微量和稀土元素与二云母花岗岩具有相似的分布特征，说明伟晶岩和花岗岩具有成因上的联系。但是二云母花岗岩和伟晶岩之间稀土元素含量和微量元素特征值具有跳跃性的变化，不同类型伟晶岩之间稀土和微量元素特征值呈现振荡性变化，说明伟晶岩并非二云母花岗岩直接分异结晶作用的产物，伟晶岩之间也并非连续结晶分异系列。围岩蚀变岩石中稀有元素和 F、B 等挥发性组分，具有从远脉动热变质岩—近脉汽热接触堇青石化带—电气石化带逐渐升高的特点，说明围岩蚀变过程中，主要成矿元素受到岩浆汽水热液强烈影响。

　　(2)稀有金属成矿物质主要来源于二云母花岗岩岩浆，西康群复理石碎屑沉积围岩可

能也有一定贡献。成矿流体主要为岩浆流体，大气降水也参与了一定的成矿作用。甲基卡花岗岩形成深度应该在 5~7km 范围，属于中浅层壳源岩浆岩。

（3）获得了较高精度的成岩成矿年龄，二云母花岗岩体的形成时代为 223±1Ma，X03 脉为代表的伟晶岩，成岩成矿时代为 214±2~216±2Ma，表明成岩成矿作用时代相近，均发生于印支晚期，是松潘-甘孜陆内碰撞造山作用的产物。

（4）控矿（脉）构造系统的导矿构造表现为南北向和东西向双向收缩作用和岩浆底辟穹窿体，从花岗岩到伟晶岩具有侵位方式的变化。花岗岩体主要侵位机制为脉动式气球膨胀底辟方式，由于间歇式双向挤压，深部岩浆房的不断补充，岩浆不断膨胀造成横向扩张，到达浅部后由于岩浆分异作用产生伟晶岩熔体向裂隙贯入；在岩浆辟底侵位转化伸展机制的过程中，发育一系列张性和剪张裂隙，给伟晶岩熔体上升提供了良好的通道和聚集场所，从而控制了稀有伟晶岩矿（脉）床的产出，构成了伟晶岩矿田。容矿构造类型由岩体冷凝裂隙——层间裂隙、张裂隙、剪切裂隙组成。但大多数裂隙处于相对开放状态，与二云母花岗岩和伟晶岩岩源保持着联系，并获得了后期熔体的多次脉动式贯入（物质的补给），致使形成如 X03、No.309、No.134 等具有韵律结构和条带状构造的锂辉石大脉。

（5）甲基卡二云母花岗岩和伟晶岩为酸性、过铝质、富钠质、富稀有元素和挥发分的 Li-F 花岗岩或者稀有金属花岗岩。通过对伟晶岩矿化特征及结构构造特征的深入研究，提出了成因类型除少数属"岩浆分异-自交代型"外，大多具工业意义的伟晶岩矿脉，应属"液态不混溶脉动式充填-交代型"的新认识，为解释甲基卡主要伟晶岩矿脉为何不具对称结构分带，且规模如此巨大，提供了依据。

（6）进一步论证了与成矿作用密切相关的"花岗岩浆底辟穹窿构造"，及其核部"Li-F 花岗质岩石"的形成机制与演化过程，并通过对稀有金属矿产的产布特点、主要控矿因素，以及找矿标志等的总结和高度概括，完善了甲基卡式伟晶岩型矿床的成矿模式，提出了液态不混溶 Li-F 花岗伟晶岩浆源、开放型裂隙系统以及脉动式多期次充填-交代"三位一体"的成因认识。

伟晶岩成岩成矿作用经历了岩浆底辟侵位、热隆伸展、同构造的动热变质以及花岗岩株侵位，穹窿形成过程的温压降低诱发岩浆发生液态不混溶作用，形成富挥发分和稀有金属的熔体。穹窿顶部和周缘的各种裂隙，尤其是处于开放系统的裂隙，为稀有伟晶岩脉提供了就位空间，不仅丰富了花岗伟晶岩型稀有金属成矿作用理论，而且对开展深部找矿具有重要的指导意义。

5. 结合找矿实践，通过第四系覆盖区三维综合地质勘查方法的研究与应用，建立了甲基卡式的综合找矿模型

通过找矿的实践，建立了"综合研究－遥感解译和坡-残积溯源追索填图－重磁测量查明岩体和伟晶岩脉就位空间－优选靶区－电法定位化探定性解释推断靶区异常－浅成雷达探测和便携式取样钻，大致查明矿脉浅表边界及产状－面中求点钻探验证控制"的第四系覆盖区三维地质综合勘查模型。为寻找隐伏伟晶岩型稀有金属矿提供了技术指导

和示范作用。尤其是首次将探地雷达技术应用于稀有金属找矿取得了成效，体现了绿色勘查与科学技术的创新。

在成矿规律总结研究基础上，以矿床成矿模式为基础，依据客观性、找矿工作的渐进性和不同阶段、不同层次控矿因素、找矿标志、找矿方法上的差异性及其关联性，对地质找矿模型、地球物理找矿模型、地球化学找矿模型单一找矿模型进行综合分析，概括总结了甲基卡式矿床综合找矿模型。借以指导同类矿床的预测和找矿勘查工作的有效开展。新理论、新技术、新方法的应用，以最少的投入、最短的时间，获得最大效益。

6. 分工及鸣谢

参加野外调查和综合研究的主要人员有付小方、侯立玮、郝雪峰、梁斌、阮林森、袁蔺平、潘蒙、黄韬、唐屹、肖瑞卿、秦宇龙、杨荣、邹付戈、张晨、王伟、冯洋、冯云端等；四川省地质矿产勘探开发局物探队参与了部分物探测量工作。

本书包括前言、结语和正文七章。各章参与编写的人员及分工如下：前言，付小方、邹付戈；第一章，侯立玮、付小方；第二章，付小方、侯立玮、黄韬、梁斌、唐屹；第三章，付小方、梁斌、郝雪峰、潘蒙、袁蔺平、唐屹；第四章，梁斌、阮林森、邹付戈；第五章，付小方、阮林森、梁斌、黄韬、郝雪峰；第六章，付小方、侯立玮、梁斌、阮林森、邹付戈；第七章，侯立玮、付小方、黄韬、袁蔺平、肖瑞卿、杨荣、潘蒙等；结语，付小方；最后由付小方、梁斌统筹定稿。计算机制图由罗琼英、唐屹、黄韬、潘蒙完成。

在项目调查研究过程中，始终得到了中国地质调查局、中国地质科学院矿产资源研究所、四川省国土资源厅、四川省地质矿产勘查开发局、四川省地质调查院、甘孜州国土局、雅江县国土局等部门领导和专家，特别是中国地质科学院矿产资源研究所王登红研究员的支持和指导。在此，一并表示最诚挚的谢意。

目　　录

第一章　区域地质构造 ……………………………………………………………… 1

　第一节　概述 ……………………………………………………………………… 1

　　一、大地构造位置 ……………………………………………………………… 1

　　二、区域地质构造演化 ………………………………………………………… 2

　第二节　区域地球物理和地球化学特征 ………………………………………… 3

　　一、区域地球物理特征 ………………………………………………………… 3

　　二、区域水系沉积物地球化学异常特征 ……………………………………… 5

　第三节　区域岩石地层系统 ……………………………………………………… 6

　　一、区域地层系统 ……………………………………………………………… 6

　　二、成矿区地层与岩相 ………………………………………………………… 7

　第四节　岩浆活动的主要特征 …………………………………………………… 9

　　一、区域主要岩浆活动事件 …………………………………………………… 9

　　二、花岗岩、花岗伟晶岩类型 ………………………………………………… 10

　第五节　区域构造变形与变质作用 ……………………………………………… 11

　　一、构造变形序列及特征 ……………………………………………………… 11

　　二、变质作用 …………………………………………………………………… 12

　第六节　区域穹窿状地质体与成矿 ……………………………………………… 14

　　一、穹窿状地质体研究概况 …………………………………………………… 14

　　二、穹窿状地质体与成矿 ……………………………………………………… 15

　　三、雅江北部花岗岩浆底辟热穹窿田地质特征 ……………………………… 17

第二章　甲基卡稀有金属矿田地质特征 …………………………………………… 24

　第一节　穹窿体与矿田概述 ……………………………………………………… 24

　第二节　地层 ……………………………………………………………………… 24

　第三节　二云母花岗岩地质特征 ………………………………………………… 28

　　一、马颈子二云母花岗岩体 …………………………………………………… 28

　　二、主要矿物特征 ……………………………………………………………… 30

　　三、甲基甲米岩株 ……………………………………………………………… 32

　第四节　重力异常推断花岗岩深部形态 ………………………………………… 34

　　一、布格重力异常特征 ………………………………………………………… 34

　　二、重力异常剖面特征 ………………………………………………………… 35

  第五节 甲基卡穹窿构造变形与变形机制 ················· 37
   一、双向收缩应变和热隆伸展应变 ·················· 37
   二、剪切应变的显微组构 ······················· 40

  第六节 主要变质作用与特征 ····················· 40
   一、经历的主要变质作用 ······················· 40
   二、主要变质矿物特征 ························· 44

  第七节 伟晶岩产布特征与分类 ··················· 46
   一、伟晶岩脉的产出形态及规模 ··················· 46
   二、伟晶岩类型的划分 ························· 49

  第八节 甲基卡伟晶岩的主要类型与特征 ············· 49
   一、按主要矿物组成划分的伟晶岩类型 ··············· 49
   二、按稀有金属的矿化特点划分的伟晶岩类型 ··········· 52
   三、按分异特征划分的伟晶岩类型 ················· 53

  第九节 伟晶岩的脉动充填方式 ··················· 55
   一、脉动具有新生性 ·························· 56
   二、脉动具有继承性 ·························· 57
   三、脉动具有岩浆侵入和裂隙贯入形式 ··············· 58

  第十节 伟晶岩的矿物学特征 ····················· 59
   一、矿物组成 ····························· 59
   二、矿物学特征 ···························· 59

第三章 典型矿(脉)床地质特征 ······················ 65
  第一节 勘查简史与主要矿(脉)床类型 ············· 65
   一、勘查简史 ····························· 65
   二、主要矿(脉)床类型 ······················ 65

  第二节 X03 矿(脉)床 ······················· 68
   一、矿(脉)床产出特征 ······················ 68
   二、矿脉形态及规模 ·························· 72
   三、矿石结构构造 ··························· 74
   四、矿石类型及品位变化 ······················· 78
   五、矿物及化学组分 ·························· 80
   六、稀有元素的赋存状态及富集规律 ················ 91

  第三节 No.134 号锂矿脉地质特征 ··············· 94
   一、矿床(脉)产出特征 ······················ 94
   二、矿脉形态及规模 ·························· 97
   三、矿石结构构造 ··························· 97
   四、矿石类型及品位变化 ······················· 97
   五、矿物组成及稀有元素的赋存状态 ················ 98

第四节　No.9 号铍矿脉 ·· 99
　　一、矿床(脉)产出特征 ·· 99
　　二、矿(体)脉形态及规模 ····································· 100
　　三、矿石结构构造 ·· 101
　　四、矿石类型及品位 ·· 101
　　五、矿物组成及稀有元素的赋存状态 ··························· 101

第五节　No.528 铌钽矿脉地质特征 ·································· 102
　　一、矿床(脉)产出特征 ·· 102
　　二、矿体(脉)形态及规模 ······································ 102
　　三、矿石结构构造 ·· 103
　　四、矿石类型 ·· 105
　　五、矿物组成及稀有元素的赋存状态 ··························· 105

第六节　交代作用与围岩蚀变作用 ··································· 106
　　一、交代作用 ·· 106
　　二、近脉围岩蚀变特征 ·· 109

第四章　地球化学特征 ·· 115
第一节　花岗侵入体地球化学特征 ··································· 115
　　一、岩石地球化学特征 ·· 115
　　二、岩浆岩成因与构造环境 ····································· 118

第二节　伟晶岩的地球化学特征 ····································· 123
　　一、不同类型伟晶岩地球化学特征 ······························ 123
　　二、不同结构钠长锂辉石伟晶岩地球化学特征(以 X03 脉为例) ····· 128
　　三、伟晶岩和矿石元素特征变化成因探讨 ························ 132

第三节　变质围岩的地球化学特征 ··································· 133
　　一、接触蚀变带稀有元素含量和分布特征 ························ 133
　　二、元素活动性和迁移分析 ····································· 137

第五章　甲基卡伟晶岩稀有金属成矿条件 ····························· 139
第一节　成矿物质和成矿流体来源 ··································· 139
　　一、成矿物质围岩来源 ·· 139
　　二、成矿物质岩浆岩来源 ······································ 140
　　三、成矿流体来源 ·· 141
　　四、二云母花岗岩和伟晶岩形成深度 ···························· 144

第二节　成岩成矿时代 ·· 144
　　一、二云母花岗岩的锆石 U-Pb 年龄 ····························· 144
　　二、稀有金属伟晶岩的 U-Pb 同位素年龄 ························· 147
　　三、成岩成矿时代分析 ·· 150

　　第三节　构造岩浆的控矿作用 ·································151
　　　一、成岩成矿的构造背景 ·····························151
　　　二、岩浆侵位机制与控矿条件 ·························153
　　　三、控矿裂隙系统特征 ·····························156

第六章　甲基卡式稀有金属矿床成因与成矿模式 ··················162
　　第一节　甲基卡稀有金属矿床成因 ·······················162
　　　一、甲基卡二云母花岗岩和伟晶岩成因联系 ···············162
　　　二、甲基卡二云母花岗岩岩浆起源 ·····················164
　　　三、岩浆液态不混溶与伟晶岩稀有金属矿床 ···············165
　　　四、岩浆期后热液交代作用与稀有金属矿化 ···············171
　　　五、岩浆脉动作用与矿化叠加 ·························174
　　第二节　甲基卡稀有金属矿床成矿模式 ·····················175
　　　一、地质事件序列 ·······························175
　　　二、成矿模式图及简要说明 ·························178

第七章　三维地质找矿勘查方法研究应用与找矿模型 ··············181
　　第一节　坡-残积锂辉石"寻根溯源"找矿方法 ···············181
　　　一、"寻根溯源"找矿法建立的依据 ·····················181
　　　二、遥感解译及坡-残积填图找矿法的应用 ···············182
　　第二节　重力和磁力测量 ·····························184
　　　一、小比例尺解译区域地质成矿构造背景 ·················184
　　　二、大比例尺重力和磁法异常推断岩体和伟晶岩就位空间 ······185
　　第三节　电法测量 ·································191
　　　一、应用的前提条件(岩石电阻率) ·····················191
　　　二、电法测量方法 ·······························193
　　　三、电法异常解释与推断 ···························195
　　　四、电法测量成果的验证与应用 ·······················199
　　第四节　探地雷达测量 ·····························200
　　　一、应用条件 ·································200
　　　二、探地雷达图像、能量强度和勘探线剖面对比试验 ·········201
　　　三、试验结论 ·································204
　　第五节　地球化学找矿法的研究与应用 ·····················205
　　　一、区域地球化学优选稀有金属找矿远景区 ···············205
　　　二、甲基卡地球化学找矿法的研究与应用 ·················208
　　第六节　多元找矿信息分析与钻探验证 ·····················215
　　　一、成矿有利条件分析 ·····························215
　　　二、化探信息分析 ·······························216

三、物探电法信息分析 ·· 216

四、钻探验证 ·· 217

第七节　甲基卡式矿床综合找矿模型 ·························· 218

一、地质综合找矿模型基本准则 ······························ 218

二、地质找矿模型 ·· 220

三、地球物理找矿模型 ·· 221

四、地球化学找矿模型 ·· 221

五、甲基卡式稀有金属矿床综合找矿模型 ······················ 222

结语 ·· 223

主要参考文献 ·· 224

第一章　区域地质构造

第一节　概　　述

一、大地构造位置

甲基卡稀有金属矿田属于四川康定—雅江花岗伟晶岩型稀有金属成矿区，其大地构造位置位于青藏高原东缘松潘-甘孜造山带的雅江被动陆缘残余海盆褶皱-推覆带中段（图1-1）。

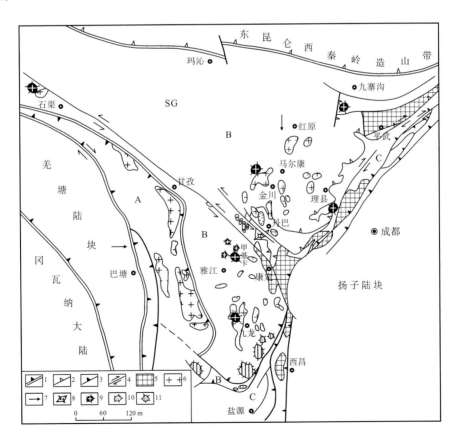

图 1-1　区域地质构造背景略图

1.蛇绿混杂岩带；2.滑脱带；3.逆冲断层；4.平移断层；5.前震旦系；6.中生代花岗岩；7.韧性滑移矢量；8.变质核杂岩；9.岩浆穹窿；10.片麻岩穹窿；11.构造穹窿；SG.松潘-甘孜造山带；A.义敦岛弧带；B.松潘-甘孜造山带主体；C.造山带前陆逆冲带

　　松潘-甘孜造山带为特提斯-喜马拉雅造山系中的一个重要组成部分。北部以阿尼玛卿缝合带与华北板块南缘的秦岭造山带相接；西以金沙江和甘孜-理塘缝合带与羌塘-昌都陆块、玉树-义敦岛弧拼贴；南东部以龙门山-锦屏山前陆冲断带为界与扬子陆块相连。

　　由于曾经华北、扬子和羌塘-昌都三大板块的相互作用，南北向和东西向双向挤压，以及始特提斯→古特提斯→新特提三大连续造山事件，大规模的多层次滑脱、逆冲-推覆和平移剪切，使其呈倒三角形特殊的几何形态、地质构造复杂、山势雄伟，并蕴藏极为丰富的稀有及有色金属等各类矿产资源，是中国乃至全球造山带中一个奇特的造山带。

　　印支晚期以来，大规模不连续逆冲事件造成的构造岩片叠置加厚了大陆岩石圈的厚度，导致了重力的不稳定性。多层次滑脱，特别是深部的滑脱作用过程伴随的地壳局部熔融，产生等温线上升，高热流的花岗岩浆侵位和地壳的软化(许志琴、侯立玮，1992)。松潘-甘孜造山带主体部位有 5 个非常特殊的地质特征：①局部区域动热变质作用叠加在早期区域变质作用之上(绢云母-绿泥石带)；②深部变质体上隆；③低角度韧性正断层在深部变质体和深熔花岗岩周围发育；④逆冲后缘伸展性韧-脆性断层生成；⑤大量重力构造发生。这些现象归属于造山后期的伸展作用效应，可分为热隆伸展、滞后伸展及重力伸展(许志琴、侯立玮等，1994)。其中的热隆伸展、滞后伸展是花岗岩底辟穹窿(岩浆-构造穹窿变质体)形成的重要阶段，也是花岗岩型稀有金属成矿的重要阶段。

二、区域地质构造演化

　　众多地质学者研究认为，在青藏高原北东部的松潘-甘孜及其毗邻区域，自元古代以来，曾经历了始特提斯洋(Pt_2—Pz_1)→古特提斯洋(C_2—T_{1-2})→新特提斯洋(T_3—K_1)多阶段、多洋盆、多岛弧、多陆块构造格局的演化过程。

1. 始特提斯演化阶段

　　松潘-甘孜及其毗邻区内太古代及早中元古代变质杂岩基底、不整合覆盖其上的震旦系—早古生代盖层，以及蛇绿岩及岛弧火山岩残片的存在，显示古特提斯洋形成之前的始特提洋发育阶段，可能是由一系列与扬子板块有亲缘性的地体群或微板块组成。说明该区域已呈现出了多陆块、多洋盆、多岛弧的构造格局。

2. 古特提斯洋盆演化阶段

　　据蛇绿岩残片研究，继始特提斯洋盆闭合和陆块碰撞拼合之后，又经历了裂离扩张和古特提斯洋盆发育阶段。以阿尼玛卿蛇绿岩带为代表的古特提斯北大洋，和以金沙江-甘孜-理塘蛇绿岩带为代表的古特提斯南大洋，主要形成于石炭—二叠纪。而后在早—中三叠世，又分别向北和向南西俯冲消减和闭合碰撞，在华北板块南缘形成东昆仑活动陆缘带，并在羌塘-昌都东缘增生了江达-德钦陆缘岩浆弧和玉树-义敦火山岛弧带。在此期间，华北板块、扬子陆块与羌塘-昌都陆块增生的陆缘岩浆弧及火山弧之间，形成了巴颜喀拉-雅江被动陆缘海复理石沉积盆地，更为清楚地显示了多陆块、多洋盆、多岛弧相间的特点。

3. 新特提斯洋盆演化阶段

据潘桂棠(2004)、郑来林(2004)、许志琴和杨经绥等(2007)研究，随着古特提斯南、北两分支洋盆在早—中三叠世俯冲闭合，印度板块从冈瓦纳大陆裂离和印度洋的开启与扩张以及印度板块向北强烈推挤，致使新特提斯北洋盆和南洋盆分别沿羌塘-昌都陆块中的班公湖-怒江和拉萨陆块南缘雅鲁藏布江一带开启。

沿班公湖-怒江及雅鲁藏布江产布的蛇绿岩，以及活动陆缘带、冈底斯火山岛弧带的组成特点与俯冲极性，显示新特提斯北洋盆于晚三叠世开始裂解，并于侏罗纪时向南俯冲闭合；新特提斯南洋盆，推断于晚三叠世时即初始裂解，于晚侏罗世—古近纪时期向北俯冲闭合。

上述表明，该区在始、古、新特提斯洋盆，特别是在古—新特提斯发育演化阶段，随着多洋盆开启和俯冲关闭、多陆块裂解和拼合、多岛弧增生以及陆-弧、陆-陆碰撞，形成了由华北板块、扬子板块、印度板块以及间夹其间的中间陆块、松潘-甘孜造山带等，拼合组成了印度与南欧亚统一大陆和巨型造山系。在不同地史时期和不同构造体制下，所形成的活动构造体系相互叠置和改造，致使青藏高原地质结构十分复杂。古近纪以来的陆内持续俯冲—碰撞，又使之全面整体隆升，造就了全球海拔最高、规模最为宏伟的青藏高原。

第二节　区域地球物理和地球化学特征

一、区域地球物理特征

1. 重力异常

在我国 $1°×1°$ 重力异常图上，四川省大致以龙门山—锦屏山为界，可分为东西两部分。东部的重力异常等值线以北东向展布为主，异常变化平缓；西部川西高原，等值线展布方向为南北向和北西向，异常值较低，变化亦较平缓。

在经滑动窗口平均场法处理编制的川西剩余重力异常图(图1-2)中，沿称多、石渠、甘孜、理塘、水洛一带，存在有一呈北西—近南北—北北东向展布的重力正异常带。在其东侧与北东向龙门山—锦屏山前陆带，和玛曲、迭部、武都一线以南，为巴颜喀拉-雅江被动陆缘残余海盆褶皱-推覆带，地表主要出露为三叠系西康群浅变质复理石碎屑岩。另沿金沙江缝合带与和玉树-义敦火山岛弧带间的德格、白玉、巴塘、得荣一带的古—中生界地层出露区，亦出现一系列不连续重力正异常。

一般情况下，高密度层应与重力正异常带对应。在该区已出露的中生界和古—中生界同一地层区内，虽岩石密度一般差异不大，但除存在重力正异常外，也出现有负异常，说明区内的正、负重力异常与地表出露岩石并无直接联系，其重力正异常源可能存在于深部。

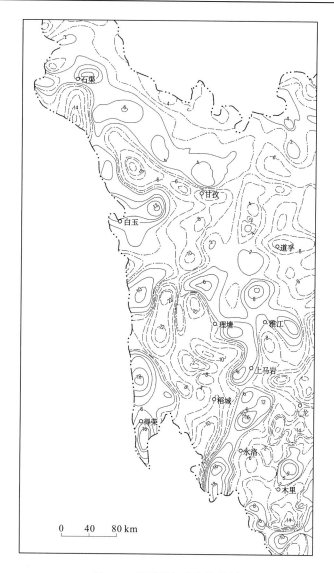

图 1-2　川西剩余重力异常图

(据曹树恒，1994)

2. 航磁异常

区域磁异常特征显示，以龙门山—锦屏山为界分为东西两部分：东部四川盆地磁异常平缓，范围较大，正负异常镶嵌排列，推断为由埋藏于盆地盖层之下，前震旦纪变质杂岩刚性断块的反映；西部川西高原经梯度陡变带，转变为低磁异常平缓展布区，间分布有若干局部正异常，反映了西部上地壳较厚和物质磁性较弱(宋鸿标等，1994)。

区域航磁异常经上延显示(图 1-3)，大体沿石渠、甘孜、理塘、水洛重力正异常带，亦明显存在一连续性较好的正磁异常带，其中甘孜—理塘一带磁异常可能为基性-超基性蛇绿岩残片引起，其余则可能为含基性火山岩的二叠系和三叠系的反映。

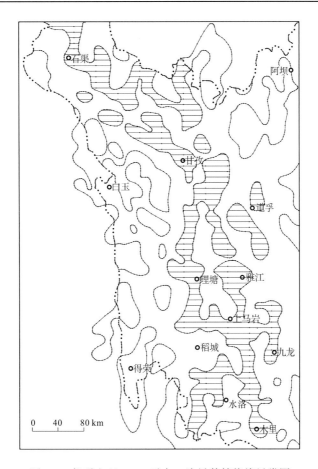

图 1-3 航磁上延 10km 垂向二次导数等值线异常图

二、区域水系沉积物地球化学异常特征

四川西部地区主要位于高原丘陵山地地球化学分区。区内山脉海拔高，水系发育，地形切割较大、相对高差大，地球化学元素异常低缓，异常元素组合复杂，常具有分带性。川西稀有金属成矿区地球化学特征如下。

（1）Sn、W、Mo、B 等元素组合异常，主要与中酸性岩浆岩侵入有关，分布于义敦、赠科—稻城、石渠—九龙、道孚—折多山、金川、黑水等地区。

（2）Cr、Ni、V、Ti、Co、Mn 元素组合的异常，主要与基性、超基性岩有关，多见于金沙江断裂带、甘孜—理塘断裂带及鲜水河断裂带。

（3）Cu、Pb、Zn 元素组合异常，在川西造山带主要出现在中酸性火山岩、闪长岩、石英脉、碳质板岩中。Cu、Pb、Zn 异常相对集中。

（4）沿岷江—虎牙断裂、乡城断裂、甘孜—理塘断裂、鲜水河断裂，以及大塘坝—石渠一带，有 Sb、As、Ag、Pb、Sn、Cu 综合异常，且含 Au 丰度较高。

第三节 区域岩石地层系统

一、区域地层系统

松潘-甘孜造山带中部，在三叠纪时处于巴颜喀拉被动陆缘大陆斜坡-半深海盆地东部，属巴颜喀拉地层区。现区内出露地层，主要为三叠系西康群浅变质岩系。古生界地层多出露于地层区周缘。上覆侏罗系—白垩系大面积缺失，显示在三叠纪后该区已抬升成陆并遭受剥蚀。在新近纪山间断陷盆地中，可见含基性火山岩及褐煤的红色磨拉石堆积。

通过近 20 多年来的研究认为：出露于松潘-甘孜造山带的三叠纪、古生代、震旦纪以及震旦纪前的变质岩系，主要为一系列多层次滑脱构造岩片的叠置组合体。由于曾经历多期次变形变质作用，特别是顺层构造流失、薄化、透镜化，或局部增厚、重褶以及岩浆侵入活动叠加改造，致使原岩成分、组构、原始形态和叠覆顺序等均遭重大破坏，故区域地层系统的划分，主要按构造-岩石地层学准则，并参照以往提出的划分方案，建立了区域构造-岩石地层柱，并进行了等级体制划分(表 1-1)。

表 1-1 松潘-甘孜造山带东缘构造—岩石地层系统简表

地层时代		构造-岩石地层系统	岩石组合	构造变形特征
新近系		陆相碎屑岩(大部分地区缺失)	陆相碎屑岩夹褐煤、玄武岩(大部分地区缺失))	未变质弱变形(不整合)
古近系—侏罗系		缺失		(不整合)
三叠系	上统	上部纵弯褶皱浅变质岩	砂、板岩互层	紧密直立不等厚褶皱、同斜褶皱及叠加褶皱(韧性滑脱剪切带)
	中统		变砂岩、局部夹结晶灰岩	顺层掩卧褶皱、顺层剪切带，石英岩、大理岩中不协调褶皱
	下统		杂色板岩、千枚岩夹灰岩	
二叠系	上统	下部顺层流变—褶叠中深变质岩	变基性火山岩、大理岩夹板岩、千枚岩及片岩	韧性滑脱剪切带
	下统		大理岩夹千枚岩、板岩	
石炭系			大理岩夹片岩，局部夹变玄武岩	顺层掩卧褶皱、顺层剪切带，石英岩、大理岩中不协调褶皱
泥盆系			石英岩、千枚岩、大理岩	
志留系			片岩、片麻岩、角闪岩、大理岩夹石英砂岩，或碳质板岩、千枚岩、石英岩	
奥陶系			大理岩、片岩、石英砂岩	
寒武系			碳质千枚岩、硅质岩、片岩夹大理岩、石英岩，部分地区缺失	顺层构造流失、薄化、透镜化，或局部增厚

续表

地层时代		构造-岩石地层系统	岩石组合	构造变形特征
震旦系	上统		大理岩/大理岩及片岩、变粒岩	不整合或隐蔽不整合
	下统		缺失/基-中-酸性火山岩	
前震旦系		变质-岩浆杂岩	以登相营群、峨边群、会理群为代表的"冒地槽型"建造； 以盐边群、黄水河群、盐井群及河口群为代表的"优地槽型"建造； 以康定群为代表的混合岩化变质-岩浆杂岩	片理化、片麻理化，柔流褶皱

二、成矿区地层与岩相

康定—雅江(雅江北部区)花岗伟晶岩型稀有金属成矿区处于巴颜喀拉被动陆缘大陆斜坡-半深海盆地西部，地层分区属巴颜喀拉区玛多—马尔康地层分区雅江小区(图1-4)，主要出露为三叠系西康群砂泥质复理石沉积，下伏古生界地层多出露于该地层区周缘，上覆侏罗系—白垩系地层大面积缺失，仅在新近纪山间断陷盆地中，可见含基性火山岩及褐煤的红色磨拉石堆积，显示在三叠纪后该区已抬升成陆并遭受剥蚀。

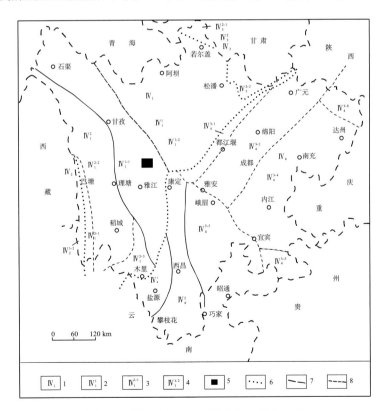

图1-4　雅江北部穹隆群分布区地层分区图

1.巴颜喀拉地层区；2.玛多-马尔康地层分区；3.玛多-马尔康地层分区雅江小区；4.玛多-马尔康地层分区金川小区；5.康定-雅江成矿区；6.Ⅱ级地层区界线；7.Ⅲ级地层区界线；8.Ⅳ级地层区界线

西康群按原岩岩性岩相组合及构造群落特征，由下至上可划分为：杂谷脑组(T_3z)、侏倭组(T_3zw)、新都桥组(T_3xd)、两河口组(T_3lh)等四个构造－岩石地层单位。因杂谷脑组(T_3z)未见底，上部两河口组(T_3lh)遭受剥蚀，故多出露出不全，估计累计厚度达3000～5000m。总体具完整或不完整鲍马序列组合特征。在垂向上表现具：半深水斜坡相近源浊流沉积→半深水—深水还原相远源浊流沉积的海进式沉积演化特点。

1. 杂谷脑组(T_3z)

杂谷脑组出露于成矿区北部及外围。主要为灰—浅灰色中层—块状变质细粒含钙质长石石英砂岩、细粒含白云质变质石英粉砂岩，粉—细粒石英砂岩夹深灰—黑色粉砂质绢云板岩及少许含碳质绢云板岩。厚>585m。

2. 侏倭组(T_3zw)

侏倭组为深灰、灰色、灰黑色薄—厚层长石石英砂岩、石英砂岩与粉砂质板岩、板岩不等厚成段韵律互层，砂岩：板岩之比为1：1～5：2，厚>550m。板岩中产双壳类 *Halobia* cf. *Plicosa*，*H.* cf. *Superbscens* 为次深海环境沉积的产物。与下伏地层杂谷脑组整合接触。

3. 新都桥组(T_3xd)

新都桥组按岩性组合特征可分为下、中、上三个岩性段，总厚2342～3081m。

下段(T_3xd^1)：岩性为深灰色薄层状含碳质粉砂质黏土岩，下部夹少量薄层状粉砂岩。在甲基卡、容须卡、长征、瓦多及木绒等出露。变质后形成碳质二云母千枚岩、碳质二云母十字石石英片岩。

中段(T_3xd^2)：下部深灰色薄层状含碳质黏土粉砂质绢云板岩，间夹灰白色薄层状粉砂岩；中部夹薄层状粉砂岩，发育复理石韵律；顶部为深灰色薄层含碳质粉砂质黏土岩与微薄层粉砂岩互层。

上段(T_3xd^3)：岩性为深灰薄层含碳质黏土粉砂岩，与灰白色极薄层-薄层粉砂岩互层。中部深灰色薄层状含碳质黏土质粉砂岩，夹少量灰白色薄层状粉砂岩。

上述中段岩层中条带带状、微层纹状构造发育，可作为与下段和上段的划分标志。各岩性段之间及其与下伏侏倭组为整合接触。

4. 两河口组(T_3lh)

两河口组主要分布于工作区南部及外围，可划为三个岩性段：一段以砂岩为主夹板岩；二段板岩为主与砂岩层成段不等厚互层；三段板岩为主夹少许砂岩，工作区未出露。与下伏新都桥组(T_3xd)为整合接触。

松潘-甘孜造山带的西康群，在甲基卡、容须卡、长征、瓦多及木绒，以及马尔康—金川、石渠、扎乌龙、九龙等地区，因经动力热流变质作用，已形成碳质二云母千枚岩、碳质二云母十字石石英片岩、红柱石十字石二云母片岩、红柱石二云母石英片岩、二云母石英岩等。标志性变质矿物大多具明显定向组构，但原岩的基本岩性仍可恢复。

第四节　岩浆活动的主要特征

一、区域主要岩浆活动事件

四川西部地区，新元古代前及新元古代—早古生代岩浆岩，主要以震旦系不整合覆盖的混合岩化片麻状变质-岩浆杂岩、陆壳改造型花岗岩(同位素年龄主要为 800～600Ma)，以及元古代—早古生代始特提斯洋盆蛇绿岩残片的基性岩—超基性岩和岛弧火山岩等为主，主要分布于研究区以东的康定、泸定、宝兴、都江堰、彭州及研究区以北的华北板块南缘。

晚古代二叠纪—三叠纪为区域性引张作用期，主要表现为海相和陆相玄武岩(峨眉山玄武岩)广泛喷溢。古特提斯南洋盆及北洋盆，沿金沙江-甘孜-理塘和阿尼玛卿缝合带俯冲闭合，先后在羌塘-昌都陆块北东缘形成了江达-德钦陆缘中酸性岩浆岩带、晚三叠世玉树-义敦增生岛弧火山岩及中酸性岩浆岩带，并于东昆仑一带形成了中—晚三叠世活动陆缘中酸性杂岩带。

三叠纪末—晚白垩世，随着江达-德钦陆缘弧与中咱地块、玉树-义敦岛弧和扬子陆块相继碰撞，形成的藏东、川西措交玛-稻城及雀儿山-格聂中酸性岩浆岩带，据以往研究，主要为同碰撞型和碰撞后滞后型 S 型花岗岩和 I 型花岗岩。

除上述外，在甘孜-理塘缝合带、阿尼玛卿缝合带与扬子陆块西缘所夹持的巴颜喀拉-雅江晚三叠世复理石沉积褶皱-推覆带内，有众多大小不等、岩性各异的中—酸性侵入岩，相对集中成群或成带的产布于黑水-理县、金川-道孚、雅江-九龙等地区。其平面形态多不规则，部分呈长条状近南北向展布。主要岩石类型为二云母二长花岗岩、石英闪长岩，少数为花岗闪长岩、石英二长岩、正长岩、霓石角闪正长岩及闪长岩等。在九龙地区因经同化混染形成岩性复杂多变的中—酸混杂岩体。已测得的同位素年龄数据数以百计，出现有两个峰值区：一为 214～178Ma，相当于印支晚期至早侏罗世；一为 140～97Ma，相当于早白垩世。据岩石化学特征判别，主要为陆壳改造型(S 型)花岗岩，少部分为 I 型花岗岩。已有大量调查研究资料表明，区内以甲基卡和可尔因为代表的花岗伟晶岩型稀有金属矿的成矿作用，均与之密切相关。

新生代时期，新特提斯洋闭合和印度大陆与欧亚大陆碰撞，使该区发生陆内会聚和强烈隆升，岩浆活动的主要表现：一为壳幔混源型富碱斑岩；二为幔源型钾质煌斑岩和碱性杂岩；三为折多山-贡嘎山平移型壳熔花岗岩。其中，前两类岩浆岩主要产布于松潘-甘孜造山带东缘零星出露；后者主要沿北西向鲜水河平移剪切带展布，形成时代较晚，同位素年龄为 15～9.9±1.6Ma。

二、花岗岩、花岗伟晶岩类型

1. 川西地区花岗岩的分布

川西地区花岗岩的时空分布，具有较明显的分带(区)相对集中产出特征。结合其所处地质构造背景及岩石共生组合特征，由西向东将区内花岗岩划分出如下五个岩带(区)：①江达-中咱花岗岩带；②雀儿山-格聂花岗岩带；③沙鲁里山花岗岩带；④雅江-九龙花岗岩区；⑤折多山-西范坪花岗岩带(图1-5)。

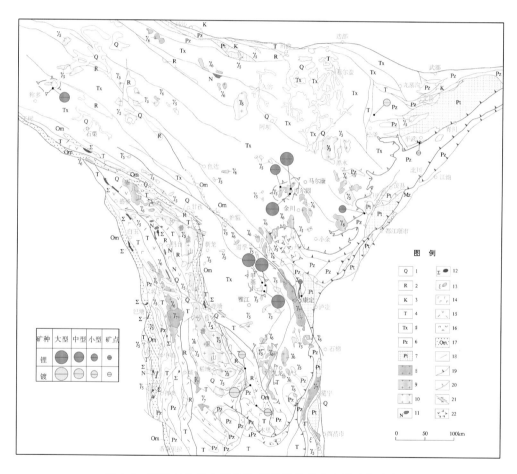

图1-5　松潘-甘孜造山带构造-岩浆岩及稀有金属矿产分布图

1.第四系；2.古近系—新近系；3.白垩系；4.三叠系；5.晚三纪西康群；6.古生界；7.前震旦系；8.中酸性岩体(γ_7喜马拉雅期)；9.中酸性岩体(γ_6燕山期)；10.中酸性岩体(γ_5印支期)；11.基性岩(脉)；12.超基性岩；13.碱性岩；14.基性火山；15.中酸性火山岩；16.酸性火山岩；17.蛇绿混杂岩；18.断层；19.逆冲推覆带；20.滑脱带；21.平移走滑断层；22.穹隆状变形变质岩体(未分类)

2. 花岗岩成因机制的基本共识

需要说明的是：由于不同地质构造演化阶段和不同地质构造环境控制着不同岩石系

列和成因类型花岗岩的形成，故以上花岗岩的划分，主要是依据"构造-岩浆岩带"和"构造-岩浆旋回"概念，以所处的地质构造格局和单元划分为基础。但在碰撞造山和陆内会聚造山期，花岗岩浆岩活动并不严格受先期形成的构造带边界控制，且多滞后于构造变形作用发生，故不同地史阶段所形成的花岗岩带，必然会出现复合叠加或少数同期、同源和同一岩石系列的花岗岩体的空间展布超越受控地质构造单元的边界。由于花岗岩及花岗伟晶岩成岩机制较为复杂，国内外学者从不同侧面提出的分类方案甚多。

大多数研究者认为，壳熔型花岗岩的成岩作用，大体经历了原始岩石部分熔融→混合岩化→重力分异→结晶分异→向上对流→侵入定位→固结等演化阶段，不同的演化阶段可导致不同岩石类型和元素的富集。与稀有金属有关的花岗伟晶岩及成矿作用，除岩浆本身含有成矿元素是成矿基本条件外，并受地层、构造、各种物理化学条件、成矿流体等多种因素的影响和控制，其中合适的矿源、热源和流体是成矿必备的主要条件。

近十多年来，有不少研究者(王联魁等，2000；陈毓川等，2003；华仁民，2011)通过对我国南岭、阿尔泰等地区的某些高分异花岗岩研究，并根据岩体不同部位结构构造及成分的突变性，将在岩体上部形成有富挥发分和稀有金属岩浆房的花岗岩，称之为 Li-F 花岗岩。并进而认为，岩浆上侵时压力突然降低，致使花岗岩浆中熔离出的富挥发分岩浆团发生液态分离和不混溶，当其侵入到围岩层间或裂隙中缓慢冷却时，即形成岩浆液态不混溶型富含稀有金属元素伟晶岩。

由于此类 Li-F 花岗岩，对稀有金属矿床的形成起着十分重要的作用，现已引起广泛关注。但"Li-F 花岗岩"一词，目前仅用于岩石命名和成因机制的解释，尚未成为花岗岩类成因分类的依据。

由于花岗岩及花岗伟晶岩成岩机制较为复杂，国内外学者从不同侧面提出的分类方案甚多。目前，被研究者采纳应用较多的花岗岩分类方案，主要有：按岩浆源区性质判别的 S 型、I 型、M 型、A 型花岗岩分类；按产出地质构造背景造环境(岛弧、大陆碰撞、造山后、裂谷、大洋脊)之间系统联系的分类；按岩石成因、矿物学特征和岩石化学分类。

花岗伟晶岩类型亦存在多种划分方案，常被采纳应用的主要有：成因分类、结构构造分类、化学特征分类、主要矿物共生组合分类，以及所含特征矿物、工业矿物和/或稀有元素的分类方案。对花岗伟晶岩的类型，现尚无众所公认的统一分类方案。根据川西地区主要伟晶岩成岩与成矿作用特点，可将甲基卡式、可尔因式和丹巴式含矿伟晶岩的成因类型，分别划分为：岩浆液态不混溶脉动式充填-交代型、岩浆分异-交代型和变质深熔-变质分异型三大类。

第五节 区域构造变形与变质作用

一、构造变形序列及特征

如前所述，自元古代以来，区内以多洋盆、多陆块为特征的始特提斯构造格局，经晋宁运动形成统一的泛扬子陆块固结基底之后，又先后经历了古特提斯和新特提斯沟-弧-

盆演化，以及陆-弧碰撞造山和陆内会聚造山事件。对早期始特提斯阶段构造活动的主要表现，现仅能根据建造特征加以推断。根据对叠加变形和构造置换的野外观察解析、石英组构分析，结合同位素年代学研究，以及对有关地质体的控制和影响等判别，对中—新生代古—新特提斯构造及构造的变形特征，总结如下：

（1）在震旦纪—三叠纪时期，本区总体处于被动大陆边缘发育阶段。晚三叠世时，扬子陆块西部被动陆缘进一步裂陷后，又整体收缩抬升，造成大面积缺失侏罗—白垩纪沉积。

（2）自晚三叠世末，随着陆—弧（陆）碰撞，在近北南和近东西向挤压收缩构造体制下，沿前震旦纪结晶基底顶面及其上覆盖层中相对柔性层，发生多层次顺层滑脱剪切，并导致了双向强烈褶皱、叠加变形和局部熔融。具体表现为：褶皱轴呈波起伏的叠加褶皱，以及甲基卡等"花岗岩底辟穹窿状构造"的形成；早期 S_{1-2} 劈理为 S_3 劈片理叠加置换。此外，并有同位素年龄为 227～208Ma(T_3-J_1)、175～161Ma(J_2) 和 145～99Ma(K) 的 S 型和 I 型花岗岩，以及霓石角闪正长岩、辉石正长岩、二长岩等广泛侵入。

（3）自新生代以来（主期：中新世），由印度板块向南亚大陆强烈碰撞推挤，使青藏高原巨型复合造山系经历了构造活化、侧向挤出、大规模平移剪切、逆冲-推覆、和急速垂直抬升，并沿区内主要韧性剪切形成 S_4 劈理。

据许志琴、侯立玮等（1991、1994）研究，青藏高原于古近纪(E)曾处于剥蚀夷平状态，新近纪(N)上升约 1000m，第四纪更新世(Q_p)上升近 2000m，更新世(Q_p)末至全新世(Q_h)又上升 2000m。这一全球规模最大、海拔最高的复合造山系和地貌景观，主要为近三百万年来持续整体隆升和构造活化形成。其构造活化主要表现为：①沿主要平移剪切带形成了一系列串珠状拉分盆地和火山喷溢（如白玉昌台等）；②同位素年龄为 15～(9.9±1.6)Ma 的壳源型花岗岩（如折多山花岗岩）形成；③在主要逆冲-推覆带前缘形成大小不同的推覆体（飞来峰）；④沿深层次滑脱-推覆带形成了以丹巴公差、青杠林等为代表的，冷却同位素年龄为20Ma±的片麻岩穹窿，重熔型片麻状混合花岗岩。

二、变质作用

在松潘-甘孜造山带，于古生界—三叠系地层分布区，曾发生区域低温动力变质作用、动力热流变质作用、断裂变质作用和退化变质作用，局部地方还经历接触变质和近矿围岩蚀变。

1.区域低温动力变质作用

区域低温动力变质地层主要为三叠系，主要表现为新生的鳞片状绢云母、绿泥石及黑云母沿劈理排列，在千枚岩、板岩产出范围形成呈面型分布的低绿片岩相绢云母-绿泥石和黑云母变质带。据夏忠实（1993），四川省地质矿产勘查开发局与德国格丁根大学联合考察时（1991～1992），对西康群陆源碎屑岩中伊利石的结晶度指数和伊利石进行了测定，表明其形成温度为200～350℃，变质压力可能仅 1～3kbar（1bar=10^5Pa）。

2. 动力热流变质作用

动力热流变质带主要沿区内大型逆冲-推覆带上盘、平移剪切带附近或端部、片麻岩穹窿和花岗岩底辟穹窿顶部及周缘,变质地层为古生界及三叠系。在松潘-甘孜造山带中部以及东缘的康定—雅江甲基卡、容须卡、长征,金川可尔因,丹巴公差、青杠林、春牛场、托皮,后龙门山的汶川—理县、汶川山葱岭、松潘较场以及九龙等地,主要表现为呈环状或带状渐进变质带。其变质程度达到绿片岩相→角闪岩相,一般由变质带(体)边部到中部,可划分为绢云母-绿泥石带,黑云母带,铁铝榴石带,十字石(红柱石)带,蓝晶石带和夕线石带。但由于岩性所处构造层及构造变形强度的差异,还可表现为强弱相间或逆向分带。

侯立玮、付小方、徐世进等(2002)研究表明,丹巴地区黑云母带、十字石带和蓝晶石带中的全岩及单矿物 Rb-Sr 同位素体系,已在矿物规模上达到均一化,其等时年龄分别为:148.4±2.9Ma、159±3.0Ma 和 150.2±0.3Ma。显示变质作用主要为晚侏罗世,最晚可延至中新世,大体与区域低温动力变质作用同期或稍后发生。

3. 断裂变质作用

断裂变质作用一般沿大型韧性、脆韧性剪切带发生。主要有:金沙江俯冲-平移剪切带、甘孜-理塘俯冲-平移剪切带、鲜水河平移剪切带、丹巴深层次及中-深层次滑脱带、西康群复理石楔底部剪切带、汶川-映秀逆冲-平移切带、彭县-灌县(今彭州-都江堰)逆冲-平移剪切带等。

断裂变质岩主要为呈线型发育的糜棱岩、千糜岩、构造片岩及构造片麻岩。依据受剪切变形地质体特点和同位素测年资料判别,其变质时代为中三叠世末—中新世期间先后多次发生。

4. 退变质作用

陆—弧碰撞和陆内会聚造山阶段,在双向(南北向与东西向)强烈挤压褶皱、局部熔融和同构造花岗岩侵入的背景下,由于地壳加厚、由冷变热和大幅隆升,各地质体又由热变冷,在冷却收缩和垂直重力作用下,不同程度发生热隆伸展、滞后伸展应变和退化变质作用。主要表现为:西康群直立褶皱因重力再褶而形成"平卧褶皱"、膝折、低角度正断层,以及早期特征矿物发生不同程度的退变质。如早期韧性剪切带中糜棱岩退变质为千糜岩;渐进动热变质带中夕线石被白云母交代、蓝晶石和十字石为绢云母交代、黑云母和石榴子石为绿泥石交代等。由于区内隆升、收缩和滞后伸展作用为多期不均衡发生,退变质作用时代和影响范围也各有差异,可大体界定为主要于晚白垩世—中新世期发生。

5. 接触变质和近脉(矿)围岩蚀变

区内主要酸性岩浆岩岩株、岩枝和岩脉的外接触带,普遍出现宽窄不等的角岩化带。与稀有金属成矿作用密切相关的近矿围岩蚀变,主要为夕卡岩化、堇青石、电气石—云英岩化。

第六节　区域穹窿状地质体与成矿

一、穹窿状地质体研究概况

自 20 世纪 70 年代以来,在松潘-甘孜造山带东缘相继发现了共 20 余个大小不等、呈圆形或椭圆形的穹窿状构造,多将其称为"穹窿状背斜"。由于在穹窿体变质体中,产有具工业价值的稀有金属、贵金属、有色金属和白云母等矿产,故引起人们的关注,并对其形成机制提出了不同认识。

(1)《四川省地质志》(1991)认为,区域大部分穹窿体可能是一个长期隆起的构造单元。

(2)经许志琴、侯立玮等(1992)研究,将雅江地区三叠系中以深熔花岗岩为中心的穹窿体,划属"浅层次热隆伸展构造—雅江热隆田";将丹巴地区以前震旦系混合岩化变质杂岩体为中心的穹窿体,划属"深层次热隆构造—丹巴热隆田"。并认为前者与同构花岗岩侵位和地壳软化上隆有关;后者主要与深层次滑脱后期剪切热引起地壳局部熔融形成有关。

(3)20 世纪 70~80 年代,国外地质学者(R.L. Armstrong,1972;G.H. Davis,1980;G.S. Liter,1989;等),通过对美国西部科迪勒拉盆地构造区研究,发现和提出了"变质核杂岩"的概念和相应构造模式。将"变质核杂岩"定义为:在伸展机制下,使原处于地下深层次,并位于主拆离断层下盘的古老变质岩和深成岩,隆升剥蚀出露于地表浅层次,且与拆离断层上盘发育脆性多米诺断层系统的未变质或弱变质岩石,以低角度正断层相接触的孤立隆起。其后,对此类地质构造,多引用变质核杂岩构造模式加以解释。如颜丹平等(1997),通过对以往资料的综合分析和九龙江浪穹窿体的重点调查,将扬子陆块西缘的摩天岭、轿子顶、雪隆包、雅斯得、格宗、公差、踏卡、江浪、长枪、恰斯、田湾、三垭、瓦厂、唐央等穹窿体,均划属"变质核杂岩"。

(4)1996~2002 年,侯立玮、付小方等对扬子陆块西缘及松潘-甘孜造山带的丹巴格宗、公差、青杠林、妥皮、春牛场、杨柳坪、铜炉房,康定甲基卡,金川可尔因,康定—泸定冕宁笔架山,九龙李伍,石棉大水沟、草科,木里恰斯、长枪等穹窿体进行了调查分析研究,总结认为:川西地区的上述穹窿体,虽具相似的几何形态,但各自具有不同的时空分布、不同的构造背景、不同的控岩控矿特征和不同形成演化过程。若笼统划属"变质核杂岩"或"热隆构造",显然是难以客观地反映大陆造山带复杂多样的组成结构和成因机制。据此,将其进一步划分为:变质核杂岩、花岗岩浆底辟穹窿、片麻岩穹窿和构造穹窿体四种成因类型。

自 2001 年以来,相继完成的 1:5 万区调、相关的矿产勘查,以及最近完成的"四川三稀资源综合研究与重点评价"项目,重点调查研究,认为以上对穹窿体的四种成因类型划分和认识,合理地概括和解释川西地区产出穹窿体的形成机制和控岩控矿基本特征,对于揭示区域地质构造的发展演化和相关矿产的成矿规律具有重要意义。

二、穹窿状地质体与成矿

研究表明，不同类型的穹窿构造，对不同矿种和矿产类型的形成富集，提供了不同的成矿条件和找矿前提，对成矿作用的控制亦各具特色(侯立玮、付小方，2002)。四类穹窿构造中，花岗岩浆底辟穹窿体和丹巴片麻岩穹窿与花岗伟晶岩型稀有金属和白云母富集成矿密切相关。

1. 与变质核杂岩有关的矿产

与变质核杂岩有关的矿产按产出构造部位的不同划分如下：①产于核部杂岩内受成穹期和成穹期后韧性剪切带控制的黄金坪式与三碉式构造蚀变岩硫化物—石英脉型金矿(如康定黄金坪、白金台子、三碉、下索子、石棉麻沱、岔河坝、擦罗冶勒、冕宁金林等矿床、矿点)；②产于核部杂岩顶部基底滑脱-推覆剪切带及上、下盘中，受韧-脆性剪切破碎带控制的硫化物-石英脉金矿(如石棉菩萨岗等金矿床、矿点)和偏岩子式石英脉-氟镁石脉金矿(如康定偏岩子、灯盏窝等金矿床)；③产于变质核杂岩构造上覆盖层中，受次级顺层剪切破碎带控制的硫化物-石英(碳酸盐)脉型金(铜、银)矿(如小金董家沟，石棉广金坪、大发，冕宁金鸡台等金矿床)，以及构造蚀变岩型金矿(如冕宁茶铺子金矿床)。

2. 与构造穹窿有关的矿产

与构造穹窿有关的矿产主要有：①受成穹期前和成穹期脆性断裂与层间破碎带控制的硫化物-石英脉型金矿(如丹巴铜炉房金矿床及木里长枪地区金矿)；②受层间破碎带控制的多源热水型多金属矿床(如九龙江浪地区的李伍、上海底、挖金沟铜锌矿床等)；③受成穹期前和成穹期成生断裂控制并受后期氧化淋积加富的铁金矿(如木里恰斯地区的耳泽、红土坡铁金矿床等)；④受成穹期双向叠加变形成生的小褶皱鞍部层间剥离空间控制的热液交代型铂镍矿(如丹巴杨柳坪铂镍矿中晚期形成的富矿)。

3. 与片麻岩穹窿成穹作用有关的矿产

与片麻岩穹窿成穹作用有关的矿产主要以富集优质白云母为特点。与之有关的片麻岩穹窿，由下向上，依次出露为斜长花岗岩→条带状混合岩→混合岩化夕线石片麻岩，显示成岩时未经充分分异和对流。矿化伟晶岩具明显的分异和交代结构，所含工业矿物主要为优质白云母，除铍达到小型规模外，其他稀有金属均未达工业指标要求。丹巴伟晶岩型白云母矿床富集区，已圈出伟晶岩脉近5000条，呈群分布于公差、春牛坪、青杠林、妥皮等地，前震旦纪基底杂岩混合岩化所形成的片麻岩穹窿体顶部及周缘。矿化伟晶岩的成因，属变质深熔-变质分异成因。

4. 与花岗岩浆底辟穹窿成穹作用有关的矿产

与花岗岩浆底辟穹窿成穹作用有关的矿产与花岗伟晶岩型稀有金属矿密切相关。已发现具工业价值的伟晶岩型稀有金属矿及优质熔炼石英矿(如甲基卡、容须卡、可尔因以及扎乌龙等锂、铍、铌、钽矿床)和热液脉型碲铋矿(如石棉大水沟碲铋矿)，九龙赫德、埃今等稀有金属矿床均受此类穹窿构造控制。主要特点为：

(1)主要产于松潘-甘孜造山带马尔康-雅江褶皱-推覆带，多成群分布于四川西部的雅江北部的甲基卡、容须卡、长征，马尔康-金川可尔因以及石渠、九龙等地区(图1-3)。

(2)穹窿体主要由三叠系浅变质岩组成，陆壳重熔型花岗岩株、岩枝核部，不存在古老变质核，花岗伟晶岩脉成群产出。

(3)通过褶皱样式、构造系列、构造序列和叠加变形特征的观测与解析，此类穹窿体的形成，曾先后经历南北向和东西向非共轴挤压收缩。由穹窿边部到核部，早期和晚期所形成的褶皱样式，总体具由直立褶皱→不对称褶皱→顺层平卧褶皱(A 型和 B 型)的系列变化。石英组构及变形机制，亦显示由高温→中温→低温，以及在穹窿体顶部 Y 轴不旋转的纯剪切，向穹窿体边缘转化为正向简单剪切的演变。

(4)由穹窿体边缘到核部，依次发育具环状分布的、具低压型动热递增变质特点的绢云母-绿泥石带→黑云母带→铁铝榴石带→十字石(红柱石)带→夕线石带。变质相带界线大多与地层斜交，并在花岗岩体(脉)外接触带，发育电气石-堇青石化接触变质带。

(5)产于川西花岗岩浆底辟穹窿中与陆壳重熔型花岗伟晶岩有关的稀有金属矿床，元素富集的特点是 Li—Be—Nb—Ta—Rb(Cs)，W—Sn。与之有关的花岗伟晶岩型稀有金属矿产资源相当丰富，在国内占具首要地位。已发现稀有金属矿产主要有锂、铍、铌、钽、铷、铯、锆等 7 种矿产，大小矿产地共 75 处，其中大多数产地有多种稀有金属共(伴生)。代表性的矿床有石渠扎乌龙，康定甲基卡，金川可尔因、九龙三岔河、埃今等。其中以甲基卡和可尔因穹窿规模最大，构成稀有金属伟晶岩矿田。

甲基卡和可尔因二者所处地质构造背景、地质结构特征，形成机制与演化过程基本类同，同属浅部构造层次"花岗岩浆底辟穹窿体"，但也存在不同之处。

马尔康-金川可尔因穹窿体因遭受剥蚀深度较大，核部花岗岩分异程度较高，化学成分具有从相对富铁、镁向相对富硅、碱方向演化，为花岗闪长岩→二长花岗岩→黑云母花岗岩→浅色花岗岩构成的复式岩体；花岗伟晶岩脉主要产于穹窿体中复式岩体周缘，三叠系浅变质碎屑岩中。具工业价值的花岗伟晶岩锂矿脉规模较大。大多数分异程度较高，具较完整的结构分带，部分不具完全的结构分带。由边部到核部依次出现：云英岩化带→细晶岩带→中粒石英微斜长石带→文象结构带→粗粒石英微斜长石带→块状微斜长石带→石英核的结构分带。与之相伴的主要为锂辉石矿化，并伴有少量绿柱石、铌钽铁矿和锂云母矿化；已圈出伟晶岩脉 548 条，其中钠长石-锂辉石型伟晶岩脉 263 条，经地表查证的有 100 多条，先后已发现了金川县李家沟特大型锂辉石矿床、马尔康县党坝大型锂辉石矿床。含锂辉石花岗伟晶岩基本上全脉锂矿化，矿体形态简单，和伟晶岩脉基本一致。矿体形态以脉状为主，似层状、透镜状次之，矿体产状和伟晶岩脉产状近于一致。规模较大的矿体一般长 200～500m，最长 2832m，一般厚 15～30m，最厚 124m。矿床成因及成矿作用方式，主要为岩浆分异-交代型，也有部分含矿伟晶岩脉，具岩浆不混溶脉动式充填特征。

雅江北部的甲基卡穹窿体遭受剥蚀深度浅，仅出露了二云母花岗岩岩株(枝)，成分较为均一。

已圈出伟晶岩脉 500 余条产于穹窿体周缘。伟晶岩具有规模巨大、产出集中、大多不具规律性和对称性结构分带的特点；肉眼可见锂辉石呈微晶毛发状、细晶、中-粗粒梳状以及巨晶状产出，主要成矿元素为 Li、Be、Nb、Ta、Rb、Cs、Sn；矿床成因主要属甲基卡式的岩浆液态不混溶脉动式充填-交代型，少数属结晶分异和/或岩浆分异-交代型。

石渠地区稀有金属矿以扎乌龙中型花岗伟晶岩型锂铍铌钽锡矿床(Li、Be、Nb、Ta、Sn)为代表。矿区出露的白云母花岗岩，侵位于为晚三叠系西康群雅江组中，岩性为十字石(红柱石)黑云母石英片岩、黑云石英片岩、千枚岩，发育十字石—红柱石—黑云母渐变变质带。白云母花岗岩呈岩株状沿穹窿状背斜轴部侵入，岩体分异明显，以稀有组分高，富 Li 为特征。伟晶岩分布在花岗岩外接触带，在岩体倾伏、转折和缓倾斜处成群分布。随距离花岗岩的远近具分带性，即微斜长石型—微斜长石钠长石型—钠长石型—钠长石锂辉石型—白云母化钠长石型，外围石英岩脉分布。矿区内已发现伟晶岩脉 111 条，其中钠长石锂辉石型锂矿(化)脉 40 条。

九龙地区稀有金属矿主要分布在九龙县埃今—鲁祝一带，已发现的稀有金属矿床(点)主要分布于二云母花岗岩体与三叠系西康群地层的接触带附近，以及二云母花岗岩体内外接触带和岩体以东的九龙河流域。矿化以铍、锂矿为主，常伴生有铷、铌、钽等稀有元素。包括三岔河中型铍矿床、洛莫和埃今铍(铌、钽)小型铍矿床矿以及久鲁祝铍矿、八窝龙、地洼上基拱铍锂等稀有金属矿点。

三、雅江北部花岗岩浆底辟热穹窿田地质特征

(一)基本特征

在川西雅江北部，在南北长 60km，东西宽 40km，大约 2400km^2 的范围内，以甲基卡、容须卡、长征、瓦多、木绒等地为中心，分布有 5 个椭圆和圆形构穹状变质体(图 1-6)，具有成群分布的特点，构成了花岗岩浆底辟穹窿热隆田。

根据雅江北部穹窿群地表动热变质带分布的面积可达约 1200km^2，推测下面可能存在有大型的隐伏花岗岩基或热流体。成穹期前和成穹期产生的构造裂隙控制了伟晶岩脉和石英脉体的产出。围绕各穹窿体中心，分布有不同的类型的花岗伟晶岩脉千余条，成群、成带产出，其中包含有数百条稀有金属矿化伟晶岩脉，两者在时空及成因上具有密切的联系。已发现锂、铍、铌、钽稀有金属矿产地 10 余处，其中以甲基卡规模最大，构成了稀有金属矿田。是我国最大的稀有金属富集区之一。

穹窿体地层主要由三叠系浅变质岩组成。在甲基卡、容须卡及长征穹窿体核部出露为陆壳重熔型二云母花岗岩、黑云母花岗闪长岩岩珠，成分相对均一。其中容须卡花岗闪长岩呈独立岩株(枝)状侵位于三叠统侏倭组地层中，主要分布于容须卡和旭麻亚两地，出露面积 7.85km^2。岩石呈灰-灰白色，细粒状结构、块状构造。由斜长石(40%～55%)、钾长石(10%～15%)、石英(15%～25%)、黑云母(10%～12%)、角闪石(2%～

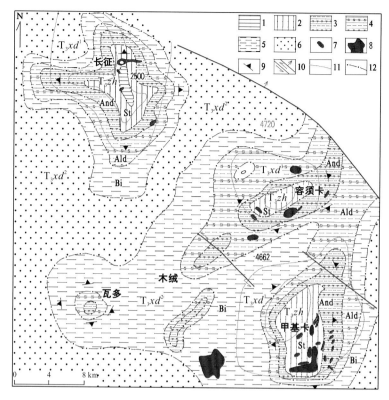

图 1-6　雅江北部穹窿群变质地质略图

(据侯立玮、付小方，2002，修改)

1.夕线石片岩(带)；2.十字石片岩(带)；3.红柱石片岩(带)；4.石榴子石片岩(带)；5.黑云母片岩(带)；6.绢云母-绿泥石
千枚岩、板岩(带)；7.伟晶岩；8.花岗岩；9.劈理产状；10.断层；11.地层界线；12.变质带界线；T_3zh 上三叠统侏倭组；
T_3xd^1 上三叠统新都桥组下段；T_3xd^2 上三叠统新都桥组中段

5%)及少量磷灰石、锆石等矿物组成。斜长石以中长石为主，次为微斜长石，少量条纹长石；黑云母为棕红色。岩石局部受应力作用，长石、石英裂隙发育、双晶纹及黑云母解理纹弯曲；长征二云母花岗岩呈小岩枝的侵位于侏倭组之中，岩体呈椭圆状，主要分布于长征、热日子等地，出露面积共约 1.5km²。岩体为中-细粒结构，边缘具片理化构造，主要矿物成分斜长石(40%±)、钾长石(10%～15%)、云母(15%～20%)、石英(35%)。钾长石粒度 0.5～2mm，以微斜长石和正长石为主，斜长石以更长石为主(30%～40%)，呈土灰色，粒度 1～1.5mm。云母以白云母为主(10%～15%)，鳞片变晶结构，粒径 0.5～1mm，黑云母(5%)。副矿物有电气石、磷灰石、锂辉石、石榴子石、锆石、榍石、金红石、透辉石、绿帘石、角闪石、黄铁矿、磁铁矿、钛铁矿、辉钼矿等，总量约 1%；甲基卡二云母花岗岩地质特征详见本书第二章。

花岗伟晶岩(矿)脉成群分布，主要受穹窿体顶部及周缘，层间剥离空间和构造裂隙系统控制。花岗伟晶岩(矿)脉大多不具对称结构分带；此类穹窿体，为在南北向和东西向双向非共轴挤压收缩变形构造体制下，由花岗岩浆底辟上侵和滞后伸展作用形成。

另据遥感影像解译，该区环形影像发育，以甲基卡、容须、长征、瓦多，以及木绒地区显示的大小环形影像，与穹窿体的分布范围大致一致(图 1-7)。其中甲基卡和容须卡环形影像较大，面积分别是 221km² 和 72km²。在其周围出现的大小环形影像，推测可能由巨大的隐伏花岗岩基引起的。

图 1-7　雅江北部环形影像解译图

穹窿变质体中，长征和容须卡出露最完整，甲基卡海拔最高，较长征、容须卡等变质带高出约 1500～2000m，仅出露了穹窿顶部及二云母花岗岩。

(二)代表性穹窿变质体

在雅江北部花岗岩浆底群热穹窿田中，甲基卡、容须卡、长征等穹窿规模较大、与稀有成矿作用关系密切。现将容须卡穹窿、长征穹窿地质特征分述如下，甲基卡穹窿地质特征详见后文第二章。

1. 长征穹窿

长征穹窿出露海拔较低，位于雅砻江支流鲜水河河谷，海拔 2600～3000m。地表出露的二云母花岗岩株仅约长 1km、宽 0.3km，面积约为 0.3km²。地表的调查显示，二云母花岗岩株切割了动热变质带(图 1-11A)。

穹窿的中心出现夕线石带，向外依次为十字石→红柱石→铁铝榴石带→黑云母带。发育由低压高温特征变质矿物组成的渗透面理构造，并贯入大量高温长英质细条带，构成了叶理类型的 S_3 面理，平面呈环形展布，明显切割了区域构造形成的 S_1 和 S_2 劈理(图 1-8)。

显微构造特征表明，在 XZ 面上，拉伸线理方向为南北和北西—南东向，其倾伏方向背向穹窿中心，由红柱石、十字石、石榴子石等变质矿物组成的旋转构造极为丰富，在南、北两侧的矿物旋转应变显示正向剪切滑移特征，展现出以热隆为中心向四周滑动的特点，而在热隆顶部，出现对称压力影及两个方向剪切共存现象(许志琴等，1992；侯立玮、付小方等，2002)。石英组构应变分析结果与变斑晶剪切应变分析的结果一致（图1-9）。石英组构说明的另一个问题是在下部花岗岩浆侵位以及由此造成的伸展构造过程中，其温度表现出高温→中温→低温的演化特征，是一个降温的过程（许志琴、侯立玮等，1992）。

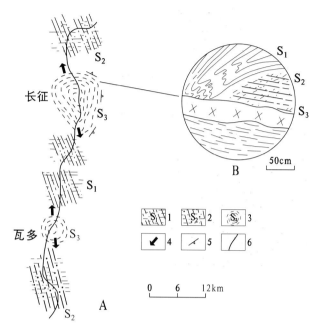

图1-8　长征穹窿周缘S_3片理切割区域劈理

（据许志琴、侯立玮等，1992）

A.热隆及周缘面理分布图；B.伟晶岩脉平行S_3并切割早期S_1及S_2；1.S_1早期收缩性流劈理；2.S_2晚期收缩性折射劈理；3.S_3热隆伸展面理；4.拉伸线理；5.S_3热隆伸展面理产状；6.路线地质方向

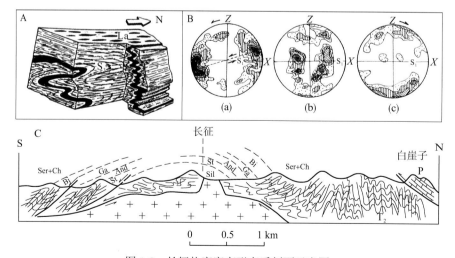

图1-9　长征热穹窿变形变质剖面示意图

（据许志琴、侯立玮、付小方 1992,2002 修改）

A.长征隆长英质脉形成"A"型褶皱；B.长征隆顶部及两侧的石英组构图［(a)南侧、(b)顶部、(c)北侧］；C.长征热变形变质剖面图；La.拉伸线理；S_3.第三期流劈理

2. 容须卡穹窿

容须卡穹窿位于长征的南东,主体出露海拔为3000~3700m。穹窿南北长约11km,东西宽约10km,呈浑圆状,变形变质特征与长征相似。穹窿核部仅出露容须卡花岗闪长岩,未见到二云母花岗岩。岩体长2km,宽1km,面积2km²。四周出露上三叠统侏倭组红柱石二云母片岩。S₃片理呈20°~40°不等的倾角向四周倾斜。

其渐进变质带呈现出由核部向四周依次为十字石带→红柱石带→铁铝榴石带→黑云母带→绢云母—绿泥石带的特征。在穹窿体核部发现与花岗岩伟晶岩脉有关的白云母及稀有金属、锂、铍、铌钽矿床,它的空间展布明显受控于构造岩浆热穹窿变质作用形成的变质带(十字石带、红柱石带)的控制。

笔者在沿北东东—南西西的庆大河谷剖面的路线地质调查显示,穹窿顶部发育十字石红柱石等矿物变斑晶具对称压力影,可见长英质脉体呈揉流肠状的平卧褶皱,而两侧的变斑晶旋转剪切变形的运动学方向,也具有分别向北东东和南西西背向剪切的特征(图1-10、图1-11)。

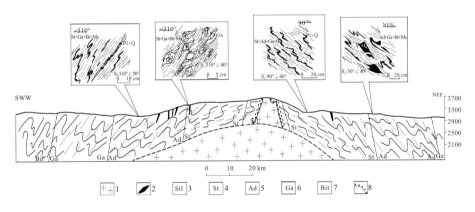

图1-10 容须卡穹窿变形变质剖面示意图

1.花岗岩闪长岩;2.伟晶岩;3.夕线石变质带;4.十字石变质带;5.红柱石变质带;6.石榴子石变质带;7.黑云母变质带;8.董青石、电气石角岩带

(三)稀有金属矿产概况

据1:20万康定幅区域化探水系沉积物测量数据的综合分析成果,(四川省地质调查院,2012)显示:雅江地球化学分区,Al、B、Be、La、Li、U、W等指标呈高背景,正异常浓集趋势显著,三级分带清晰。该区锂等稀有元素综合异常在仲尼、克尔鲁、红顶、容须卡、木绒、甲基卡等地有显著的富集,与岩浆底辟穹窿体的出露范围有空间联系,总体显示了良好的Li等稀有金属元素的成矿背景。

雅江北部花岗伟晶岩为这些穹窿群的顶部及周缘成群产出,已发现稀有金属矿产地10余处中,规模达超大型的1处,大型的3处,中型的2处。区内矿产以锂、铍、铌、钽等稀有金属矿为主(表1-2),产出均与各穹窿体相关。其中以甲基卡最具代表新。甲基卡锂矿具有规模大、品位富、共伴生矿产多(Be、Nb、Ta、Sn、Zr、Rb、Cs)经济

图 1-11　长征、容须卡穹隆变质体变形特征

A.长征出露的二云母花岗岩岩枝；B.长征热穹隆顶部发育的平卧揉流褶皱；C.容须卡穹隆顶部发育的平卧揉流褶皱；D.容须卡穹隆南西缘十字石变斑晶旋转指示向南西剪切；E.容须卡穹隆北东缘红柱石变斑晶旋转指示向北东剪切；F.容须卡穹隆南西缘发育的钠长石锂辉石伟晶岩脉

价值大，埋藏浅、开采技术条件佳、选矿性能好的特点，是我国乃至世界规模最大的花岗伟晶岩型稀有金属矿田。

该区红柱石不但含量高，晶体粗大，含矿片岩分布广泛，而且质量较好。经取样分析，可达高级耐火材料、技术陶瓷和硅铝合金原料的一般工业要求，值得今后进一步工作。

表 1-2　雅江北部穹窿穹窿群中矿(床)点一览表

编号	名称	矿种	类型	矿产特征	规模
1	道孚县长征	锂矿	岩浆型	矿体呈脉状(主)、透镜状(次)，少量串珠状，矿脉一般长60~120m，厚1~10m，最厚20m	矿点
2	道孚县容须卡	锂矿	岩浆型	矿体呈脉状(主)、透镜状(次)，团块状；矿脉一般长90~150m。厚1~10m，最厚20m。Li_2O平均含量为0.8×10^{-2}，最高品位1.213×10^{-2}	中型
3	雅江县新卡	锂矿	岩浆型	矿体呈脉状(主)、透镜状(次)，矿脉一般长50~100m。厚1~5m，最厚10m	矿点
4	雅江县德米锂矿	锂矿	岩浆型	矿体呈脉状、分枝脉状，规模小，交代作用强烈，矿化以Li为主	矿点
5	雅江县木绒锂矿	铌钽矿	岩浆型	木绒矿区登记规模较大伟晶岩29条，均为工业矿脉。矿体呈脉状、分枝脉状，规模小，交代作用强烈，矿化以Ta、Sn为主，Li次之	小型
6	康定-雅江甲基卡	锂(铍铌钽)矿	岩浆型	矿体呈脉状、透镜状，少量串珠状、岩盘状、板状、似层状、岩株—团块状；矿脉一般长100~500m，最长2200m。厚1~10m，最厚124m。延深50~300m，最深500m以上；矿脉产状变化较大。倾向四周，倾角以陡倾为主	超大型-大型
7	康定-雅江甲基卡	熔炼水晶	热液型	—	大型
8	道孚县哈若山	压电水晶	热液型	—	大型

第二章　甲基卡稀有金属矿田地质特征

第一节　穹窿体与矿田概述

据《地球科学大辞典》的定义，矿田是由一系列在空间上、时间上、成因上紧密联系的矿床组合而成的含矿地区，亦即矿带中矿床、矿化点、物化探异常最集中的地区。甲基卡花岗伟晶岩型稀有金属矿田，位于四川省西部康定、雅江、道孚三县(市)交界处，海拔 4300～4700m。

区内上三叠统西康群砂板岩，经花岗岩浆底辟侵位形成的构造-岩浆-变质穹窿体，呈近南北向展布。在南段的马颈子和中段的甲基甲米(原 No.308)分别出露有高钾钙碱性强过铝质 S 型花岗岩株(枝)，属于富含稀有金属的 Li-F 二云母花岗岩。岩体主体并未出露。重力布格异常推断岩体隐伏于地表以下，在北部逐渐延伸至深部。由此产生的动热递增中深变质带环绕隐伏花岗岩基产布，其分布面积大约为 200km²(图 2-1)。在成穹过程中，甲基卡曾先后经历双向收缩应变和热隆伸展应变。在穹窿体顶部及周缘，受成穹期构造裂隙系统控制的花岗伟晶岩(矿)脉成群产出，稀有成矿元素的空间分布，大致具有 Be→Li→Nb+Ta→Cs+Rb 的分带变化，形成了与花岗伟晶作用有关的 Li、Be、Nb、Ta、Cs、Sn 及水晶矿床成矿系列(付小方等，2015)。截至 2016 年，甲基卡地区共发现花岗伟晶岩约 509 条，其中含稀有金属矿(化)脉 318 条(含笔者新发现 11 条)，主要分布在甲基卡矿田的中南部(图 2-2)。

第二节　地　　层

矿田出露地层为一套上三叠统西康群砂泥质复理石沉积建造，主要为新都桥组(T_3xd)和侏倭组(T_3zw)，原岩以砂板岩为主。受动热变质作用已变为高绿片岩相—角闪岩相片岩，与外围对比，原岩基本岩性仍可对比判断(图 2-2、图 2-3)，是伟晶岩型稀有金属矿脉的主要赋矿围岩。

1. 侏倭组(T_3zw)

侏倭组主要分布于区内北西部，仅占甲基卡矿田面积的 10%，侏倭组与下伏地层杂谷脑组为整合接触。邻区于该地层中采有双壳类 *Halobia* cf. *Plicosa*，*H.* cf. *Superbscens* 等生物化石，推测该地层可能与新都桥组沉积环境相似，为次深海环境沉积的产物。按原岩岩性组合特征可分为二个岩性段，上段原岩以含泥粉砂岩为主，下段以钙质细砂岩为主。

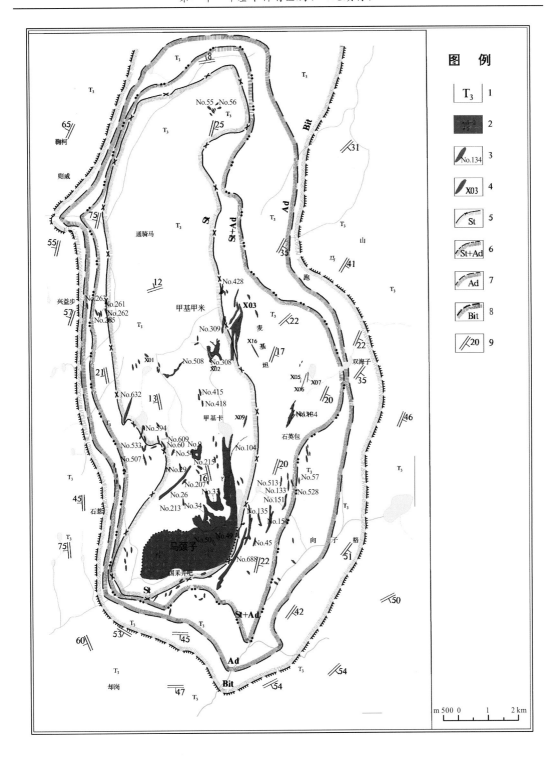

图 2-1 甲基卡矿田地质矿产简图

1.上三叠统西康群；2."马颈子"二云母花岗岩；3.伟晶岩(矿)脉及编号；4.新发现伟晶岩锂矿(化)脉(X03 为 4300m 标高投影)；5.十字石带；6.十字石红柱石带；7.红柱石带；8.黑云母带；9.片理产状

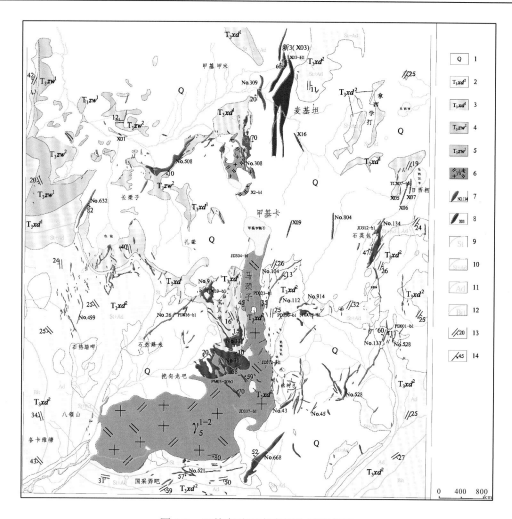

图 2-2　甲基卡矿田中南部地质矿产图

1.第四系覆盖区；2.上三叠统新都桥组中段；3.上三叠统新都桥下段；4.上三叠统侏倭组上段；5.上三叠统侏倭组下段；6.二云母花岗岩；7.伟晶岩脉及编号；8.新发现锂矿（化）伟晶岩脉及编号（X03 为 4300m 标高投影）；9.十字石带；10.十字石红柱石带；11.红柱石带；12.黑云母带；13.S₃片理产状；14.伟晶岩脉接触产状

上段（T₃zw²）：原岩岩性为浅灰—灰白色中厚-厚层状含泥粉砂岩，夹薄层状泥质粉砂岩，经动热变质后，岩性为含二云母石英片岩、二云母片岩、十字石二云母片岩、十字石红柱石二云母片岩、红柱石二云母片岩。

下段（T₃zw¹）：原岩岩性为浅灰—灰白色中厚—厚层状钙质细砂岩，顶部夹浅灰色薄层状泥质粉砂岩，经动热变质后，岩性为二云母石英片岩、透闪石阳起石（角闪石）石英片（变粒）岩。

2.新都桥组（T₃xd）

新都桥组分布最广，约占 35%的面积。新都桥组整合于侏倭组之上，因富含有机碳色黑又俗称新都桥组黑色岩系，在矿田的东部，变质较浅的地段，前人于该地层中采有双壳 *Halobia* aff. *Superbescens*；*H.* cf. *fallax*；*H.* aff. *gigantea* 等生物化石，推测该地层为次深海环境沉积的产物。按原岩岩性组合特征可分为二个岩性段。

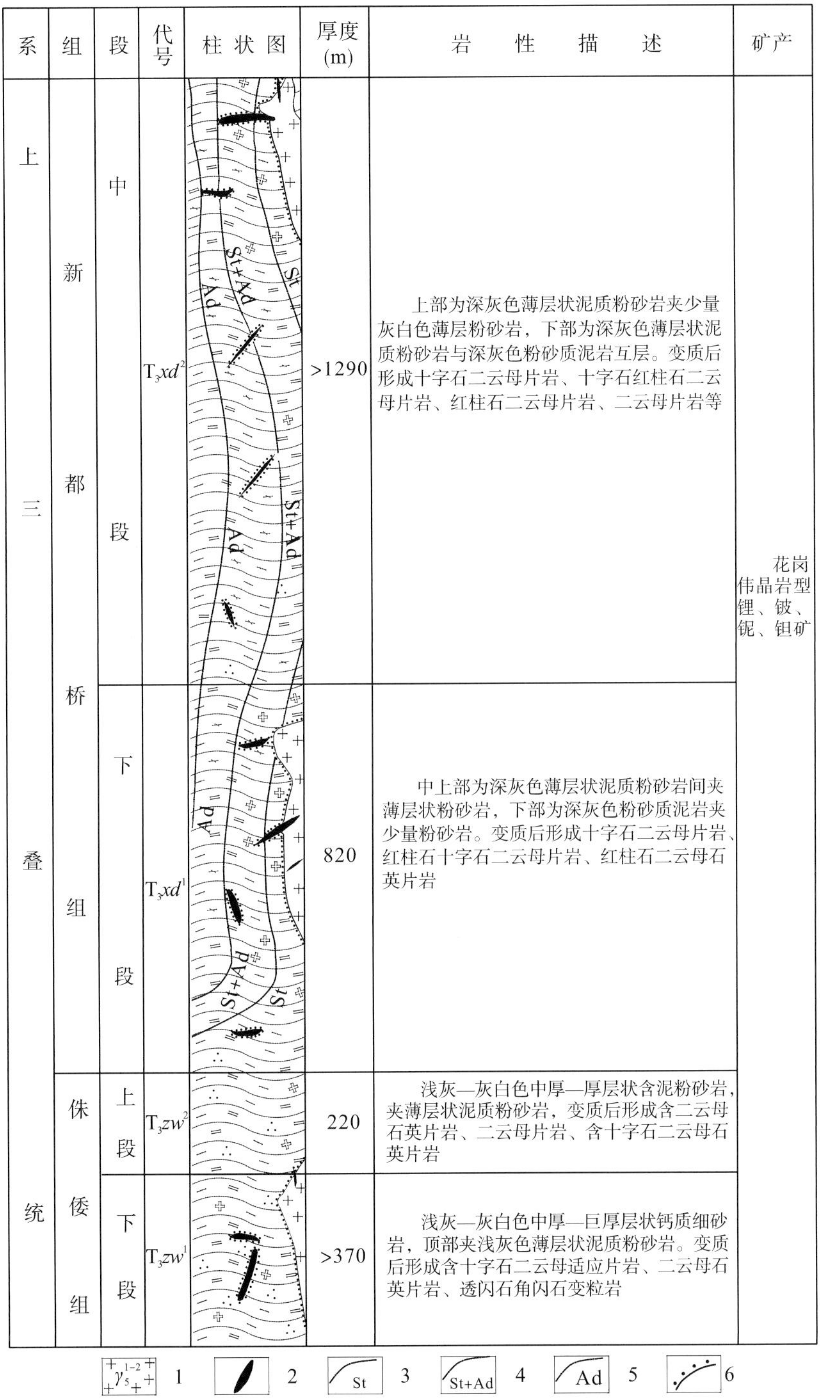

系	组	段	代号	柱状图	厚度(m)	岩　性　描　述	矿产
上 三 叠 统	新 都 桥 组	中 段	T_3xd^2		>1290	上部为深灰色薄层状泥质粉砂岩夹少量灰白色薄层粉砂岩，下部为深灰色薄层状泥质粉砂岩与深灰色粉砂质泥岩互层。变质后形成十字石二云母片岩、十字石红柱石二云母片岩、红柱石二云母片岩、二云母片岩等	花岗伟晶岩型锂、铍、铌、钽矿
		下 段	T_3xd^1		820	中上部为深灰色薄层状泥质粉砂岩间夹薄层状粉砂岩，下部为深灰色粉砂质泥岩夹少量粉砂岩。变质后形成十字石二云母片岩、红柱石十字石二云母片岩、红柱石二云母石英片岩	
	侏 倭 组	上 段	T_3zw^2		220	浅灰—灰白色中厚—厚层状含泥粉砂岩，夹薄层状泥质粉砂岩，变质后形成含二云母石英片岩、二云母片岩、含十字石二云母石英片岩	
		下 段	T_3zw^1		>370	浅灰—灰白色中厚—巨厚层状钙质细砂岩，顶部夹浅灰色薄层状泥质粉砂岩。变质后形成含十字石二云母适应片岩、二云母石英片岩、透闪石角闪石变粒岩	

$+\gamma_5^{1-2}+$ 1	／ 2	St 3	St+Ad 4	Ad 5	∴ 6

图 2-3　甲基卡地层综合柱状图

1.二云母花岗岩；2.伟晶岩脉；3.十字石带；4.十字石红柱石带；5.红柱石带；6.堇青石、电气石角岩带上段(T_3xd^2)：上段原岩以深灰色薄层状泥质粉砂岩与粉砂质泥岩互层为主，夹少量灰白色薄层粉砂岩。其上部原岩岩性为深灰色薄层状泥质粉砂岩夹少量灰白色薄层粉砂岩，下部原岩岩性为深灰色薄层状泥质粉砂岩与深灰色粉砂质泥岩互层。经动热变质后，岩性为十字石二云母片岩，十字石红柱石二云母片岩、红柱石二云母片岩。

下段(T_3xd^1)：下段以深灰色薄层状泥质粉砂岩与粉砂质泥岩为主。中上部原岩岩性为深灰色薄层状泥质粉砂岩夹薄层粉砂岩，下部原岩岩性为深灰色粉砂质泥岩夹少量粉砂岩。经动热变质后，岩性为十字石二云母片岩，十字石红柱石二云母片岩、红柱石二云母片岩等。

3. 第四系

矿田第四系的覆盖率为 60%～70%，北东部第四系的覆盖率高达 80%。主要发育坡积物、残坡积物、残积物以及沼泽堆积物等，其厚度一般在 2～20m。

第三节　二云母花岗岩地质特征

二云母花岗岩呈岩株、岩枝状出露于穹窿体中南部的宝贝地和甲基甲米两地(图 2-2)，侵位于上三叠统侏倭组、新都桥组地层之中，形成丘状正地貌。岩体剥蚀浅，仅出露边缘相。主体并未出露，推断岩基主体呈近南北向展布，在甲基甲米以北逐渐延伸至深部。二云母花岗岩矿物成分以浅色矿物含量高，暗色矿物含量低为特点，以含锂辉石及高挥发分副矿物电气石、磷灰石以及石榴子石为特色，是国内少见含锂辉石的花岗岩体。

一、马颈子二云母花岗岩体

在宝贝地出露的二云母花岗岩体，主体呈近南北向延伸，岩体出露面积约 5.3km²。在岩体南部东西向长 3.5km，宽 1.5km，东侧向北伸长约 2km，宽 0.4km，似脖颈形状。平面上形似"马颈子"，故称之为马颈子二云母花岗岩体(图2-4A)。

岩体顶面流面构造发育，其流面产状随岩体形状的变化而异，内部呈同心圆状分布。岩体与围岩接触面呈波状起伏，接触界线突变，外接触带蚀变强烈，内接触带发育云英岩化，具细粒冷凝边结构。沿接触带见岩体呈细脉穿入围岩，局部向细晶岩过渡。在岩体顶部和接触带附近发育电气石二云母花岗岩和混合条带状花岗岩(图2-4E、F)。流面构造显示的流动方向大致以岩体中心向外，推测岩浆通道在岩体近中心部位。

岩体接触面向外倾，与围岩片理倾向一致，岩体北端马颈子细颈部的东侧与新都桥组二段接触，接触面倾角 30°～40°，细颈西侧与新都桥组一段接触，接触面岩体产状 50°～60°，马颈子中部弯曲部的北端向北倾，倾角 15°～30°，而在马颈子最南侧接触面向南陡倾，倾角达到 60°～75°，具明显东缓西陡、南陡北缓的特点。在岩体顶部局部地方仍保留有上三叠统地层的残余顶盖(图2-4G、图2-5)，常见围岩捕房体，已被同化、改造。并有顺层的伟晶岩脉贯入，如 No.34 伟晶岩脉。

岩体内部原生节理发育(图 2-4H)，南部及北部主要发育水平节理和纵张节理，东部发育纵张节理和横节理，倾角均为 70°～80°。沿原生冷缩节理内充填有微斜长石伟晶岩和微斜长石钠长石伟晶岩，脉体规模均较小。

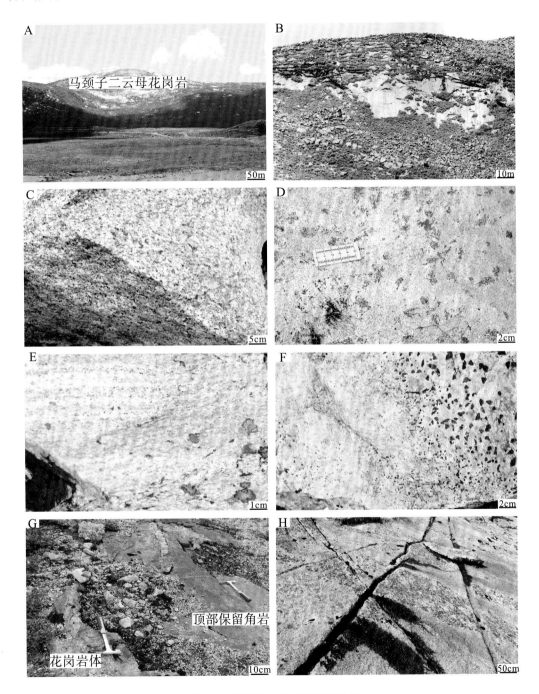

图 2-4　马颈子二云母花岗岩特征

A.马颈子二云母花岗岩远景；B.花岗岩体西界；C.含锂辉石电气石二云母花岗岩露头；D.电气石黑云母斑杂状花岗岩；
E.花岗岩体边缘混合条带结构；F.花岗岩体边缘电气石发育；G.岩体的残余围岩顶盖；H.花岗岩体中的节理

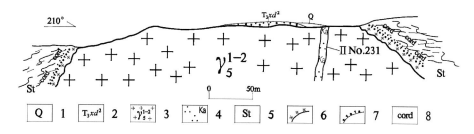

图2-5 甲基卡穹窿马颈子二云母花岗岩接触关系图
1.第四系残坡积物；2.上三叠统新都桥组中段；3.二云母花岗岩；4.微斜长石伟晶岩脉；5.十字石；6.云英岩化；7.电气石角岩带；8.董青石带

由岩体向外在围岩中依次形成出现透辉(透闪石)石带、十字石带、红柱石十字石带、红柱石带和黑云母带，组成了较完整的递增变质带序列。围岩外接触带叠加了汽热接触变质的电气角岩和董青石化。

二云母花岗岩为灰白色，局部肉红色，细粒花岗结构(图2-4C)，显微文象结构。块状条带状和斑杂状构造(图2-4D、E)矿物粒度多在0.5～1.0mm。个别微斜长石达2cm，形成似斑晶。主要造岩矿物统计的平均值，石英为37%、斜长石为35%、微斜长石为15%、黑云母为3%、白云母为8%。副矿物以含有锂辉石为特征，其他还有黑电气石、磷灰石、石榴子石、锆石、榍石、金红石、透辉石、绿帘石、角闪石、黄铁矿、磁铁矿、钛铁矿、辉钼矿等。

二、主要矿物特征

斜长石：多呈半自形晶柱板状，粒径0.6～1.5mm，An为4～18，一般为15～17，属钠-更长石，少数为钠长石(图2-6A、B)。

微斜长石以他形粒状为主，少量板状、板柱状，粒径0.1～2.0mm，分布较均匀。多数为微斜长石，少数为条纹长石(图2-6A、B)。

黑(鳞)云母(图2-6A、C)：呈棕色，半自形一自形、片状。片径$(1～2)×(0.2～0.5)$mm。具明显吸收性，折光率$No=Nm=1.637～1.640±0.002$，少量为$1.715±0.002$。常被白云母交代。晶体中常有锆石包体。稀有元素分析结果(表2-1)表明，黑云母的Li_2O含量为0.843%～1.257%，平均为0.923%；另据唐国凡1987年对10余件单矿物化学分析，Li含量为0.74%～1.52%，均显示含量较高。按照《华南花岗岩类的地球化学》的分类标准(黑云母含$Li_2O<0.5\%$)，故黑云母应划属黑鳞云母。

锂白云母(图2-6A)：无色，呈片状，片径0.1～1.2mm，分布均匀。多系交代黑云母生成，在晶体中常有黑云母残体，两者连生。少数系交代微斜长石、斜长石生成，沿长石解理分布。白云母中的Li_2O含量0.12%～0.45%，Rb_2O和Zr含量比黑鳞云母低。

黑鳞云母和锂白云母的出现，与伟晶岩中的锂辉石矿化有一定的内在联系。可作为稀有金属花岗岩的重要标志性矿物之一，同时云母中稀有元素含量特征也可作为寻找不同稀有金属矿的重要指示元素。

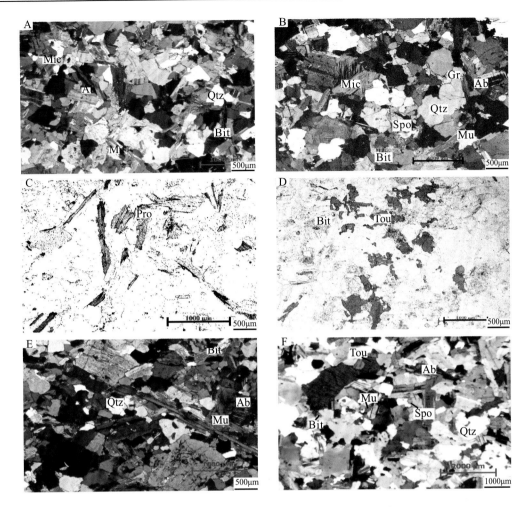

图 2-6 马颈子和甲基甲米二云母花岗岩显微镜下特征

A.马颈子二云母花岗岩(+)；B.马颈子含锂辉石二云母花岗岩(+)；C.马颈子二云母花岗岩中的黑鳞云母(-)；D.马颈子边缘带花岗岩中的斑杂状电气石黑云母集合体(-)；E.甲基甲米二云母花岗岩(+)；F.甲基甲米含锂辉石二云母花岗岩(+)；Mic.微斜长石；Ab.钠长石；Qtz.石英；Bit.黑云母；Mu.白云母；Spo.锂辉石；Pro.黑鳞云母；Gr.石榴子石；Tou.电气石

表 2-1 甲基卡二云母花岗岩云母中的稀有元素分析结果表

样品号	云母类型	Li$_2$O	Rb$_2$O	Cs$_2$O	Be	Nb	Ta	Zr	Hf
K4-1-1		1.180	0.204	0.018	19	—	0.1	385	0.05
K4-1-2		1.257	0.151	—	15	0.3	0.1	403	0.02
K4-2-1	黑鳞云母	1.094	0.226	0.068	4	0.3	2	388	0.3
K4-3-2		0.843	0.16	0.093	8	0.2	7	306	0.8
K4-3-3		0.953	0.198	0.073	5	—	5	314	0.7
K4-3-1		0.267	0.117	0.039	14	0.2	0.1	106	0.01
K4-1-3	锂白云母	0.288	0.061	—	5	0.1	—	69	—
K4-2-2		0.309	0.076	—	15	0.3	0.4	80	0.02

注：氧化物含量单位%，其余元素含量单位×10^{-6}

锂辉石(图 2-6B、E)：无色、淡绿色，晶体完整者少见，多数呈他形粒状，粒径 0.04~0.54mm，个别达 1.27mm。分布较均匀，含量一般为 0.2%~1%。镜下无色，晶面上纵解理发育，个别能见到两组近于直接的解理，有时有双晶。干涉色为一级灰白—草黄色，折光率 $Ng'=1.677\pm0.002$，$Np'=1.657~1.658\pm0.002$，$Ng'-Np'=0.018~0.019$。经费氏台测定：$C\wedge Ng=30°$，$(+)2V=64~68°$。底切面能见到对称消光，常见与白云母，斜长石共生。经测定单矿物，含 Li_2O 为 6.2%(唐国凡，1987)。

电气石：为黑色、黑绿色，半透明，假三方柱状及不规则状粒状等，粒径一般为 0.2~0.6mm，分布不均匀，多呈团块状集合体—电气石瘤或似斑状产出(图 2-6D)，长为 1~3.5cm，定向排列，与云母等矿物组成流动构造，近岩体顶部接触面产出较多，含量为 1%~5%。少量样品分析，电气石含 Li_2O 为 0.025%，K_2O 为 0.15%，Na_2O 为 1.80%。

三、甲基甲米岩株

出露于穿窿体中段的甲基甲米，前人认为是一个以钠长石型为主体的伟晶岩脉(No.308)。笔者通过地质调查和钻探验证表明，为含电气石细粒二云母花岗岩，产于南北向穿窿中段顶部的层间虚脱剥离空间，岩浆顺层侵位于晚三叠世新都桥组中段和侏倭组上段的变质十字石二云母片岩中，形成了顺层的小岩枝。受地形剥蚀影响，地貌上呈近南北向的丘状小山脊地貌特点(图2-7A)。出露长约 1450m，宽度60~630m，东侧段膨大，向东延至 X03 脉的下部，面积约 0.3km²。由于剥蚀较浅，中部保存了大面积的电气石角岩化的围岩顶盖或捕掳体，其东西两侧以及南侧均被第四系残积物或残坡积物掩盖，断续出露于 No.508 以西，岩枝内部亦有多处被第四系大面积掩盖。

岩枝整体呈不规则顺层状或透镜状(图 2-8)。岩体与围岩的接触界线突变，外接触带变质蚀变强烈，内接触带见云英岩化，具细粒冷凝边结构。整体向西缓倾，倾角为 5°~20°。岩石类型以浅成相的电气石细粒二云母花岗岩为主，接触带见岩体呈细脉穿入围岩，东侧与钠长细晶岩、钠长锂辉石伟晶岩相连呈过渡关系。推测在深部与二云母花岗岩相连。在岩枝的西侧也见到黑云母和黑色电气石集合体呈瘤状或似斑晶，常定向排列，形成流面或流线构造(图 2-7C)。较之马颈子岩体边部混染作用强烈，发育的含电气石混染化条带(图 2-7D)。围岩红柱石十字石二云母片岩遭受强烈接触变质，发育电气石化角岩和堇青石化。

岩性为电气石白云母花岗细晶岩，在西侧也见有细粒二云母花岗岩。颜色呈浅灰色至灰色，宏观及显微镜下岩石结构与马颈子花岗岩相似(图2-6E、F)，为细粒花岗结构。主要矿物成分由斜长石、石英以及微斜长石等组成。斜长石为半自形至他形柱板状，石英、微斜长石均为他形粒状，主要矿物的平均粒度在 0.20~1.80mm。

主要矿物成分为石英 28%、斜长石 47%、微斜长石 16%，白云母 5%，黑云母 3%。副矿物有锂辉石 1%(图2-6E)、磷灰石、铌钽铁矿、锆石、铁铝榴石、独居石、黄铁矿、磁铁矿等。因混染作用强烈影响，电气石含量较多，达到 5%~6%，黑云母少量，分布不均，形成斑杂构造或条带构造。

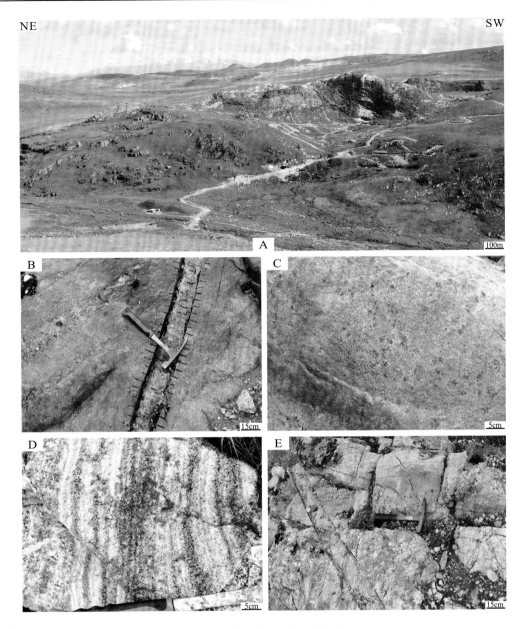

图 2-7　甲基甲米二云母花岗岩特征

A.甲基甲米二云母花岗岩枝远景；B.花岗岩及内冷缩裂隙中的巨晶含锂辉石微斜长石伟晶岩细脉；C.电气石黑云母斑杂状中细粒花岗岩；D.岩体边缘的含电气石条带状花岗细晶岩；E.岩体内冷缩裂隙中充填的微斜长石脉

　　岩枝内部的顺层裂隙中贯入生成有巨晶含锂辉石微斜长石伟晶岩脉(图 2-8)；另在岩枝东侧的顶部深 40～60m，集中有长度大于 15m 的含石英、锂辉石以及微斜长石钠长石脉约 30 条，界线清楚，习惯统称石英锂辉石脉。石英锂辉石脉呈顺层状、透镜状、团块状，沿走向及倾斜方向连续性差，厚度亦不稳定，时有尖灭再现，局部形成囊状矿体，产状受花岗细晶岩体底界的制约，向西缓倾，倾角∠15°～5°。脉体的规模不大，稀有矿物以含巨晶状锂辉石以及少量绿柱石为特色。

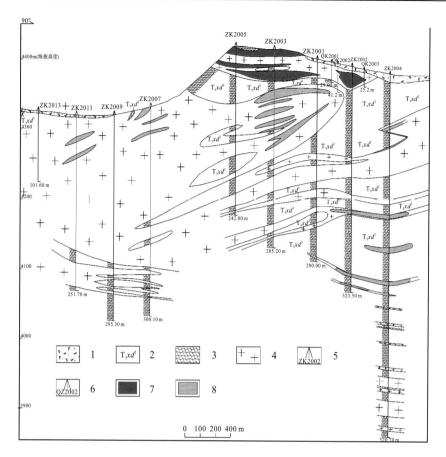

图 2-8　甲基甲米二云母花岗岩枝以及伟晶岩脉剖面图

(据区调队资料修改 2014)

1.第四系坡(残)积；2.上三叠统新都桥组中段；3.堇青石化十字石红柱石二云母片岩；4.含电气石二云母花岗(细晶)岩；
5.钻孔位置及编号；6.浅钻位置及编号；7.巨晶石英锂辉石脉；8.含锂辉石钠长石细晶岩

第四节　重力异常推断花岗岩深部形态

一、布格重力异常特征

甲基卡穹窿主体被第四系掩盖，两翼未出露。给地表地质调查研究工作带来了困难。通过中南段重力测量，其成果显示，布格重力异常值在不同的地段具有差异化的分布特点。与区内出露的不同岩性的岩石及花岗岩体对应较好。

主要表现为，中部和南部分别为低值和极低值，四周被高值环绕(图 2-9)。中部的重力布格为圈闭的、呈南北向展布的低异常，最低大致 −2.09～6.44mGal(1Gal=1m/s^2)，平均约为 1.47mGal；南部位于马颈子—国采弄巴一带，最低值为−1.10～5.34mGal，平均值约 1.50mGal；在马颈子岩株的底部，为布格重力极低值，为−2.09mGal。这与在此处出露的二云母花岗岩株相对应，并推测有大规模的低密度的隐伏花岗岩体存在；东部布格重力异常从西南向东北逐渐变大，为 1.24～5.36mGal，平均值为 3.25mGal，显示变化较为平缓的未圈闭低异常。推断东部的花岗岩侵入体分布范围较大。

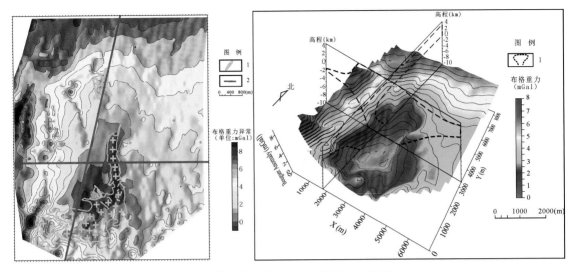

图 2-9　甲基卡稀有富集矿田布格重力异常图

1.出露地表花岗岩株；2.重力异常剖面位置

西部及北部布格重力异常值相对较大，西部布格重力为 0.55～11.07mGal，平均值约 5.74mGal，表现为多个圈闭的高异常；北部为 1.79～8.14mGal，平均值为 5.57mGal，表现为大范围的未圈闭高异常。推测这两个区域存在较厚的高密度岩层，这与在这两个区域出露上三叠统西康群新都桥组、侏倭组变质粉砂岩和变质砂质泥岩相对应。伟晶岩脉多数围绕低重异常区呈环状分布，与含矿伟晶岩脉就位于穹窿的顶部及其周缘的推论一致。

根据布格重力异常分析、地表调查以及钻孔验证，可进一步推断甲基卡穹窿中的隐伏的花岗岩主体呈北北西(近南北)向延伸，在南部国采弄巴—马颈子、甲基卡海子至甲基甲米和长梁子一带大致对应于隐伏岩体顶部，再向北岩体整体向北北西向倾伏；往西部延伸较小，往东部延伸较大，推测可能向东侧伏。布格重力异常极低值位于马颈子一带，推断在这一位置隐伏岩体厚度最大，岩浆通道可能在岩体近中心部位，这与岩体流面及流动方向的推断一致。另重力反演推断显示隐伏花岗岩的顶面起伏不平，存在多中心的岩株或岩枝(图 2-10)。

二、重力异常剖面特征

根据图 2-11、图 2-12 所示甲基卡中南部南北向和东西向两条重力异常剖面，所计算的剩余重力异常(Talwani et al.，1959；Cady，1980)，可推测花岗岩体的二维剖面形态。计算拟合数据主要特征表现为，在南北向剖面上，岩体的顶界面埋藏深度 0～1.5km

（图 2-11），从顶底界面形态推测是一个厚约 3km、近南北向的岩床。在南段马颈子和中段甲基甲米（No.308）处向上有出露的岩枝，向下则有较大的延伸。在马颈子一带岩体显示最厚，向下延伸，可能是穹窿体中岩浆的主要通道。

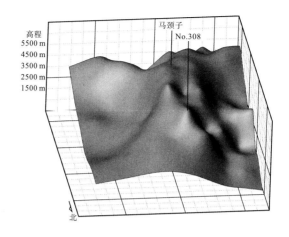

图 2-10　重力反演推断甲基卡隐伏花岗岩顶界面示意图

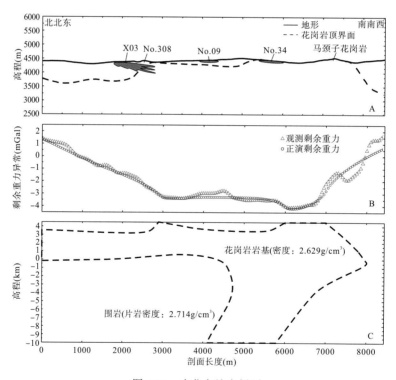

图 2-11　南北向综合剖面

A.花岗岩顶界面形态；B.剩余重力观测和拟合数据；C.推测的花岗岩岩基二维形态

在东西向剖面上推测，隐伏岩体顶界埋藏深度 0～2km（图 2-12）。隐伏岩体呈不对称形态，在马颈子西侧迅速减薄，东侧是一个厚度 7～9km 的岩床，中部在马颈子向上出露地表，呈岩枝状，向下延伸较大，与南北剖面显示具有一致性，推断可能是花岗岩岩浆的主要通道。

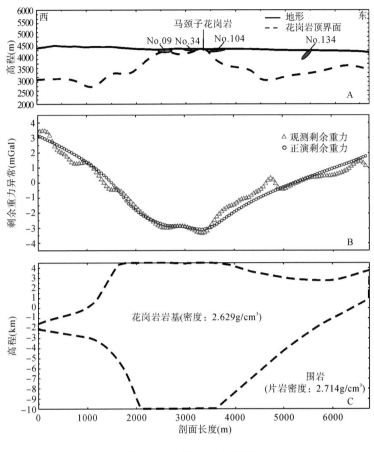

图 2-12　东西向综合剖面

A.花岗岩顶界面形态；B.剩余重力观测和拟合数据；C.推测的花岗岩岩基二维形态

第五节　甲基卡穹窿构造变形与变形机制

一、双向收缩应变和热隆伸展应变

1.双向收缩应变

在松潘-甘孜碰撞造山—陆内造山过程中，该地区曾经受南北向和东西向双向非共轴挤压收缩。主要表现为早期局部顺层滑脱，以及形成的近东西向 S_1 同褶皱劈理及褶皱系列，受近南北向褶皱的 S_2 折射劈理及褶皱变形系列叠加改造。在花岗岩浆底辟上侵的参与下，形成了近南北向的穹窿构造。如甲基卡穹窿东西向地质构造剖面(图 2-13)和南北向地质剖面所示(图2-14)，双向收缩应变所产生的构造变形样式，大体表现为以穹窿体为中心，向外呈系列式变化。

除上述外，在四川西部整个西康群分布区域，常见有褶皱枢纽起伏变化不定、轴面劈理近于直立的"西康式"叠加褶皱(许志琴、侯立玮等，1992)，亦为双向挤压收缩叠加形成。

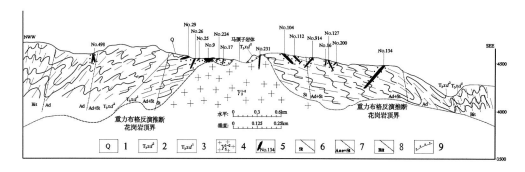

图 2-13 甲基卡东西向地质构造剖面简图

1.第四系坡积、残积物；2.上三叠统新都桥组中段变质含碳泥质粉砂岩与粉砂岩互层；3.上三叠统新都桥组下段变质含碳粉砂质泥岩夹少量粉砂岩；4.印支期二云母花岗岩；5.花岗伟晶岩矿脉及编号；6.十字石变质带；7.十字石红柱石变质带；8.黑云母变质带；9.电气石、堇青石接触变质带

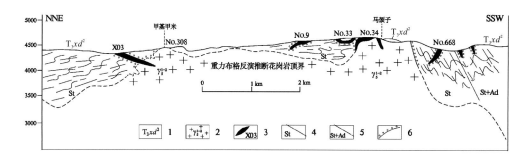

图 2-14 甲基卡中南段—南北剖面简图

1.上三叠统新都桥组中段变质含碳泥质粉砂岩与粉砂岩互层；2.印支期二云母花岗岩；3.花岗伟晶岩矿脉及编号；4.十字石变质带；5.十字石红柱石变质带；6.电气石、堇青石接触变质带

2. 热隆伸展及滞后伸展变形

陆壳重熔花岗岩产生的底辟热隆构造，总体表现为伸展应变，横向叠加。在穹窿体中南段马颈子至长梁子一带位于南北向穹窿的顶部，构造变形主要表现为垂直压扁，上部地壳减薄，膝状褶皱发育(图2-15)，在层间剥离空间，发育大量顺层透镜化、串株状伟晶岩脉和长英质脉体。向穹窿体周缘则转为同斜褶皱，轴面外倾，褶皱轴面产状逐渐由平缓变为倾斜，多属紧密同斜褶皱和层间揉皱构造。在穹窿体周缘，主要表现为沿 X 轴拉伸，Y 轴不变的纯剪切应变，新生 S_3 片理的倾向与褶皱轴面大体一致，大致围绕花岗岩岩体向外倾斜，如穹窿体东缘石英包一带，S_3 片理走向北东 20°，倾向南东，倾角 25°；北东缘麦基坦，S_3 走向北西 350°，倾向北东，倾角 18°；北西缘通骑马一带 S_3 走

向南西 250°，倾向北西，倾角 20°；西缘措拉以西，S_3 走向北西 350°，倾向西，倾角 16°；南西缘八林领山，S_3 走向北西 315°，倾向南西，倾角 43°；南缘国采弄巴 S_3 走向近东西 88°，倾向南，倾角 50°。

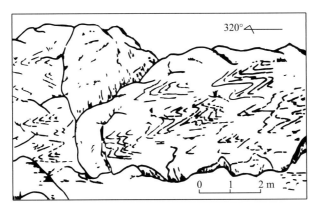

图 2-15　甲基卡穹窿顶部发育的平卧褶皱

（据吴利仁等，1960）

　　S_3 片理的倾向与倾角与褶皱轴面递变一致，大致围绕穹窿体中心向外倾斜，倾角由缓变陡（付小方等，2015），倾角一般为 10°～40°。如在甲基卡穹窿体中段西侧，海湾顶一带 S_3 片理与同斜轴面一致倾向南西，倾角逐渐变陡至 25°～40°，在东侧石英包一带 S_3 片理与同斜轴面一致，倾向南东东，倾角逐渐变陡至 30°。并叠加改造 S_1 或 S_2，如在穹窿体东缘日西柯北东约 5km 处，黑云母碳质粉砂质千枚板岩夹变质石英砂岩中，可见变质石英砂岩形成的叠加褶皱（图2-16）；在甲基甲米以北的十字石二云母片岩中 S_{1-2} 劈理被 S_3〔20°(SEE)∠12°〕片理置换交切，S_3 面理明显切割了收缩应变 S_{1-2} 劈理，原岩变余粉砂质砂岩条带发生了同斜褶皱，被缓倾的 S_3 片理的切割关系清晰可见，变余砂岩呈褶皱布丁形态。在片岩中两期面理交切明显，紧密处发育应变滑劈理构造（图2-17）。至穹窿外围横向构造置换影响减弱。

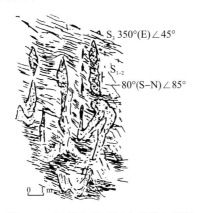

图 2-16　甲基卡日西柯东的叠加褶皱

（据侯立玮、付小方，2002）

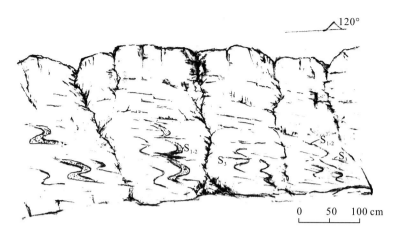

图 2-17 甲基甲米 S_3 片理置换 S_{1-2} 劈理（S_{1-2} 350（W）70°，S_3 20°（SE）12°）

二、剪切应变的显微组构

热隆伸展阶段剪切应变机制及运动学特征，主要表现在高温变质矿物、石英以及磁铁矿等拉伸定向排列，长英质脉、石英脉布丁化，以及 S_3 片理的 XZ 面上的十字石、红柱石、石榴子石、黑云母等变斑晶发育旋转，不对称结晶尾等。总体显示，在穹窿体顶部以垂直压扁作用为主，由穹窿核部向周缘的正向滑移（图2-18、图2-19）为特征。

由于组成甲基卡穹窿体岩层能干度和所处构造部位的差异，变形强度具有明显的不均匀性。如在宝贝地至长梁子穹窿顶部一带变形表现较为强烈，顺层的长英质脉与石英脉体十分发育，并被剪切压扁拉伸呈肠状、透镜状断续沿 S_3 片理分布；穹窿体南段的马颈子花岗岩株的南缘，岩体接触面向南陡倾，倾角达到 60°～75°，变形强烈，局部发育倒转褶皱，长英质脉重褶明显，十字石和红柱石变斑晶旋转指示向南的剪切（图 2-20）；另在南西及南东缘变形也表现强烈，花岗伟晶岩小脉密集发育；在穹窿体中段甲基甲米（原 No.308）二云母花岗岩岩株周缘变形也表现强烈，至北段由于花岗岩基向北北西倾伏较深，地表变形作用强度减弱。

第六节 主要变质作用与特征

一、经历的主要变质作用

就甲基卡地区而言，自中生代以来，在双向挤压收缩、深层次及多层滑脱-推覆构造体制下，曾先后经历了区域低温动力变质作用、低压型热流变质－中压型动热变质作用、局部接触变质——汽-液热蚀变、退化变质等多期次的变形变质作用，各期的变质作用特点如表 2-2 所示。

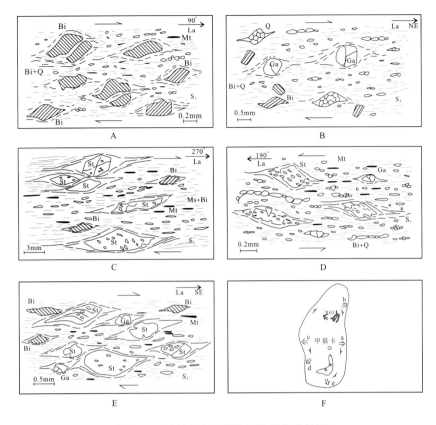

图 2-18 甲基卡穹窿周缘显微组构素描图

（据付小方等，2015）

A.十字石石榴子石二云母片岩变斑晶旋转指示向东剪切滑移；B.十字石二云母片岩变斑晶旋转指示向北东剪切滑移；C.二云母十字红柱石片岩变斑晶旋转指示向西剪切滑移；D.石榴子石二云母片岩变斑晶旋转指示向南南东剪切滑移；E.石榴子石十字石二云母片岩变斑晶旋转指示向南东剪切滑移；F.穹窿中心向周缘正向滑移；La.拉伸线理；

St.十字石；Ga.石榴子石；Q+Mis+Bi.石英、二云母；Mt.铁质集合体；S₃.片理

表 2-2 甲基卡变质作用特征简表

变质作用	碰撞造山早中期	碰撞造山晚期		碰撞造山期后
		第一阶段	第二阶段	
类型	区域低温动力变质	热流-动热变质	侵入接触变质及近脉气液变质	退变质
变质相	绿片岩相	绿片岩相-角闪岩相	堇青石角岩化，电气石化、云英岩化	低绿片岩相
变质带组合	绢云母-绿泥石	红柱石-十字石-石榴子石-黑云母	云英岩化、堇青石、电气石化	绢云母化、绿泥石化
变质矿物	绢云母-绿泥石	红柱石、十字石、石榴子石、透辉石	白云母、石英、堇青石、电气石、黑云母	绢云母、绿泥石
主要变质岩	板岩、千枚岩、变砂岩	十字石片岩、红柱石十字石片岩、红柱石片岩、透辉石变粒岩	石英云母片岩、堇青石片岩、电气石片岩	绢云母绿泥石化片岩
相关的构造-岩浆活动	区域性陆内造山推覆-滑脱	深熔花岗岩的形成和底辟侵位	花岗岩、伟晶岩脉侵入	热松弛、石英脉生成
主要变质因素	低温、应力	低压、中温	流体、高-中-低温	低温

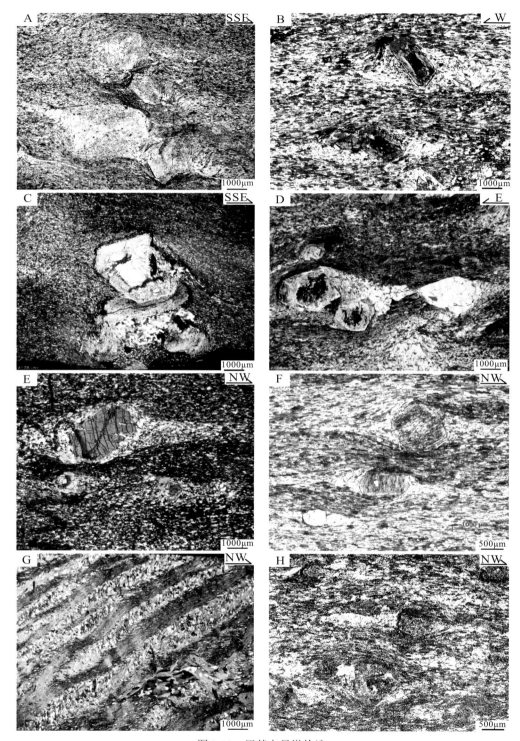

图 2-19　甲基卡显微构造

A.穹窿南缘十字石斑晶指示向 S 剪切(-)；B.穹窿西缘十字石斑晶指示向 W 剪切(-)；C.穹窿南缘十字石斑晶指示向 S 剪切(-)；D.穹窿东缘十字石斑晶指示向 E 剪切(-)；E.马颈子北缘十字石斑晶指示向 NW 剪切(+)；F.穹窿南西缘十字石变斑晶旋转指示 SW 的剪切方向(-)；G.红柱石十字石二云母片岩中的应变滑劈理构造(+)；H.穹窿顶部十字石变斑晶具对称结晶尾

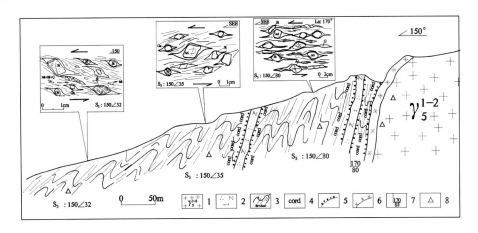

图 2-20　马颈子二云母花岗岩南界剖面图

1.马颈子二云母花岗岩；2.钠长锂辉石伟晶岩；3.十字石红柱石二云母片岩；4.堇青石化；5.电气石角岩化；6.云英岩
化；7.接触产状；8.样品采集地

1. 碰撞造山早中期

造山带地层普遍发生的区域低温动力变质作用，形成了具面型分布特点的低绿片岩相绢云母-绿泥石及黑云母变质带。因经成穹构造-变质作用的叠加改造，仅在甲基卡边缘或外围保存完整。

2. 碰撞造山阶段晚期陆壳局部熔融岩浆底辟侵位阶段

随着陆壳局部熔融、岩浆底辟侵位，形成了具垂向和水平分带的十字石带-红柱石十字石带-红柱石带-石榴子石带-黑云母带动热渐进变质带。其空间分布范围与二云母花岗岩体(隐伏岩体)具有十分密切的关系，受花岗岩侵入体的规模、产出深度、围岩化学成分和性质的控制。沿早期劈理随机分布的黑云母、石榴子石、十字石、红柱石变斑晶等，因受动热变质作用和构造变形的改造，使石榴子石、十字石、红柱石明显重结晶并遭受压扁与剪切。总体看，由热流变质和动热变质所形成的递增变质带，呈椭圆形南北向展布，长20km，宽10km，面积约为 $200km^2$ (图2-1)，自花岗岩体向外，依次出现十字石带、十字石红柱石带、红柱石带和黑云母带。在矿田南部国采弄巴、西南部八岭山和中北部德扯弄巴一带的深切割区，可见到垂直分带的现象。另在北西部的甲基甲米，局部还出露有透辉石-透闪石-角闪石变质组合，明显受原岩为富钙岩石成分影响，变质程度与十字石带相当。各主要变质岩特征如表 2-3 所列。

3. 碰撞造山晚期花岗岩、伟晶岩脉侵入

伴随岩浆底辟侵位，热隆伸展以及大量伟晶岩脉地贯入，沿马颈子和甲基甲米花岗岩体和伟晶岩脉的内外接触带，形成有宽窄不等的接触变质和汽-液蚀变带，并显示热接触变质带切穿早期的动热递增变质带。其中：

(1)云英岩化带：主要发育于花岗岩体和伟晶岩脉的边部，宽约 10cm 到几十厘米。

(2)电气石化带：主要沿伟晶岩脉外接触带发育，宽约 0.1m 到数米。

表 2-3　主要变质岩主要特征

原岩类型	代表性变质岩	主要结构构造	典型矿物共生组合
粉砂质板岩类	十字石片岩	鳞片变晶结构、筛孔变晶结构、片状构造、眼球状构造	十字石、石榴子石、白云母、黑云母、石英
	十字石红柱石片岩	柱、粒状鳞片变晶结构、变斑状结构、片状构造、眼球状构造	十字石、红柱石、石榴子石、黑云母、白云母、石英
	红柱石片岩	柱、粒状鳞片变晶结构、变斑状结构、片状构造、眼球状构造	红柱石、石榴子石、黑云母、白云母、石英
	石榴子石片岩	粒状鳞片变晶结构、变斑状结构、片状构造、眼球状构造	石榴子石、黑云母、白云母、石英
砂质岩类	石英白云母片岩	变余砂状结构、鳞片粒状变晶结构、片理化构造	石英、长石、白云母、黑云母
	石榴子石石英二云母片岩	鳞片粒状变晶结构、变斑状结构、片理化构造	石榴子石、石英、白云母、黑云母
	透闪石角闪石变粒岩	粒状变晶结构、片理化构造	透闪石、阳起石、角闪石

(3)堇青石化带：主要发育于花岗岩体和伟晶岩脉外接触带的泥质类变质岩中。花岗岩体周缘的堇青石化带，宽 0.5~2m，最宽约 15m。大型伟晶岩脉外侧的堇青石化带带宽约 20~60m，一般产状越缓，所形成的堇青石带越宽，且上盘宽度大于下盘；陡倾脉两侧蚀变带对称性好。随着离脉体由近到远，堇青石粒度及密度，亦大体显示出由大逐渐变小、由密逐渐变稀的变化。它的重要意义在于不但可以指示伟晶岩(矿)脉的存在，同时根据堇青石变质带本身的特征，还可大致预测伟晶岩脉的类型、产状、规模、埋藏深度以及主要矿化特征。

4. 碰撞造山期后

后期伴随穹窿热松弛、区域性隆升所发生的退化变质作用，主要表现为早期矿物不同程度受到了绢云母和绿泥石交代(侯立玮、付小方，2002)，并有少量低温石英脉的产生。

二、主要变质矿物特征

1. 热流-动热变质矿物特征

(1)十字石(图 2-21A、C、E)：为自形变斑晶，呈短柱状，粒径 1~15mm 不等，含量一般为 5%，最高可达 15%，发育十字形双晶、三连晶和环带结构。早期十字石中含有较多石英、云母包裹体；在片理强烈部位，变斑晶沿 XZ 面显示定向排列；并可见变斑晶拖尾旋转构造，以及 S-C 构造。上述表明，外环带的十字石形成较晚，为升温重结晶的结果；变斑晶旋转和 S-C 组构所显示的运动方向，为正剪切，应为穹窿早期和伸展阶段形成。

(2)红柱石(图 2-21B、D、F)：呈肉红色，为四方形长柱状变斑晶，在片理面上杂乱分布，柱长 2~20cm，最长可达 30cm，宽 1~1.5cm，一般含量 10%~20%，常与十字石、石榴子石等变斑晶共生。在显微镜下呈不规则的雏晶状，内部碳质包体包裹物较

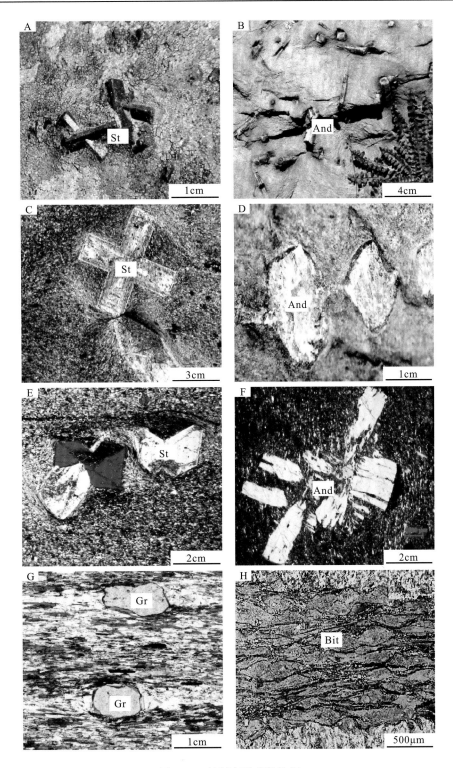

图 2-21　特征变质矿物特征

A.S₃ 片理面上十字石变斑晶双晶；B.S₃ 片理面上的红柱石变斑晶；C.十字石双晶(+)；D.*XZ* 面上具剪切旋转的红柱石变斑晶；E.十字石变斑晶的双晶和环带结构(+)；F.红柱石变斑晶(+)；G.拉伸的石榴子石变斑晶(-)；H.沿 S₃ 片理定向分布黑云母变斑晶(-)；St.十字石；And-红柱石；Gr.石榴子石；Bit.黑云母

多，常具"肋骨状"残缕而构成空晶石。马颈子岩体南部和西南部构造变形较强烈，在 *XZ* 面上，红柱石变斑晶具有定向拉伸和旋转拖尾构造，显示了岩体南缘于伸展期向南正向剪切的运动。

(3)石榴子石(图 2-21G)：广泛分布于十字石带、红柱石十字石带和红柱石变质带以及二云母花岗岩体和伟晶岩脉中，呈变斑晶，一般呈自形-半自形粒状，红色-粉红色，玻璃光泽，粒度细小，粒径一般为 0.3～0.5mm，晶粒内很少见有包裹物。基质中鳞片状白云母、黑云母常绕其分布。分布于穹窿核上部片岩中的石榴子石，常呈压扁的透镜状，两端发育有压力影。岩体岩脉中的石榴子石多为透明的粉红色自形晶。

(4)黑云母(图 2-21H)：广泛出现于各种变质岩内，呈鳞片至片状。大者构成变斑晶，富含定向的碳质和石英等包体、并常被扭成 S 形。早期生成的黑云母变斑晶的边部，常发育有无包裹体的重结晶黑云母边(图 2-21H)。电子探针结果表明，早期黑云母 Mg^{2+}、Fe^{2+} 的含量高于加大边的含量，而 Ti 的含量则低于加大边的含量，说明重结晶黑云母边的形成为升温过程的产物。

2. 接触变质及退变质矿物特征

在花岗岩和伟晶岩上侵—贯入阶段，由接触变质和气液变质作用形成的接触变质岩为云英岩、电气石及堇青石角岩。其中堇青石主要呈瘤状、疙瘩状和斑晶状产出(图 2-22A、B、C)，是花岗热流体对围岩直接作用的结果，绕岩体或脉体呈带状分布，与稀有矿化关系密切。堇青石常交代十字石和红柱石(图 2-22D、J)。

在热隆伸展—后期热松弛期间，广泛发生的退变质作用，主要表现为大量含水矿物，如新生的鳞片状黑云母、绿泥石、绢云母等，沿片理广泛发育，使早期十字石、红柱石、石榴子石、黑云母以及堇青石等，不同程度受到了绢云母和绿泥石矿物的交代(图2-22E、F、G、I、J)。并产生细粒化，使岩石结构致密，色调发暗，呈千枚状或板状外貌。对新生的鳞片状黑云母所做的探针分析结果表明，其 Mg^{2+}、Fe^{2+} 的含量均低于动热变质的黑云母，显然是一个降温的过程。

第七节　伟晶岩产布特征与分类

一、伟晶岩脉的产出形态及规模

在花岗岩底辟穹窿体顶部及周缘，花岗伟晶岩(矿)脉成群发育(图 2-23)。伟晶岩脉具有成群成带、类型多样、结构复杂、空间分布规律性较强、矿化专属性明显、近脉接触变质显著等特征。

甲基卡稀有金属矿田已发现具有一定规模的(长×宽大于 20m²)伟晶岩脉 509 条，其中含稀有金属矿(化)脉 318 条，脉体规模大小不一，一般长 50～100m，最长如新 X03 脉为 2200m，厚一般为 5m 到数十米，最厚124.15m。

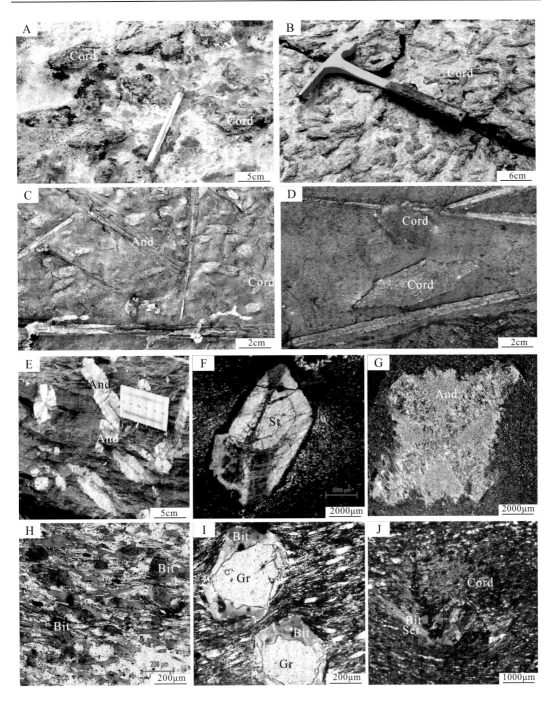

图 2-22 接触变质和退变质矿物特征

A.顺层脉体上盘的瘤状堇青石；B.缓倾脉体接触带的疙瘩状堇青石；C.陡倾脉体外接触带的叶片状堇青石和红柱石变斑晶；D.叶片状堇青石交代红柱石变斑晶；E.被绢云母交代呈假象的红柱石；F.十字石变斑晶边缘被绢云母和绿泥石集合体交代(+)；G.被云母交代的十字石变斑晶(−)；H.具有加大边黑云母变斑晶(−)；I.石榴子石变斑晶被黑云母交代(−)；J.堇青石被绢云母和绿泥石交代(+)(Cord-堇青石；And.红柱石；St.十字石；Gr.石榴子石；Ser.绢云母；Chl.绿泥石；Bit.黑云母)

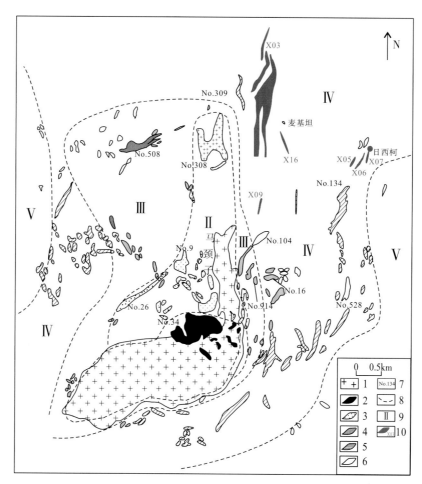

图2-23　甲基卡矿田伟晶岩分带示意图

（据付小方，2015，修改）

1.二云母花岗岩；2.微斜长石型伟晶岩；3.微斜长石钠长石型伟晶岩；4.钠长石型伟晶岩；5.钠长石锂辉石型伟晶岩；6.钠长石锂云母型伟晶岩；7.伟晶岩脉编号；8.伟晶岩类型分带线；9.伟晶岩类型分带编号；10.笔者新发现的纳长锂辉石矿脉及编号（X03为4300m标高的投影）；Ⅰ.微斜长石伟晶岩带；Ⅱ.微斜长石钠长石带；Ⅲ.钠长石带；Ⅳ.钠长石锂辉石带；Ⅴ.钠长石锂（白）云母型

　　伟晶岩占脉构造的形态多样，受成穹前和成穹期裂隙的控制，可形成单脉或各类复合形态。单脉形态以脉状为主，占84%；次为透镜状，占7.6%；少量串珠状、岩盘状、岩盆状、板状、似层状、岩株—团块状、蘑菇状等。因受控裂隙不同，还可形成各类复合形态。一般远离穹窿中心的伟晶岩形态较单一，以脉状和分支复合脉为主；穹窿中心岩体内或接触带附近的伟晶岩形态多样复杂。伟晶岩脉是主动强力贯入侵位形成，造成主脉的四周常发育有较多的根须状小脉体。控制伟晶岩的裂隙规模相差悬殊，规模较大的裂隙，多为剪张性质。

　　据已勘查所获资料，区内伟晶岩（矿）脉岩形态以分支复合大脉、透镜状以及规则状单脉为主，部分呈雁列状、串珠状、岩盆状、团块状。具代表性的主要花岗伟晶岩（矿）脉形状和产状，详见第三章表3-1。

二、伟晶岩类型的划分

(一)国内外常用分类方案

由于花岗伟晶岩成岩成矿机制较为复杂，国内外学者提出的分类方案很多，还没有公认的统一意见，常被采纳应用的主要有：成因分类、结构构造分类、化学特征分类、主要矿物共生组合分类、所含特征矿物以及所含工业矿物或稀有元素的分类。如：

Černý(1985、1992)将伟晶岩分为深成类、白云母类、稀有金属类和晶洞类伟晶岩。并将稀有金属伟晶岩进一步划分为稀土型、绿柱石型、复合型、钠长石-锂辉石型以及钠长石型。

苏联学者索洛多夫基依据伟晶岩中微斜长石、钠长石和锂辉石等三种主要矿物的含量，将伟晶岩划分为微斜长石伟晶岩、钠长石-微斜长石伟晶岩、钠长石伟晶岩、钠长石-锂辉石伟晶岩。

邹天人等(1975)基于云母是稀有元素的主要载体之一，把伟晶岩分为黑云母伟晶岩、二云母伟晶岩、白云母伟晶岩和锂云母伟晶岩，并根据成因机制将其划分为岩浆分异自交代型和变质分异型。

(二)本书采用的分类

本书撰写所采用的分类是在前人研究的基础上，结合甲基卡伟晶岩主要特点，按主要矿物组成、稀有元素矿化类型、结晶分异程度划分伟晶岩的主要类型，并进一步将伟晶岩成因划分为：岩浆液态不混溶脉动式充填-交代型、岩浆分异-交代型和变质深熔-变质分异型，其中前两类主要见于甲基卡及金川可尔因地区，变质深熔-变质分异型主要产布于丹巴地区。

第八节　甲基卡伟晶岩的主要类型与特征

一、按主要矿物组成划分的伟晶岩类型

唐国凡等(1987)，根据甲基卡伟晶岩的矿物组成及含量，将其划分为 5 种类型(表2-4)，并由穹窿体核部向外，依次划分出了：微斜(白)长石型(Ⅰ)→微斜长石钠长石型(Ⅱ)→钠长石型(Ⅲ)→钠长石锂辉石型(Ⅳ)→钠长石锂云母型(Ⅴ)→石英脉带，显示了伟晶岩总体产出特征(图 2-23)。但这种分带，因受花岗岩(隐伏)基形态和后期岩浆脉动多次贯入影响，表现为各带宽窄不一，具有不规则的分带特点，而且不同类型的岩脉也可重叠或混合交替(付小方等，2015)。

(1)块状微斜长石型伟晶岩(Ⅰ)：产于二云母花岗岩内部及边缘相，主要由微斜长石、石英组成，次为板状钠长石、白云母及少量电气石、铁铝榴石等(图2-24A)。

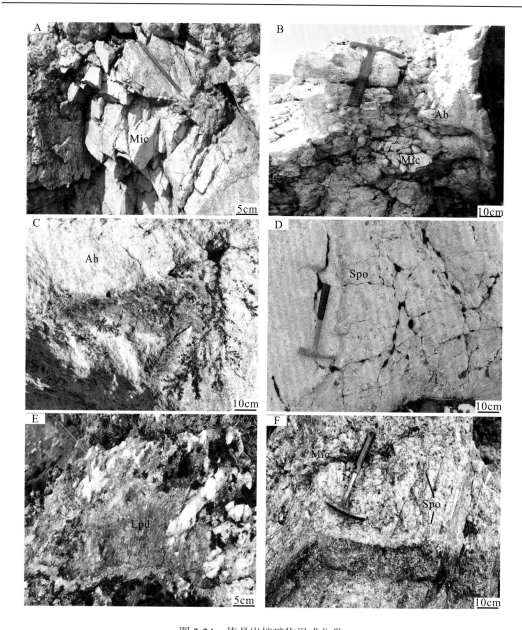

图 2-24　伟晶岩按矿物组成分类

A.块体微斜长石型伟晶岩（Ⅰ）；B.微斜长石-钠长石型伟晶岩（Ⅱ）；C.钠长石型伟晶岩（Ⅲ）；D.微晶-细晶钠长-锂辉石型伟晶岩（Ⅳ）；E.钠长石-锂（白）云母型伟晶岩（Ⅴ）；F.石英锂辉石脉

　　(2) 微斜长石-钠长石型伟晶岩（Ⅱ）：主要产于岩体外接触带近岩体的十字石二云母石英片岩中，主要由块状微斜长石、板状钠长石、石英，次为白云母、锂辉石、绿柱石等矿物组成（图 2-24B）。

　　(3) 钠长石型伟晶岩（Ⅲ）：主要产于岩体外接触带的十字石二云母片岩、红柱石十字石二云母片岩中，主要由钠长石、石英为主，含少量的微斜长石、锂辉石、白云母等矿物（图 2-24C）。

表 2-4　甲基卡稀有金属矿田伟晶岩的矿物组成分类及特征　　　　　　　　　(%)

主要矿物	类型				
	块状微斜长石型（Ⅰ）	微斜长石-钠长石型（Ⅱ）	钠长石型（Ⅲ）	微晶-细晶钠长-锂辉石型（Ⅳ）	钠长石-锂(白)云母型（Ⅴ）
微斜长石	40~60	20~40	<10	10±	0~15
钠长石	<20	20~40	40~60	25~45	30~50
锂辉石	0	<5	<10	15~25	<15
石英	20~35	25~35	30~40	25~40	30~40
白云母	3~7	3~7	2~5	2~10	10±(或锂云母5±)
标型矿物	文象及块状微斜长石、粗晶柱状黑色电气石	板状钠长石、大片白云母、粗晶柱状绿柱石、板状铌铁矿、锡石	板状及叶片状钠长石、细晶铌铁矿、细晶绿柱石	叶钠长石、微晶-细-中晶粒柱状锂辉石、浅色绿柱石、针状钽铌铁矿	细片白云母、锂云母、腐锂辉石、铌钽铁矿、锡石、彩色电气石

(4) 微晶-细晶钠长石-锂辉石型伟晶岩（Ⅳ）：产于岩体外接触带的十字石红柱石二云母片岩中，主要由钠长石、锂辉石、石英，其次为微斜长石、白云母、电气石等矿物组成(图 2-24D)。

(5) 钠长石-锂(白)云母型伟晶岩（Ⅴ），发育于岩体外接触带的红柱石二云母片岩中(图 2-24 E)。

除此之外，甲基卡矿田还存在一类含石英、锂辉石以及微斜长石、钠长石的贯入式交切脉状体，习惯统称石英锂辉石脉，由于形成最晚，常构成一种有趣的脉中之脉(图 2-24F)现象。如在甲基甲米(No.308)二云母花岗岩岩枝、No.104 伟晶岩脉、No.501 伟晶岩脉中较发育，新 3(X03)脉、No.133、No.134、No.137、No.154 等伟晶岩脉中也常见及。该类脉体规模不大，较大者长 10~30m，最长 72m，厚 0.5~5m，最厚 15m，延深小，为 10~20m，主要沿各类伟晶岩脉的冷缩裂隙贯入。脉体形态多为脉状、似脉状，少量树枝状、团块状等。矿物成分主要由巨晶石英、微斜长石和锂辉石组成，部分含钠长石较高。参照伟晶岩类型划分的原则，大致可以划为石英锂辉石型、微斜长石锂辉石型及钠长石锂辉石型等。石英锂辉石脉的内部构造较简单，以中粗粒及块状带为主，边缘较细，中心粗大，少量见云英岩脉壁。脉中含锂较富，锂辉石晶体一般较粗大，长可达 70~100cm，直径达 10~30cm。该脉体绝大部分赋存于伟晶岩体之内，偶见局部伸入围岩，常形成脉中脉的现象，显示为较晚期贯入形成。

石英脉在矿田内也广泛发育，除常产于伟晶岩脉体各种裂隙中以外，以伟晶岩带外围分布较多，一般是伟晶岩浆演化的最晚期，即气成热液阶段的产物，脉的形态为各种脉状，规模变化大，一般长数米至百余米，厚 0.5~3m，最厚 12.5m。矿物成分除石英外，尚有少量长石、白云母等，由于脉体生成时间晚，故在各类岩中均有分布。产于伟晶岩中的石英脉，偶见锂辉石、绿柱石、铌钽铁矿、锡石等矿化；产于变质岩中的石英脉，脉体规模较大，形态及矿物成分较简单，常成群分布，部分脉内见晶洞，是寻找压电水晶、熔炼石英的主要对象。矿田南部的煤炭沟石英脉群，经四川地矿局详细普查证实，已构成特大型的熔炼石英矿床。

二、按稀有金属的矿化特点划分的伟晶岩类型

据近期统计，区内具有一定规模的伟晶岩共 509 条（包括笔者新发现），其中稀有金属矿脉和矿化脉 318 条占 62%。具体表现以锂为主，主要共伴生元素为铌、钽、铍。按照已初步查明的矿化类型划分统计（图 2-25），可划分出如下 5 种矿化类型：

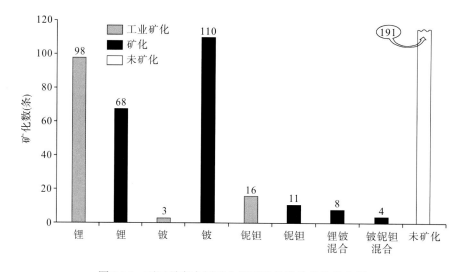

图 2-25　不同稀有金属矿化类型伟晶岩脉条数分布图

（1）锂矿脉及矿化脉：以含 Li 为特征，约 166 条。其中钠长石-锂辉石型伟晶岩 Li 矿化最好，工业价值最大，并伴生有 Be、Nb、Ta 等矿化。如 X03、No.134、No.309、No.668、No.632、No.154 等为代表的 Li_2O 含量达到工业品位的共计 98 条，锂矿化脉 68 条，共占伟晶岩脉总数的 32.6%；微斜长石-钠长石型伟晶岩和钠长伟晶岩，也有少量 Li 矿化，但工业价值不大。

（2）铍矿脉及矿化脉：主要以 No.9 号脉为代表，共 113 条。其中铍工业矿脉 3 条，铍矿化脉 110 条，共占伟晶岩脉总数的 22.2%。其中微斜长石型伟晶岩和微斜长石-钠长石型伟晶岩以 Be、Nb 矿化为主，但前者工业价值不大，后者部分具中等工业价值。

（3）铌钽矿脉及矿化脉：共 27 条。以 No.528 钠长石-锂（白）云母型（Ⅴ）伟晶岩脉为仪表，共 27 条，其中工业矿脉 16 条，矿化脉 11 条，共占伟晶岩脉总数的 5.3%，部分具中等工业价值。

（4）锂-铍混合矿化脉：共 8 条，占伟晶岩脉总数的 1.6%。

（5）铍-铌-钽混合矿化脉：共 4 条，占伟晶岩脉总数的 0.8%。

除上述外，另有未见矿化的伟晶岩脉 191 条。

三、按分异特征划分的伟晶岩类型

野外地质调查表明，区内伟晶岩脉原始分异程度存在较大的差异。甲基卡矿田各类伟晶岩大多数脉体不具有像著名的新疆可可托海 3 号脉典型的对称结构带特征。除少数规模较小的伟晶岩脉分异较好、具较完整的对称结构带外，大多数伟晶岩脉结构分带不发育，显示了分异较差的特点。

粗略统计 509 条伟晶岩（矿）脉中，属于分异程度较差，结构带不发育的有 211 条，占总数的 41.46%；分异不完全，具有不完整结构分带有 241 条，占总数的 47.34%；而分异完全的仅有 57 条，占总数的 11.2%。

（一）不发育分异结构带的伟晶岩

此类伟晶岩规模较大、数量多，矿物成分和结构变化复杂，包括具韵律条带的伟晶岩和结构带不发育的伟晶岩。

不同类型伟晶岩实质上是由最基本的标型结构带单元组成（图 2-26），每条伟晶岩脉常由 2~3 个结构带组成，但不同等发育。相对而言微斜长石钠长石伟晶岩结构分带较明显，微斜长石型伟晶岩主要由柱粒状和块体微斜长石组成，而钠长石型伟晶岩主要由钠长石带组成，结构带并不发育。钠长石锂辉石型主要由钠长石带和钠长锂辉石带组成，但不同粒度的矿物组合往往构成韵律式条带。如 X03 脉从边缘到中部大致也可分为四个不完整的结构带：即大致为细粒云英岩结构带、巨斑状或团块状巨晶微斜长石钠长石结构带、微晶-细晶-中粗粒梳状钠长石锂辉石或微晶-细晶钠长石（锂辉石）韵律式条带，分不出先后生成的关系。巨斑状或团块状巨晶微斜长石钠长石结构带多已被这种韵律式细晶带交代蚕食，呈团状或残块状不均匀分布（图2-27）；后期穿切巨晶状石英锂辉石脉，结构带也不发育。

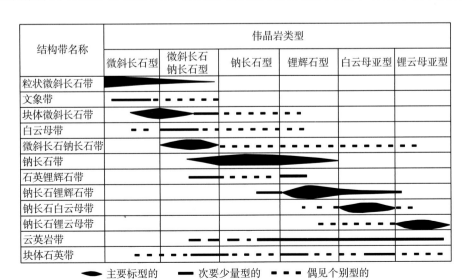

结构带名称	伟晶岩类型					
	微斜长石型	微斜长石钠长石型	钠长石型	锂辉石型	白云母亚型	锂云母亚型
粒状微斜长石带	◆					
文象带	━	▪ ▪ ▪				
块体微斜长石带	◆		▪ ▪ ▪ ▪			
白云母带	▪ ▪	━				
微斜长石钠长石带		◆	━	━		
钠长石带		◆				
石英锂辉石带				━		
钠长石锂辉石带				◆		
钠长石白云母带				▪ ▪	◆	▪ ▪
钠长石锂云母带				▪ ▪ ▪		◆
云英岩带		━	━	━		
块体石英带	▪ ▪ ▪	▪ ▪ ▪	▪ ▪ ▪	▪ ▪ ▪	▪ ▪ ▪	▪ ▪ ▪

◆ 主要标型的　　━ 次要少量型的　　▪ ▪ ▪ 偶见个别型的

图 2-26　各类型伟晶岩结构带分布图

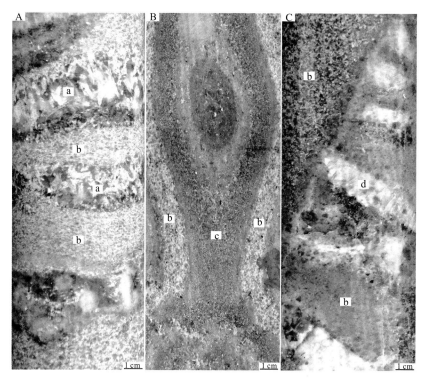

图 2-27　钠长锂辉石伟晶-细晶岩(矿)脉的韵律式条带

A.X03 脉微晶-细晶-中粗粒梳状钠长锂辉石韵律式接触关系(ZK2301 岩心)；B.X03 号脉微晶-细晶-中粗粒梳状钠长锂辉石韵律式接触关系(ZK105 平面扫描图像)；C.X03 脉中含残斑块状微斜长石钠长锂辉石伟晶-细晶岩被细晶钠长锂辉石伟晶岩相互穿切,早期微斜长石呈残余(ZK2301 岩心)；a.中粗粒梳状纳长锂辉石伟晶岩；b.细晶纳长锂辉石岩；c.微晶毛发状钠长锂辉石岩；d.微斜长石残斑

　　另外,在甲基卡具有一定规模的伟晶岩脉中,特别是稀有金属矿化的伟晶岩中,普遍可见具不同类型的伟晶岩之间的穿插,其接触界线清楚、岩性及结构突变。

(二)分异结构带较发育的伟晶岩

　　分异结构带较发育的伟晶岩,规模一般较小。从脉体边缘向内具有大致对称的结构分带。如,笔者发现的 X09 脉,脉体宽度约 4m,可见延伸长度约 30m,从外到内依次发育：云英岩化带、细粒石英钠长石带、细-中粒石英锂辉石带、块体微斜长石锂辉石带以及块体石英带(图 2-28)；另代表性的 No.528 铌钽矿脉,内部也具有较好的结构分带,该伟晶岩脉长 220m,斜深 17～57m,平均厚 2.57m,从外到内对称发育：英云岩化带、细粒石英钠长石带、细-中粒石英钠长石锂(白)云母带、粗粒石英钠长石锂辉石带(呈透镜状)、块体石英带(图 2-29)；又如马颈子东顺层间裂隙呈透镜状充填的小伟晶岩脉,长约 1.6m、厚约 80cm,由内而外对称发育云英岩化带、微斜长石带及微斜长石钠长石带。

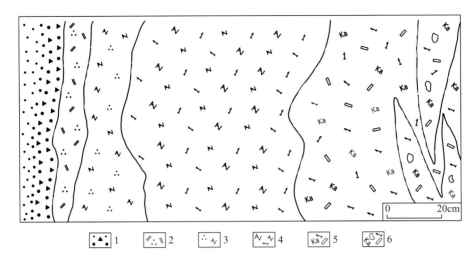

图 2-28 X09 号脉伟晶岩结构分带特征

1.电气石化角岩；2.云英岩化带；3.细粒石英钠长石带；4.细-中粒钠长石锂辉石带；5.块体微斜长石锂辉石带；5.巨晶微斜长石锂辉石带，含块体石英核

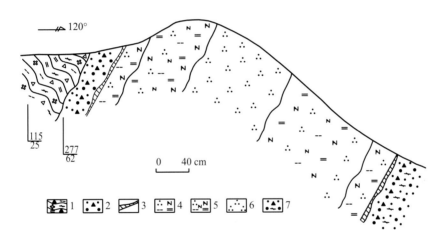

图 2-29 No.528 号铌钽矿伟晶岩脉内部结构分带特征

1.堇青石红柱石二云母片岩；2.电气石化角岩；3.云英岩化带；4.石英钠长石细晶岩带；5.细-中粒石英钠长石锂云母伟晶岩带；6.块体石英核带；7.电气石化红柱石角岩

第九节　伟晶岩的脉动充填方式

甲基卡伟晶岩(矿)脉形成受到岩浆和构造双重作用，有岩浆液态不混溶脉动式充填型和岩浆分异-自交代型。前者一般不具有明显的对称结构分带且不同脉体互相穿插，是受到开放裂隙的控制多次脉动式充填交代形成的伟晶岩；后者结构分带明显较完整，受封闭裂隙控制一次性侵位的熔体经分异结晶形成的伟晶岩。

通过野外地质调查，伟晶岩的脉动式充填显示有如下特点。

一、脉动具有新生性

脉动具有新生性表现在占脉裂隙可以多次生成，发生多次反复充填，不同阶段的伟晶岩彼此穿插和错动，产状也不尽相同。

不同类型伟晶岩之间的穿插、接触界线清楚、岩性及结构突变的现象，吴利仁(1973)在 20 世纪 70 年代，提出了存在由二云母花岗岩浆，在深部通过液态不混溶作用形成的独立伟晶岩熔浆及分期充填的认识。并认为至少存在三期伟晶岩：第一期微斜长石-钠长石-白云母伟晶岩，第二期钠长石-微斜长石-锂辉石伟晶岩、第三期微斜长石锂辉石伟晶岩，上述三期伟晶岩间均见相互侵入接触关系(图 2-30)。

在甲基卡北东日西柯，笔者新发现的 X05 号伟晶岩脉中，微斜长石-锂辉石伟晶岩穿插于钠长石锂辉石伟晶岩带及石英锂辉石伟晶岩带之中(图 2-31)；在马颈子南东的 No.668 号脉中钠长细晶岩穿插于中粗粒钠长微斜长石伟晶岩之中，它们之间伟晶岩的类型不同，接触界线非常清楚，应为多次脉动式充填形成(图2-33C)。

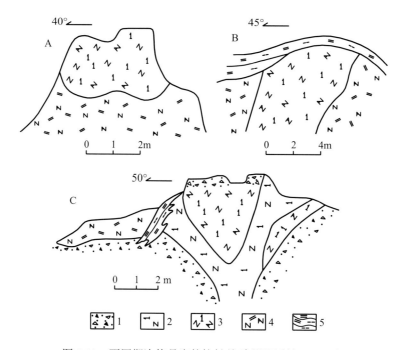

图 2-30　不同期次伟晶岩的接触关系(据吴利仁，1973)

1.第四系残坡积层；2.第三期微斜长石-锂辉石伟晶岩；3.第二期钠长石-微斜长石-锂辉石伟晶岩；4.第一期微斜长石-钠长石-白云母伟晶岩；5.云母片岩

A.第一期微斜长石-钠长石-白云母伟晶岩与钠长石-微斜长石-锂辉石伟晶岩接触关系；

B.第一期微斜长石-钠长石-白云母伟晶岩与第二期钠长石-微斜长石-锂辉石伟晶岩；

C.第三期微斜长石-锂辉石伟晶岩与第一期、第二期伟晶岩的接触关系

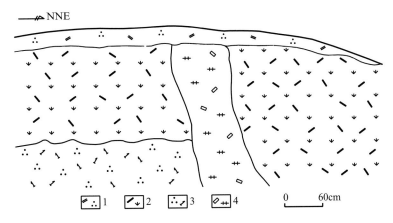

图 2-31　X05 号脉中微斜长石锂辉石伟晶岩与钠长石锂辉石、石英锂辉石带的穿插关系

1.云英岩化带；2.梳状粗粒钠长石-锂辉石带；3.粗粒石英锂辉石带；4.块体微斜长石锂辉石伟晶岩

二、脉动具有继承性

脉动具有继承性表现为同一伟晶岩（矿）脉可多次张开被充填，不同类型伟晶岩熔体常沿同一通道依次灌入而形成的伟晶岩，因而各种矿脉的产状基本一致，不同矿化阶段的矿脉产于同一矿裂系统中；既可以是不同期次的伟晶岩脉体互相穿插交代，又可以是同一脉体多次充填膨胀增大，还可以是同类矿石不同结构的叠置或互相穿插交代。

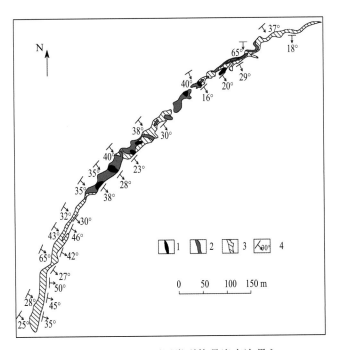

图 2-32　No.104 不同类型伟晶岩多次贯入

1.第三期微斜长石-锂辉石伟晶岩；2.第二期钠长石-微斜长石-锂辉石伟晶岩；3.第一期微斜长石-钠长石-白云母伟晶岩；

4.脉体产状

位于二云母花岗岩东侧的 No.104 号伟晶岩脉是其中代表性脉体之一，它是不同类型伟晶岩熔体常沿同一裂隙依次灌入而形成的复合伟晶岩脉。该脉沿层间裂隙侵入十字石云母片岩之中，脉体长 1000m 以上，不同类型的伟晶岩熔体沿同一裂隙依次灌入，其规模亦依次减弱。其中微斜长石-钠长石型伟晶岩首先灌入，构成 No.104 脉的主体；钠长石型伟晶岩又沿同一通道灌入，切割前者，尤以中段为烈；最后微斜长石-锂辉石型伟晶岩侵入，切割前者，亦以中段为甚（图 2-32），同时，不同粒度伟晶岩也有互相穿插，如细粒钠长石锂辉石伟晶岩穿插于粗-巨晶状含锂辉石微斜长石伟晶岩之中（图 2-33A）。

图 2-33　伟晶岩脉中的脉动式充填

A.块体微斜长石锂辉石脉被细粒钠长锂辉石脉穿切；B.No.453 白云母石英伟晶岩的两侧叠加梳状钠长锂辉石；C.No.668 号脉中钠长细晶岩穿插于中-粗粒钠长微斜长石伟晶岩之中；D.No.134 脉细晶钠长锂辉石伟晶岩穿插于中粗粒梳状钠长锂辉石伟晶岩中

a.钠长锂辉石脉；b.块状微斜长石；c.白云母石英脉；d.中粗粒梳状锂辉石；e.钠长细晶岩；f.中粗粒钠长微斜长石伟晶岩；g.细晶钠长锂辉石岩

在长梁子 No.453 号脉中，可见晚期的梳状钠长锂辉石叠加在白云母石英脉的两侧形成，造成了伟晶岩脉的庞大（图 2-33B）。

三、脉动具有岩浆侵入和裂隙贯入形式

后期脉体即可以侵入接触形式交代前期脉体，也可以是沿后生裂隙充填切割前期脉体。从时间上看可以是短暂连续过程，后期伟晶岩岩浆在前期充填的脉体还没有完全固结的情况下贯入交代；也可以是间歇过程，后期伟晶岩岩浆沿已经固结的伟晶岩脉裂隙充填，或者伟晶岩岩浆贯入新生裂隙。因此伟晶岩内部往往因为脉体的重复交代而无明显的结构分带，表现为微晶毛发状、细晶粒状、梳状钠长锂辉石等不同结构伟晶岩频繁韵律式交替互层或穿插，说明主要是受相对开放的裂隙系统控制，有伟晶岩熔体和成矿流体不断注入。故 X03、No.134、No.309 复合脉的储量规模常可达大型或超大型。

第十节 伟晶岩的矿物学特征

一、矿物组成

甲基卡伟晶岩中已发现矿物 67 种，主要属硅酸盐，次为氧化物、硫化物，少量铌钽酸盐、磷酸盐及砷化物等。与地壳中矿物种类比较，硅酸盐偏高，硫化物稍低，符合伟晶岩是酸性岩浆晚期阶段富硅熔体溶液衍生的特点。

表 2-5 甲基卡伟晶岩矿物组成特点

结构带	产出特征	主要矿物(%)	次要及少量矿物	矿化特点
块体微斜长石带	Ⅰ、Ⅱ类型内部呈透镜状	石英<20 微斜长石70～90	白云母、钠长石	常见绿柱石、铌铁矿
白云母带	边缘、多巢状、似脉状	石英20～50 白云母30～60	微斜长石、钠长石	绿柱石(钽)铌铁矿
微斜长石钠长石带	Ⅱ类型标型带，大致呈带分布	石英20～35 微斜长石20～40 钠长石20～40	白云母	工业含矿带，产绿柱石、(钽)铌铁矿
钠长石带	Ⅲ类型标型带，常内部呈带，部分Ⅳ、Ⅴ类型也有分布	石英30～40 钠长石40～60	白云母、微斜长石(锂辉石)	见Li、Be、Nb、Ta、Sn 矿化，常因规模小，价值不大
石英锂辉石带	穿切交代，呈脉中脉	石英20～50 锂辉石10～40 微斜长石<40	钠长石、白云母	工业含矿带，产锂辉石，
钠长石锂辉石带	Ⅳ类型标型带，呈各种锂辉石结构呈带状产出	石英25～40 钠长石25～45 锂辉石10～30	微斜长石、白云母	主要工业含矿带，产锂辉石、绿柱石、钽铌铁矿
钠长石锂云母带	常呈巢状、带状产于内部、轴心	石英30～40 钠长石30～50 锂辉石5～25	微斜长石、白云母、彩色电气石(锂辉石)	见Li、Be、Nb、Ta、Sn 矿化，常因规模小，价值不大
云英岩带	近变质围岩常呈脉壁带，部分沿裂隙发育	石英50～70 白云母20～40	钠长石	锡石、铌钽铁矿、绿柱石
块体石英带	少数脉发育。多透镜状，团块状	石英>90	白云母、钠长石、微斜长石	常见绿柱石

不同类型伟晶岩矿物成分各不一样，单脉矿物成分除Ⅰ类型较简单外，多数均复杂。

主要稀有矿物是锂辉石，次要绿柱石和铌钽铁矿等，其他少量有用矿物为锂云母、锡石和锆石，部分含铯的白云母可综合利用。主要矿物的一般生成顺序为微斜长石—钠长石—锂辉石—锂云母—石英。但在甲基卡，影响矿物形成先后的因素较多，多期次的脉动交代作用，可形成相互间的交代现象。伟晶岩不同结构带主要矿物含量见表 2-6。

二、矿物学特征

(一)造岩矿物

(1)微斜长石：白色、微红。粒度一般较大，相差悬殊，0.5～100cm。常为早期结晶阶段的产物，在钠长锂辉石岩中多呈残体出现。常见格子状双晶(图 2-34A)，部分显条纹构造，可与石英形成文象结构，Ng′=1.5218～1.534，Np′=1.5165～1.522，Ng′-Np′=0.006～0.007，(-)2V=80°。

(2)钠长石：多呈白色，自形、半自形晶体。Ng′=1.53～1.541，Np′=1.527～1.533，Ng′-Np′=0.006～0.01，(+)2V-70°，常见聚片双晶。An 多<5，少量 5～10，岩脉外侧早期生成者一般稍大，轴心晚期生成者小。大致可分三个世代：板状钠长石，粒度 5～10mm，An 为 2～5；叶片状钠长石(图2-34B、C)粒度 1～5mm，An 为 1～4；糖粒状钠长石，粒度<1mm，An 为 1～3。不同测定方法，An 值略有差异，例如 No.104 脉经测定，An 为 0～5(折光率法)、0～2(最人消光角法)、0～2(四轴双晶法)。实测比重 2.61。

(3)白云母：白、浅绿、叠片状、鳞片状，含量 5%～10%，片径常大于钠长石而小于微斜长石，大致可分三个世代：早期由微斜长石水解等方式生成，中期与钠长石共生，晚期为白云母化生成，Ng=1.590～1.5955±0.002，Nm=1.587～1.592±0.002，(-)2V=40°～50°。实测比重 2.80。

(4)石英：白、无色、多他形粒状、块状，粒度差别大，一般略比微斜长石小，分布普遍，含量为 30%～40%，属各类型伟晶岩中的贯通矿物(图3-34D)。生成时间范围较宽，结束时间较晚。一轴晶正光性，常具波状消光，实测比重 2.65。

(二)稀有矿物

主要的含稀有金属元素矿物有锂辉石、锂云母、腐锂辉石、锂电气石、锂绿泥石、磷锂锰矿、铌钽铁矿、钍石、绿柱石、曲晶石、磷锂锰矿等，主要的副矿物有锡石、电气石、金红石等。

1. 锂辉石

锂辉石在各类型伟晶岩中不同程度发育，尤其是在钠长锂辉石伟晶岩中含量最高可达 30%，成为主要的造岩矿物(图2-34D)。锂辉石呈灰白、浅绿，偶见浅紫红色；半自形，自形的板状、柱状、针状、毛发状、粒状晶体；(100)解理发育，晶面上显纵纹，有两组近于直交的解理；粒度相差悬殊是一大特点；常被石英熔蚀，与微斜长石、钠长石、石英等共生。至少可分三个世代：早期锂辉石以中、粗晶为主，少量巨晶与微斜长石钠长石共生(图 2-35B)；中期锂辉石呈中粗粒梳状、细晶、微晶毛发状多与钠长石共生(图 2-34D、图 2-35C)；晚期锂辉石以粗巨晶为主(图 2-35A)，与石英共生。各世代的物理性质差别不大，硬度为 6.5～7.5，比重 3.1～3.2。镜下无色，正突起高 1～2 级干涉色，未见多色性，发育聚片双晶；Ng′=1.674～1.68±0.002，Nm′=1.6676～1.6710，Np′=1.655～1.664±0.002，Ng′-Np′=0.013～0.020，C∧Ng=21°～27.5°，(+)2V=50°～68°，当发生腐锂辉石化时折光率降低，N₁<1.5955，N₂=1.5780。

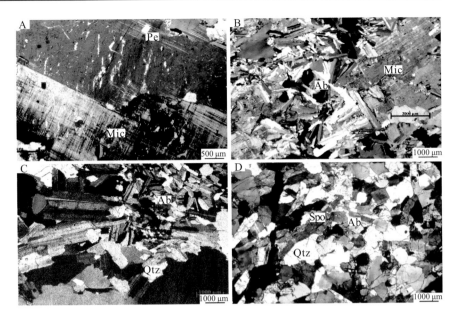

图 2-34　伟晶岩主要造岩矿物镜下特征

A.微斜条纹长石(+)；B.叶钠长石交代微斜长石(+)；C.叶钠长石(+)；D.钠长锂辉石脉(+)；Mic.微斜长石；Pe.条纹长石；Ab.钠长石；Qtz.石英；Spo.锂辉石

2. 绿柱石

绿柱石在各类型伟晶岩中均可见到，在微斜长石钠长石伟晶岩脉中含量最高，如No.9 脉已形成了小型铍矿床。颜色多为浅绿、浅蓝及无色透明晶形呈自形、半自形六方柱状晶体，少量呈他形粒状。粒度相差悬殊，一般 0.5～5cm，最大约 40cm。

大致可分三个世代：早期色深、个大、自形程度较高，常为手选对象(图2-35D、E)；脉动充填交代期，色浅、粒度细小，多构成细晶矿石；气热期常透明，产于云英岩，晶洞及石英脉内，分布量少。早期绿柱石晶出较早，可被锂辉石交代呈残体。实测比重 2.623～2.77，平均为 2.71。镜下无色，干涉色灰—灰白，一轴晶负光性，负延长，No＝1.580～1.590±0.002，No＝1.580～1.583±0.002，No-Ne=0.006～0.009。

3. 铌-钽铁矿

铌-钽铁矿可分两个世代。早期铌铁矿（Ⅰ），为黑、灰黑色、块状、板状晶体，晶面具纵纹，常带晕色。粒度大，一般 1cm 左右，最大 4cm×5cm，长宽比值小，近 1.5～3；分布不均匀，有时呈板状连晶及放射状集合体。多见于微斜长石钠长石伟晶岩脉中。晚期铌-钽铁矿在钠长石锂云母伟晶岩中含量最高，以铌钽铁矿、铌钽锰矿、钽锰矿较为常见，多黑、暗红薄板状、叶片状、针状、矛头状晶体；粒度小，一般＜1mm，长宽比值大，约为 5；分布较均匀，常与钠长石和白(锂)云母共生(图2-35G)。钠长石伟晶岩和钠长锂辉石伟晶岩脉中以钽铌铁矿为主。

铌-钽铁矿在薄片中不透明，黑色，部分边缘半透明、红、深棕，具多色性，平行消光，二轴晶，正负光性均有。实测比重 5.66～6.46(图2-35G)。

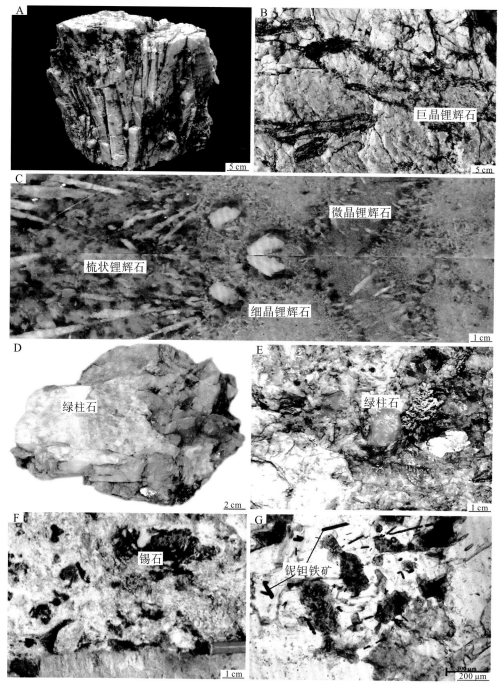

图 2-35　甲基卡稀有矿物图

A.石英锂辉石脉中的巨晶锂辉石；B.块状微斜长石伟晶岩中的巨晶锂辉石；C.钠长锂辉石伟晶岩中粗粒梳状、微晶毛发状与细晶锂辉石；D.块状微斜长石伟晶岩中的绿柱石；E.微斜长石钠长石伟晶岩中的绿柱石和石榴子石；F.钠长石白云母伟晶岩中的锡石；G.显微镜下钠长锂辉石伟晶岩中的铌钽铁矿（−）

　　唐国凡等（1984）对甲基卡稀有金属矿田不同类型伟晶岩中的铌钽铁矿的成分进行了分析（表 2-6）。铌钽铁矿的化学成分随伟晶岩类型不同呈有规律的变化，Ⅰ、Ⅱ类型伟晶岩富 Nb、Fe，Ⅳ、Ⅴ 类型伟晶岩富 Ta、Mn。Ⅲ、Ⅳ 类型伟晶岩中以钽铌铁矿为主，Ⅴ类型伟晶岩中以铌钽铁矿、铌钽锰矿、钽锰矿较为常见。

表 2-6　甲基卡矿田不同类型伟晶岩中铌钽铁矿化学成分表（%）

岩脉类型	Nb₂O₅	Ta₂O₅	FeO	MnO	TiO₂	SnO₂	SiO₂	Total
Ⅰ、Ⅱ	63.70	15.38	10.43	9.01	0.48	0.09	—	99.09
Ⅰ、Ⅱ	60.78	16.24	14.94	6.32	1.03	—		99.31
Ⅰ、Ⅱ	52.43	27.05	9.02	7.95	0.40	0.23	0.38	97.46
Ⅳ	57.40	22.83	10.71	7.86	1.00	—	—	99.8
Ⅳ	47.71	34.67	7.60	8.79	0.23	0.38	0.99	100.37
Va	35.00	43.24	4.88	12.00	0.41	0.05	0.36	95.94
Vb	30.78	52.87	4.08	11.46	0.13	0.33	0.24	99.89

据唐国凡等（1984）

（三）主要副矿物

1. 锡石

锡石在各类伟晶岩中均可见到，以钠长石锂云母伟晶岩含量最高（图 2-35F）。褐红—棕黑色半自形、自形晶体，属正方晶系，部分为粒状。主要为 C 轴较短的八面体状晶体，少数为四方柱，见膝状及燕尾双晶。粒度常较铌钽铁矿稍大，为 0.05～2mm，最大达 10mm。镜下透明，突起很高，多色性明显，干涉色高。Ne 为 2.018～2.1045±0.0035，No 为 2.010～2.037±0.005，Ne−No=0.0334。平行消光，一轴晶正光性。反射率 10.5%～18%（白光）。实测硬度 6.52～7.35kg/mm²（绝对硬度 816～1292kg/mm²），比重 6.76～7.27。

2. 电气石

伟晶岩中的电气石可分两个世代：早期呈黑色柱状，粒度大，达 1～6cm，常于微斜长石伟晶岩和微斜长石钠长伟晶岩中，与原生期造岩矿物共生；中晚期产于钠长伟晶岩或钠长锂辉石伟晶岩中的，呈暗绿色、蓝色针状电气石，粒度小，常<2mm，最大可达 1cm，多与钠长石、锂云母等共生，折光率较小，有的为锂电气石，有些在边缘带电气石定向排列，显流动构造；在钠长锂辉石伟晶岩中与锂辉石共生的微晶状针状电气石，颜色呈淡蓝的，与锂成矿有密切关系。

电气石为三方晶系，一轴晶，负光性突起高，多色性及吸收性均强，No 为 1.655～1.659±0.002，Ne 为 1.622～1.642±0.002，No−Ne 为 0.027～0.033。比重 3.48。

3. 石榴子石

石榴子石为浅红、褐红色菱形十二面体及四角三八面体，自形晶。粒径 0.2～2mm，个别粒度较大。除在围岩中作为特征变质矿物常见到外，在各类伟晶岩中也常见到，尤以微斜长石伟晶岩和微斜长石钠长伟晶岩中的边缘带含量较高。据颜色及折光率推测，主要为锰铝榴石。

第三章 典型矿(脉)床地质特征

第一节 勘查简史与主要矿(脉)床类型

一、勘查简史

四川甲基卡矿田的勘查工作，主要是在 20 世纪 60~70 年代完成，1965~1972 年四川地矿局 404 队等地质队对甲基卡进行详查和初步勘查，共查明矿(化)脉 114 条，并对其中矿化较好的 No.134、No.632、No.668、No.154、No.151、No.155、No.528 等矿脉进行了详查和初勘，初步查明稀有金属矿脉的工业价值。

除上述外，至 2014 年，各探采矿权人又相继对主要伟晶岩矿脉开展了勘探。总的看来，前人地勘工作主要集中在矿田中南部地区。中北部第四系覆盖严重，被认为成矿条件差，找矿难度大，前人主要的地质工作针对"就脉(矿)找矿"，将中北部第四系准原地坡残积物推断为"冰川漂砾"，加之受 20 世纪 80 年代以前分析检测水平限制和探采矿权范围设置的局限，工作程度低，勘查手段较为单一，未取得找矿重大突破。需进一步探索有效的找矿方法。

2012~2015 年，四川省地质调查院等单位在甲基卡中北部第四系掩盖区找矿取得了重大的突破。新发现 11 条锂辉石伟晶岩矿(化)脉，经对其中的 X03 号矿等矿(化)脉钻探验证，证实为一条规模巨大的以锂辉石为主的稀有金属工业矿脉(付小方等，2014)。估算新增氧化锂资源量 88.5 万吨，规模已达超大型(中国地质调查成果快讯总第 41 期，2016.11)，成为亚洲第一大锂辉石单脉。新发现编号为 X03 的稀有金属矿脉，统称为"新 3 号脉"(简称 X03 脉)(付小方等，2015)。

二、主要矿(脉)床类型

按主要稀有矿物种类、工业利用价值及矿石工艺加工性能，甲基卡稀有金属花岗伟晶岩矿床可分为以下几个工业类型，代表矿床(脉)简要特征见表 3-1。

1. 锂辉石细晶-伟晶岩矿床

锂辉石细晶-伟晶岩矿床以 X03、No.134、No.309、No.154、No.668 以及 No.632 等矿床(脉)为代表，矿体产于钠长锂辉石伟晶岩中。主要工业矿石矿物锂辉石呈微晶状、细晶状、梳状，少数呈巨晶柱状。其他还有少量的锂电气石和锂云母等。伴生有用矿物

表 3-1 甲基卡代表矿（脉）床脉特征简表

矿(脉)床编号	矿床工业类型	伟晶岩类型	形态	走向	倾向	倾角	长	厚(m)	规模	结构	构造	稀有矿物	成矿元素品位、矿化特征	交代作用	勘查程度
X03	锂辉石伟晶岩矿床	钠长石锂辉石型	分支复合大脉	20~30	NWW	60~20	2200	1~92.73	超大型	微晶毛发状、细晶状、中-粗粒梳状、巨晶巨斑状、交代熔蚀	条带状、浸染状、脉状、团块状构造	锂辉石、锂云母、锂电气石、绿柱石、铌钽铁矿、锡石	Li₂O 1.46%，矿化均匀	白云母化、钠长石化、锂云母化、电气石化、锂腐辉石化	普查
No.134			雁列状	10~15	NWW	60~30	993	1.91~78.37	大型				Li₂O 1.382%，矿化均匀、连续		勘探
No.309			分支复合状	350~360	W(NWW)	30~10	730	30~40	大型				Li₂O 1.3%，东段较富，西段贫		勘探
No.154			透镜状	13	NWW	40	760	27.25	中型				Li₂O 1.154%，矿化均匀		勘探
No.632			单脉状	24	SE	60~80	610	25	中型				Li₂O 1.190%，矿化均匀		勘探
No.668			复合脉状	35	NW	23~70	1200	80	中型				Li₂O 1.176%，中段较富		勘探
No.602			透镜状	356	W	72	350	13	中型				Li₂O 1.361%，矿化均匀		勘探
No.593			分支脉状	82	S	47~80	274	11	中型				Li₂O 1.362%，矿化均匀		勘探
No.594			分支脉状	358~50	W(NW)	51	400	22.5	中型				Li₂O 1.265%，矿化不均匀		勘探
No.60			分枝脉状	350	NWW	42	315	14	中型				Li₂O 1.242%，矿化不均		详查
No.151			透镜状	27	NW	35	720	15.17	中型				Li₂O 1.108%，矿化均匀		勘探
No.155			规则脉状	334	SW	57	630	17	中型				Li₂O 1.238%，矿化均匀		勘探
No.104			复合似层状串珠状	21	SE	12	1275	4.31~10	小型				北段(Nb+Ta)₂O₅ 0.0221%；中段BeO为贫矿品；Li₂O 1.021%		勘探普查

续表

矿床(脉)编号	矿床工业类型	伟晶岩类型	形态	产状			规模(m)		规模	矿石特征				交代作用	勘查程度
				走向	倾向	倾角	长	厚		结构	构造	稀有矿物	成矿元素品位、矿化特征		
No.09	绿柱石伟晶岩矿床	微斜长石-钠长石型	环状	45	NW	25~10	400	4.83	小型	巨-粗-中-细晶结构、交代熔蚀结构	浸染状、斑杂状、块状	绿柱石、铌钽铁矿及锂辉石	BeO 0.0573%，矿化较均匀	白云母、钠长石、云英岩化	详查
No.33			岩盆状	333	NE	23	740	387	小型				BeO 0.0798%，中段矿化较富		详查
No.434			透镜状脉状	350	NE	23	230	4.5	矿点				BeO 0.092%，矿化较均匀		详查
No.54	铌钽铁矿伟晶岩矿床	钠长石-白云母型	透镜状	350	NWW	48	183	4.24	矿点	中细晶结构、似斑状、包含结构、交代熔蚀结构	浸染状、斑杂状、块状	铌钽铁矿、锂云母、绿柱石、锡石	(Nb+Ta)₂O₅ 0.0265%，矿化均匀连续	白云母化、钠长石化、云英岩化、锂云母化	普查
No.57			分枝脉状	5	W	63	190	4	矿点				(Nb+Ta)₂O₅ 0.0272%，矿化均匀连续		普查
No.80			透镜脉状	353	W	41	350	5.46	小型				(Nb+Ta)₂O₅ 0.0252%，矿化均匀连续		普查
No.528			规则单脉	352	W	41	235	2.57	矿点				(Nb+Ta)₂O₅ 0.0289%		详查
No.496			透镜脉状	3	W	82	330	2.02	矿点				(Nb+Ta)₂O₅ 0.0256%		普查
No.498			分支脉状	335	NWW	69	352	1.72	矿点				(Nb+Ta)₂O₅ 0.0272%		普查

注：资料来源：《四川康定甲基卡稀有金属花岗岩岩伟晶岩详细普查报告》(404队，1974)、《四川三稀资源综合研究与重点评价报告》(四川省地质调查，2016)

为细晶绿柱石、细晶铌钽铁矿以及锡石等；主要脉石矿物为石英、钠长石、微斜长石和白云母。

该类矿床(脉)以规模巨大、Li_2O 含矿率高、品位变化均匀、埋藏浅为特点；同时，矿石中伴生的 Be、Nb、Ta、Rb、Cs、Sn 含量也较高，综合利用价值大；矿石选矿性能良好，矿床工业经济意义很大；是川西众多硬岩型(花岗伟晶岩型)锂矿床中典型代表。

2. 铌钽铁矿伟晶岩矿床

铌钽铁矿伟晶岩矿床以 No.528、No.80、No.83、No.85、No.57、No.498、No.499 等矿床(脉)为代表。矿体产于钠长石(锂)白云母伟晶岩中。矿体分布于细-中粒石英白云母钠长石交代带。主要工业矿石矿物为细晶铌钽铁矿、细-中晶锂辉石、锂云母等，伴生有用矿物为锡石、绿柱石。脉石矿物为钠长石、石英以及白云母等。矿石 Nb_2O_5、Ta_2O_5 以及 Li_2O 均达到工业品位，$(Nb+Ta)_2O_5$ 为 0.02%～0.029%，Li_2O 为 0.8%～1.8%，矿化较均匀，伴生的 Be、Rb、Cs 以及 Sn 等可综合利用。矿床工业价值较大，但矿床规模较小。

3. 绿柱石伟晶岩矿床

绿柱石伟晶岩矿床以 No.9、No.33 矿床(脉)为代表。产于微斜长石钠长石伟晶岩、钠长石和微斜长石伟晶岩中的细-中晶绿柱石是主要的铍矿工业类型。主要工业矿物为细晶绿柱石，次为中-粗晶绿柱石，伴生有用矿物为铌钽铁矿、锂辉石以及锡石等。矿石中 BeO 品位为 0.05%～0.1%，达到了工业要求，伴生 Li_2O、Nb、Ta、Sn 等有用组分含量低。该类矿床规模小，仅达到小型规模，矿体(脉)分散，工业价值较小，No.251、No.411、No.252、No.12 脉亦属于此类型。

另产于微斜长石型和石英锂辉石伟晶岩中的粗晶绿柱石，呈束状，分布于石英微斜长石块体带中的绿柱石呈巢状，虽不具较大的工业意义，但淡蓝色的颜色、透明的玻璃光泽、自形-半自形的六方柱粒状晶形，可作为较好的海蓝宝石。

外围的钠长石锂云母型伟晶岩中，具一定的 Li、Be、Nb、Ta、Cs、Sn 矿化，但由于矿化贫，未形成工业元素富集，故不具独立工业意义。

此外，矿田南部有以烧炭沟为代表的特大型熔炼石英矿床。

本章重点总结新发现的 X03 矿床(脉)的地质特征，对其他具有代表性的 No.134、No.9、No.528 等矿床(脉)的地质特征，综合四川地矿局 404 队 1969 年《四川康定甲基卡矿区 No.9 花岗伟晶岩型铍矿床初步勘探报告》，综合四川地矿局 404 队 1974 年《四川康定甲基卡稀有金属花岗伟晶岩矿床详细普查报告》，四川地矿局区调队 1982 年《1:20 万康定幅特种矿产报告》，唐国凡和吴盛先 1984 年《四川省康定县甲基卡花岗伟晶岩锂矿床地质研究报告》等资料作一简要介绍。

第二节　X03 矿(脉)床

一、矿(脉)床产出特征

X03 矿(脉)床位于甲基卡矿田中段东部的麦基坦矿区(图 3-1),面积 9.23km²。地形地貌属低高山侵蚀浅切割丘状高原区(图 3-2A、B)。海拔 4300~4500m,高差达 200m,地势总体呈北高南低。西北部一条北西向的小溪河流经 No.309 脉后转向西南方。距南部马颈子二云母花岗岩平距约 1000m,距西侧甲基甲米(No.308)二云母花岗岩岩枝约500m。

区内大部分被第四系所覆盖,覆盖率超过 70%~80%。锂辉石伟晶岩矿(化)脉侵位于上三叠统新都桥组一段(T_3xd^1)和新都桥下段(T_3xd^2)地层的构造裂隙中。围岩的原岩为深灰色薄层状泥质粉砂岩夹少量灰白色薄层粉砂岩,下部为深灰色薄层状泥质粉砂岩与深灰色粉砂质泥岩互层。受岩浆底辟穹窿引起的动热变质作用后,已变为角闪岩相的十字石二云母片岩、十字石红柱石二云母片岩、红柱石二云母片岩等,是锂辉石矿脉的主要赋矿围岩。

第四系成因类型主要有残积物、残坡积物和坡积物,其时代为全新世,厚度一般为1~20m。主要由基岩风化的残块组成,由于下伏基岩的岩性存在差异,其风化碎块的岩性组成也明显不同。主要有十字石红柱石二云母片岩的残坡积物与残积物、锂辉石矿化花岗伟晶岩的残坡积物和残积物、堇青石角岩化片岩的残积物和残坡积物、堇青石化十字石二云母片岩、堇青石化十字石红柱石二云母片岩的残积物和残坡积物。推断属准原地残积或残坡积堆积物。伟晶岩的残(坡)积物在第四系掩盖区常形成微地貌隆起,少数含锂辉石伟晶岩残(坡)积物可与零星矿脉露头对应(图 3-1、图 3-2E)。

该区构造部位处于甲基卡穹窿体中段的东缘。伟晶岩(矿)脉均产于动热变质带的十字石带和十字石红柱石带中。由于地表露头稀少,仅 X03 脉的 01 号勘探线 zk101 附近有一处零星露头,局部可见围岩与伟晶岩的接触带的关系(图 3-2C、D)。对矿脉地质特征以及构造变形变质认识,主要通过钻孔岩心系统的编录获得。

该区构造变形特征受甲基卡穹窿体控制和影响,总体表现一致。主要以横向置换为主,发育层间顺层掩卧褶皱,转折端部位岩层厚度加大,枢纽缓倾或近水平,轴面与 S_3 片理产状基本一致。S_3 片理产状走向为 30°～40°,总体向南东东方向缓倾,倾角一般在 10°~20°。十字石二云母片岩和红柱石十字石二云母片岩中,少数地方还保留有早期 S_{1-2} 与 S_3 片理明显叠加置换的现象(图 3-3)。

特征变质矿物十字石(St)、红柱石(Ad)、石榴子石(Ga)、黑云母(Bi)以及堇青石(cord)呈变斑晶,它们 XZ 面上宏观与显微构造特征均显示,被拉伸呈透镜状、眼球状、肠状,并被重结晶长英质条带以及云母组成的片理包绕,形成不对称结晶尾(图 3-4),有的还发育剪切 S-C 组构(图 3-3D),它们不对称变形特征指示了运动学方向多数由北西西向南东东的正向滑移。这是因为岩浆底辟形成穹窿过程中,与东翼的隆升与伸展运动有关。围岩的变形质特征显示，长英质脉体有的与早期 S_{1-2} 同时变形褶皱，也有与 S_3 片理一致的顺层产出，说明了有多期脉体活动性。

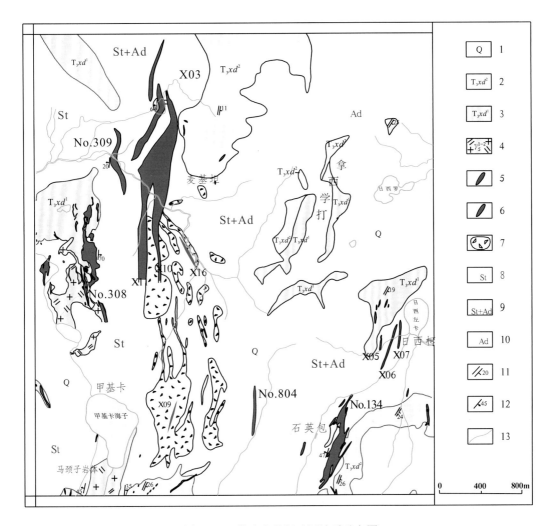

图 3-1　甲基卡麦基坦矿区地质矿产图

1.第四系覆盖区；2.上三叠统新都桥组二段；3.上三叠统新都桥三段；4.二云母花岗岩；5.伟晶岩脉及编号(X03 为 4300m 标高投影)；6.笔者新发现伟晶岩锂矿脉及编号；7.含锂辉石伟晶岩转石残(坡)积区；8.十字石带；9.十字石红柱石带；10.红柱石带；11.片理产状；12.伟晶岩脉接触产状；13.水系

表 3-2 所列的 11 条锂矿伟晶岩脉，均属于钠长锂辉石伟晶岩，受控于成穹过程中产生的剪张裂隙控制。形态为分支复合状、透镜状以及单脉状，其规模相差悬殊，一般长 200～2200m，厚度几米至百余米不等。产状整体近南北向，多数呈向西缓倾以及顺层产出，与向东倾伏的甲基卡二云母花岗岩相反。X03、No.309、No.308 大脉裂隙系统均与甲基甲米的二云母花岗岩枝相连通，构成了开放型的导矿和控矿系统。

图 3-2　X03 号脉地貌特点

A.矿脉北段地貌；B.矿脉中南段地貌；C.01 线矿脉零星露头；D.伟晶岩脉地表产状，E.地表坡残积物；F.现场编录钻孔岩心

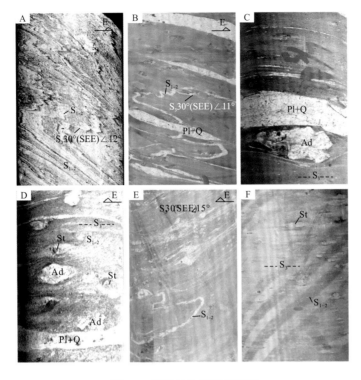

图 3-3　围岩的构造变形特征

　　A.ZK2301S$_{1-2}$层间褶皱,轴面与 S$_3$一致;B.ZK304 董青石化十字石二云母片岩中两期长英质脉摺;C.ZK704S$_3$与顺层的伟晶岩细脉;D.ZK304 中十字石和红柱石变斑晶与剪切 S-C 组构;E.长英质脉体的同构造脉摺;F.ZK3102 S$_{1-2}$劈理与 S$_3$片理置换与交切

　　St.十字石;Ad.红柱石;Pl+Q.长英质脉体;S$_{1-2}$.早期劈理;S$_3$.成穹期片理

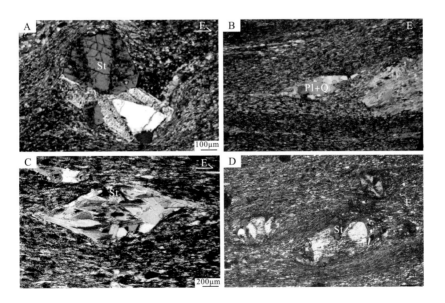

图 3-4　围岩变斑晶显微构造变形特征

　　A.ZK101 十字石变斑晶及结晶尾(+);B.ZK106 长英脉剪切变形(+);C.ZK1902 十字石被白云母交代(+);D.ZK1501 十字石不对称结晶指示剪切方向(+);St.十字石;Ad.红柱石;Pl+Q.长英质脉体

表 3-2　麦基坦矿区伟晶岩矿(化)脉体地表出露特征

矿(化)脉编号	岩性	产出位置	走向	倾向	倾角	长(m)	厚(m)	露头状况	Li$_2$O
X03	钠长石锂辉石伟晶岩	麦基坦	20°~30°	NNW	60°	100	24	零星露头	刻槽, 1.87%
X08	钠长石锂辉石伟晶岩	麦基坦	20°~30°	NNW	45°	10	20	零星露头, 深部与X03连为一体	刻槽, 1.35%
X10	钠长石锂辉石伟晶岩	麦基坦	345°	NNW	45°	210~450	16	含锂辉石伟晶岩残积带深部与X03连为一体	钻孔分析, 1.05%
X11	钠长石锂辉石伟晶岩	麦基坦	5°	NNW	45°	40~55	21.62	含锂辉石伟晶岩残积带深部与X03连为一体	钻孔分析, 1.35%
X16	钠长石锂辉石伟晶岩	麦基坦	345°	NW	51°	450	6	含锂辉石伟晶岩残积带	钻孔分析, 0.82%
X05	钠长石锂辉石伟晶岩	日西柯	10°	NWW	30°	184	9.5	断续出露	刻槽, 1.81%
X06	钠长石锂辉石伟晶岩	日西柯	20°	NWW	80°	450	4.0	断续出露	刻槽, 1.86%
X07	钠长石锂辉石伟晶岩	日西柯	15°	NW	47°	270	15	断续出露	刻槽, 1.08%
X09	钠长石锂辉石伟晶岩	甲基卡海子东100m	30°	NWW	47°	360	2~23	含锂辉石伟晶岩残积物带	刻槽, 2.9%
No.309	钠长石锂辉石伟晶岩	麦基坦	350°~360°	W(NWW)	30°~10°	600	30~40	断续出露	钻探控制, 1.32%
No.308	石英锂辉石脉	麦基坦	350°	NWW	4°~30°	400	9.84	顺层分支	钻孔控制, 0.74%

二、矿脉形态及规模

区内除前人发现的 No.309 锂辉石矿脉和穿切于甲基甲米二云母花岗岩岩枝中的 No.308 石英锂辉石脉外, 新发现的 9 条锂辉石伟晶岩矿(化)脉, 均是在对第四系残积和坡残积进行追索填图, 采用精细遥感和物化探测量圈定异常的基础上, 经钻探验证发现的。其中 X03 锂辉石矿脉规模最大, 钻探证实深部与 X08、X10、X11、X16 脉连为一体, 统称为 X03 脉体。

X05、X06、X07 脉位于东南部日西柯一带。其中 X05 脉呈近南北向展布, 走向为 10°, 倾向为 NWW, 地表倾角为 30°, 地表断续出露长约 184m, 厚约 9.5m, 顶板围岩岩性为董青石化红柱石十字石二云母片岩。脉体内部具分带性: 边缘带为云英岩带, 边缘带向内过渡为细粒石英钠长石带; 内带为巨晶微斜长石锂辉石带、钠长石-锂辉石带及石英锂辉石带, 未见底板。主要脉石矿物成分为石英和钠长石, 钠长石呈白色他形粒状, 粒径 1~2mm。锂辉石主要呈浅灰绿色梳状—巨晶状, 长一般为 3~10cm, 个别可达 20cm, 含量 20%~30%。刻槽取样的 Li$_2$O 分析结果为 1.81%。

X06 脉呈近北东-南西向展布, 走向为 20°, 倾向为 NWW, 地表倾角为 80°, 地表断续出露长约 450m, 厚 2.8~3.5m, 脉体顶板和底板均见到, 顶底板围岩为董青石化红柱石十字石二云母片岩，脉体边缘带为云英岩带，主要矿物成分为石英和白云母；向内为细晶岩带，主要矿物成分为石英和钠长石，钠长石呈白色它形粒状，粒径<1mm；内带为梳状锂辉石带，锂辉石呈浅灰白色梳状，长3～8cm，宽0.5～1cm，含量25%～30%；另在局部还见有后期石英脉穿切梳状锂辉石带。对脉体刻槽取样的Li$_2$O分析结果为1.86%，经钻探验证，深部厚度为15.9m的伟晶岩脉。

X07呈近SN向展布，脉体走向15°，倾向NWW，地表倾角47°，地表断续出露，长270m，脉厚约16m，脉体见有顶板，未见有底板。围岩为堇青石化红柱石十字石二云母片岩。脉体边缘带为云英岩带，主要矿物成分为石英和白云母；向内为细晶岩带，主要矿物成分为石英和钠长石，钠长石呈白色他形粒状，粒径<1mm；内带为钠长石锂辉石带，锂辉石呈浅灰白色梳状，长3～6cm，宽约0.5cm，含量10%～15%。刻槽取样的Li$_2$O分析结果为1.08%。

X03脉赋存于钠长石-锂辉石花岗伟晶岩中，全脉矿化。矿体形态、产状、规模与伟晶岩脉基本一致。地表以下，矿(体)脉沿走向和倾向上延续性较好，未见断层破坏。形态以分枝复合脉为主，中间膨胀部分相互连贯而成一体，构成一条的巨大伟晶岩锂辉石工业矿脉(图3-5)，主脉的四周发育有较多的根须状小脉体。在北部地表仅出露有长约100m、宽20m的零星露头，经探槽工程揭露，与围岩接触面呈波状，脉体走向20°～30°，倾向北西西，地表脉体倾角较陡，为50°～60°(图3-2C、D)。向深部倾角变缓，倾角20°～35°。与围岩S$_3$片理产状相反，并且穿切十字石红柱石二云母片岩。

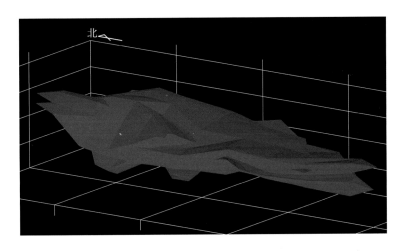

图3-5 X03脉矿体沿走向的三维图

经42个钻孔的控制，矿(体)脉长2200m，矿体厚度为1～92.73m，平均厚度为17.88～36m，02勘探线累积最厚达92.73m，01勘探线ZK105孔单层厚达81.14m。根据收集邻区的No.309钻孔成果，并与之连接的剖面表明(图3-6、图3-7)，矿(体)脉向西缓倾，呈似层状延伸与No.309脉相连成一体，延伸至300～500m。总体上向西延伸方向锂辉石含量减少(图3-8)，矿体规模变小，形态出现分支、分层的特点，夹于甲基甲米花岗细晶岩中逐渐尖灭。

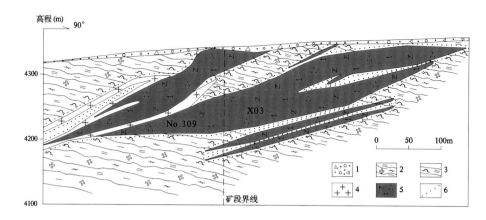

图 3-6　X03 脉 7 号勘探线和邻区 No.9 剖面图

1.第四系；2.十字石红柱石二云母片岩；3.堇青石化十字石红柱石二云母片岩；4.花岗岩细晶岩；5.钠长锂辉石伟晶岩；6.电气石化角岩带

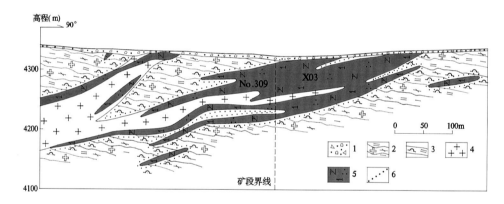

图 3-7　X03 脉 15 号勘探线和邻区 No.309 的剖面图

1.第四系；2.十字石红柱石二云母片岩；3.堇青石化十字石红柱石二云母片岩；4.花岗岩细晶岩；5.钠长锂辉石伟晶岩；6.电气石化角岩带

2016 年 5 月 4 日，经中国地质调查局专家组评审组审查通过，估算矿石资源量 6321.03 万吨。Li_2O 资源量 88.558 万 t，Li_2O 平均品位 1.46%。伴生稀有元素均可综合利用，估算资源量，BeO 为 27972t，平均品位 0.0443%；Nb_2O_5 为 7741t，平均品位 0.0122%；Ta_2O_5 为 3441t，平均品位 0.0054%；Rb_2O 为 70029t，平均品位 0.1108%；Cs_2O 为 12391t，平均品位 0.0196%；Sn 为 9102t，平均品位 0.0144%(中国地质调查成果快讯第二卷，第 41-42 期，2016, 11)。

X03 矿脉南北均未封闭，显示有很大的找矿潜力。

三、矿石结构构造

X03 脉体矿石以发育韵律式的条带构造为特点，未见新疆可可托海 3 号伟晶岩脉那样典型的对称分带结构。矿脉边部均发育 2～5cm 的细粒云英岩化带，主体表现为微晶-

细晶-中粗粒梳状钠长锂辉石韵律式互层交替。

结构总体以花岗伟晶-细晶结构(晶粒结构)为主。矿物粒度相差悬殊,从<0.1cm 到 10cm 者均有出现,最大可达 30cm。因此,根据矿物的结晶粒度晶体形态可划分为微晶毛发结构、细晶结构、中粗粒梳状结构、巨晶粒状结构。其中以微晶毛发结构、细晶结构为主的矿石占 80% 左右,其次是中粗梳状结构的矿石。

根据矿石中矿物结晶程度,还可分为自形、半自形、他形晶结构。

根据矿石中主要造岩矿物的相互关系,可划分为巨斑状结构、包含结构和交代熔蚀结构。根据矿石矿物分布以及结晶粒度变化特征,矿石构造可划为浸染状构造、条带状构造、块状构造、斑杂状构造和团块状构造,其中以韵律式条带状构造尤为发育,显示了脉动的特点。

1.结构特征

巨斑结构:巨斑晶矿物为早期结晶的钾长石(微斜长石和条纹长石),晶体粗大,一般长 2～20cm,宽 3～7cm,但大多数钾长石已被钠长石和锂辉石等交代,有的呈残余斑块状,有的呈长条巨斑状,基质多为微晶至中粗锂辉石、钠长石与石英等(图 3-8A)。

微晶毛发状结构:以含微晶毛发状锂辉石、细粒石英、细晶和糖粒状钠长石为主要特征。锂辉石呈毛发状微晶集合体,粒径长度从隐晶至 2.5mm,宽度小于 1mm,构成半自形-他形的微晶粒状结构(图 3-8C、G)。

细晶结构:以含细晶状锂辉石、石英和钠长石为主要特征。锂辉石晶体长 2.5～5mm,宽 1～2.5mm,呈半自形-他形细粒-柱粒状结构,柱面不发育。微晶毛发状锂辉石和细晶锂辉石常相间互层,或与梳状锂辉石互成条带,带宽数厘米至数十厘米不等(图 3-8C、F)。

梳状结构:以发育定向呈梳状的锂辉石为特征,锂辉石呈自形-半自形晶,以中-粗晶为主,长一般为 5～10cm,最长可达 15cm,宽 0.5～1cm,多数垂直于细晶-微晶锂辉石条带呈梳状定向分布,宽度从数厘米到数米不等(图 3-8C、D)。

巨晶柱状结构:以含巨晶状锂辉石为主要特征。早期与微斜长石共生,更多在晚期穿切的石英-锂辉石脉中出现。锂辉石呈粗粒-巨晶状,长度 5～30cm,宽 3～5cm,晶体完整,呈自形-半自形长柱状(图 3-8B、F)。

包含结构:铌钽铁矿、锡石及其他副矿物被包裹于晚期结晶的钠长石、石英、白云母、锂辉石等矿物中形成包含结构。

交代结构:早期微斜长石-中粗晶锂辉石常被晚期锂辉石、钠长石交代溶蚀,晶体呈残余港湾等溶蚀形态。另各阶段的矿物相互间也呈现了各种交代作用,详见后节叙述。

2. 构造特征

块状构造:是矿石常见的一种构造。锂辉石等稀有矿物分布均匀。少量绿柱石等其他稀有矿物呈星散状,共同构成各向均一的块状集合体。

团块(斑条)状构造:早期形成的钾长石(条纹长石、微斜长石)大至几厘米至 20cm,在细晶结构为主体钠长锂辉石伟晶岩中呈团块状、长条状巨晶,多数被后期钠长石、锂辉石交代呈残块(斑)(图3-9A)。

图3-8　X03脉的矿石结构特征

A.巨斑状结构；B.巨晶柱状结构；C.中粗晶梳状-细晶状-微晶毛发状结构；D.中粗粒梳状结构(+)；E.巨晶柱状结构(+)；F.细晶结构(-)；G.微晶毛发结构；Spo.锂辉石；kf.钾长石；Ab.钠长石；Qtz.石英

浸染状构造：为细晶、微晶纳长锂辉石岩中常见的一种构造。细晶、微晶锂辉石呈均匀分布于矿石中(图3-9C)。其中微晶、细晶锂辉石呈稠密浸染状分布，铌钽铁矿及其他稀有金属矿物呈稀疏或星点状产出构成。

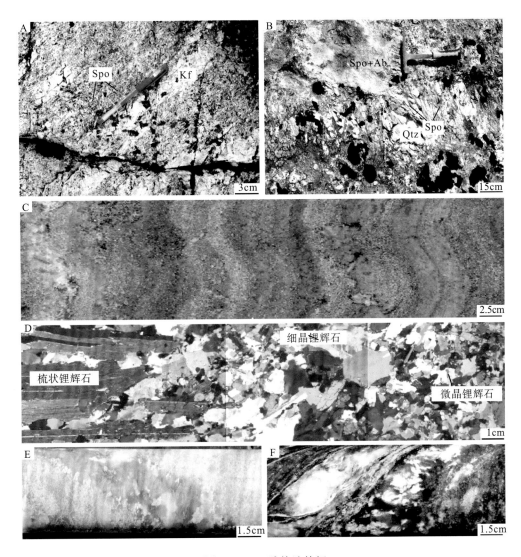

图 3-9 X03 脉构造特征

A.早期微斜长石残余形成的团块(斑条)状构造；B.细晶纳长锂辉石岩中后期巨晶石英-锂辉石脉状构造；C.微晶-细晶韵律式条带状构造；D.ZK101 石英岩心(梳状-细晶-微晶)条带构造的显微特点(+)；E、F.ZK2301、ZK704 岩心中脉中脉构造；Spo.锂辉石；Kf.钾长石；Qtz.石英

韵律条带状构造：是该区锂矿石的一种典型的构造。微晶毛发状锂辉石带、细晶锂辉石带、中粗粒梳状锂辉石带常呈相间互层排列，构成韵律旋回式的条带，微晶毛发状锂辉石带及细晶锂辉石带组成的条带构造尤为发育(图3-9C、D)。

脉状构造：X03 伟晶岩中可见晚期的巨晶状石英锂辉岩脉穿切，构成一种有趣的脉中之脉(图3-9B、E、F)。该类脉体规模不大，一般厚5~20cm，主要沿伟晶岩内部的冷缩裂隙贯入，走向大多与主脉大角度相交，少量平行，倾角一般较陡。多呈脉状，少量树枝状、团块状等。矿物成分主要由石英、锂辉石、白云母以及少量微斜长石和钠长石等组成。

石英锂辉石脉的内部构造较简单，以巨晶和粗粒为主，边缘较细，中心粗大，少数数边部见云英岩脉壁。沿脉走向有时也具分异现象，出现不同类型的块段，并可过渡为石英脉。显微镜下观察，脉体的边界挤压变形强烈。

四、矿石类型及品位变化

(一)矿石类型

1. 成因类型

属于岩浆低辟穿窿有关的花岗伟晶岩型。

2. 工业类型

工业类型主体为细晶锂辉石矿型。Li_2O 均品位较富，为 1.46%～1.52%。伴生生有益组分 Be、Nb、Ta、Rb、Cs、Snr 等达到了综合利用的工业要求。其中 Cs_2O 的平均含量 0.015%，最高达到了 0.038%，均可回收利用。

锂辉石矿石类型按照含锂的矿物组合可分为钠长石-锂辉石型和石英-锂辉石型以及黑云母锂电气石型 3 种组合类型。其中钠长石-锂辉石型占矿石总量的 20%～90%，以微晶、细晶以及中粗粒的锂辉石为机选矿的主要对象，矿石中微晶状铌钽铁矿、绿柱石、锡石均可在同一机选矿石及加工工艺流程中综合回收；石英-锂辉石型占矿石总量的 10%～15%，以巨晶锂辉石为主体，为手选矿的主要对象：锂电气石型占矿石总量的 1%～5%，以产布于矿脉中的微晶锂气气石的矿脉围岩蚀变带中的微晶柱粒状电气石以及少量的微晶含锂黑云母为主体，经钻孔控制的伟晶岩矿(体)脉围岩蚀变带 1～2m 的范围内，Li_2O 在 0.22%～1.07%，部分达到了工业品位。

3. 自然类型

按照矿石锂辉石自然特点可分为梳状锂辉石型、微晶毛发状和细晶粒状锂辉石型以及巨晶柱状锂辉石型 4 类(见前述矿石结构)，其中，梳状锂辉石型、微晶毛发状和细晶粒状锂辉石相间互层呈韵律式条带。带宽数厘米至数十厘米不等。不同类型矿石中锂辉石的各有特点。

(1)微晶毛发状锂辉石型矿石。以锂辉石呈毛发状微晶为主要特征，毛发状微晶锂辉石多呈浸染状，含微细粒石英、微细粒状钠长石等矿物。主要矿物成分：石英 30%、钠长石 40%、微斜长石 1%～5%、白云母 1%～5%、微晶毛发状锂辉石 10%～20%。

(2)细晶状锂辉石型矿石。以含细晶状锂辉石、细粒石英和钠长石为主要特征。矿石中石英占 35%～40%。钠长石 20%～30%。细晶锂辉石 16%～33%。微斜长石 5%～10%。白云母 7%～10%。少量或偶见铌钽铁矿、锡石、绿柱石、锰铝榴石等。强烈叶钠长石化，部分地段发育糖粒状钠长石化和晚期白云母化。

（3）梳状锂辉石型矿石。矿石具梳状柱粒结构为特点。矿石梳状锂辉石占 15%～25%。石英 25%～43%。微斜长石 10%～20%。钠长石 27%～42%。白云母 3%～5%，可见微量铌钽铁矿、锡石、电气石、锰铝榴石、绿柱石等。

（4）巨晶状锂辉石型矿石。矿石具巨晶柱粒状结构为特点。主要矿物成分：石英 30%～40%、钠长石 25%～35%，锂辉石 10%～20%、微斜长石 5%～10%、白云母 3%～5%。部分地段脉石矿物只含有石英。

根据矿石矿物含量的差异，可分为浸染状矿石、斑杂状矿石、条带状矿石和块状矿石。其中浸染状和条带状矿石约占矿石总量的 80%，其他占 15%。

(二) 品位变化

X03 脉矿化比较均匀，Li_2O 平均品位 1.46%～1.52%。主矿体垂向上。在 4300～4380m 海拔标高内，锂辉石含量 15%～35%，结晶粒度除细晶及微晶外，韵律式条带中间隔发育中粗锂梳状锂辉石；4200m 海拔标高下矿化开始减弱，矿石中锂辉石含量逐渐减少，逐渐变为以细晶及微晶锂辉石为主体的条带。

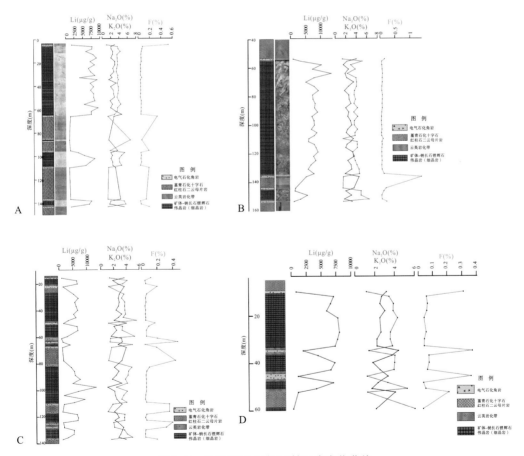

图 3-10　X03 脉矿化中 Li 等元素变化曲线

A.ZK102；B.ZK105；C.ZK303；D.ZK701

ZK102、ZK105、ZK303、D-ZK701 等钻孔的分析数据显示，主成矿 Li 元素变化曲线整体从上至下呈一条锯齿状的波动状曲线(图 3-10)，Li_2O 的含量具有振荡性变化。

X03 矿(体)脉沿厚度方向，Li 元素具有中上部较富，在顶部含量最高，中间稳定，向下部递减的变化趋势；沿走向 Li_2O 含量具有自北向南逐减低的趋势；在倾向方向，Li_2O 含量具有随着深度的增加而减弱趋势(图 3-11)。

在 X03 矿(体)脉中，Na 元素含量比 K 元素含量高；在变质片岩围岩中 K 元素比 Na 元素含量高。Li 元素和 Na 元素含量大致呈反比的趋势，在矿(体)脉中，Li 元素含量曲线的波峰对应 Na 元素的波谷，Li 元素含量曲线的波谷则对应 Na 元素高值，如图 3-10 所示，两者呈反比；F 的含量在片岩中最高，角岩中较低，矿体中最低。

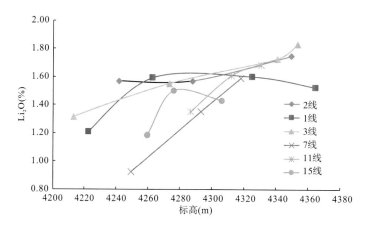

图 3-11 X03 脉主矿体沿倾向上 Li_2O 的变化情况

五、矿物及化学组分

本次研究，对 X03 脉钻孔岩心的矿石采集了人工重砂分析样品，对其主要矿物组成进行了分析统计，其结果如表 3-3 所示。

表 3-3 矿石的矿分及其含量一览表*

矿物成分	含量（%）	矿物成分	含量（%）	矿物成分	含量（%）
钠长石	15～40	锂电气石	1-5	黄铁矿	少
钾长石	0～20	石榴子石	1	锆石	偶
石英	15～30	锡石	0～1	磷灰石	偶
锂辉石	10～60	磷锂锰矿	少	黑云母	少
白云母	0～5	钛铁矿	少		
电气石	<1	腐锂辉石	0～3		
绿柱石	0～1	锂磷铝石	少		
锂云母	0～5	钍石	偶		
铌钽铁矿	0～1	金红石	少		

*据 X03 号伟晶岩脉矿石人工重砂分析结果

(一)造岩矿物成分

主要脉石矿物为钠长石、钾长石(微斜长石、条纹长石)石英、白云母等。

1. 钠长石

钠长石为主要造岩矿物之一。呈白色，半自-他形晶，除部分在结晶期生成外，以交代方式生成为主。大致分为三个世代：早期为自形晶出的板状钠长石，晶体较大，粒径5～10mm，多产于中粗粒结构带中，量少；中期为叶片状钠长石，与细粒-微晶石英和锂辉石等共生，粒径0.2～1.5mm，分布广；晚期为糖粒状钠长石，粒径小于1mm，有交代早期钠长石现象。

钠长石结构式为 $Ab_{98.3～99.4}An_{0.3～0.8}Kf_{0.3～1.3}$。各类矿石中钠长石 Ab 成分变化不大，除微晶矿石钠长石各氧化物含量变化较大外，其他的钠长石 Na_2O、Al_2O_3、SiO_2、P_2O_5、K_2O 和 CaO 含量变化较小，MgO、TiO_2、MnO、FeO 含量很低，稀有元素含量很低(表3-4)。K/Rb 值为 $16.49×10^{-6}～1604.16×10^{-6}$，变化很大；Rb/Sr 值为 $0.42×10^{-6}～607.25×10^{-6}$，变化较小。

2. 钾长石

钾长石白色、微红色，粒度粗大，为0.5～30cm，为早期结晶阶段产物，呈团块状和残余体产出，发育条纹状、格子状双晶，主要有微斜长石、条纹长石等。多与钠长石、石英、锂辉石、白云母共生。

微斜长石分子式为 $Ab_{4.5～5.7}Or_{94.3～95.4}An_0$。主量元素 SiO_2、Al_2O_3、Na_2O、K_2O 等含量变化不大，分别为 65.62%～64.64%、18.65%～20.15%、0.37%～0.57%、13.94%～14.82%。TiO_2、MnO、FeO、CaO 等含量很低。稀有元素 Cs_2O 含量为 0.03%～0.08%、Rb_2O 含量为 0.16%～0.36%、Nb_2O_5 含量为 0.02%～0.04%。

3. 石英

石英为分布广、常见造岩矿物，见于各类矿石中，分布均匀，呈他形粒状，粒度差别大，一般为 0.1～2cm，少数达 4cm。多与微斜长石、白云母、钠长石、锂辉石共生。偶含铌钽铁矿、锡石包体。

石英主要成分 SiO_2 含量为 99.78%～99.85%，其他成分含量甚微。稀有元素 Li 含量为$(62.41～307.94)×10^{-6}$，其他稀有元素含量极低。

4. 白云母(白云母、Li 多硅白云母、镁锂云母)

白云母(白云母、Li 多硅白云母、镁锂云母)呈白色、淡绿色，叠片状、鳞片状，含量 5%～10%，产于各类锂辉石矿石类型中。早期见产于微斜长石残体附近；中期生成细片状白云母，与叶片状钠长石、细晶、微晶锂辉石共生；晚期生成细片状白云母，分布局限，常沿钠长石或其他矿物边缘及解理交代。

表 3-4　X03 脉钠长石分析结果

矿石类型构		梳状		微晶		细晶		巨晶	
矿物		钠长石(n=2)		钠长石(n=7)		钠长石(n=4)		钠长石(n=2)	
		平均值	范围	平均值	范围	平均值	范围	平均值	范围
主量元素(%)	SiO₂	68.22	68.18~68.26	67.72	65.49~68.74	66.46	66.12~66.93	66.36	66.25~66.47
	Al₂O₃	19.67	19.62~19.73	20.32	19.21~22.58	21.55	21.06~21.94	21.59	21.47~21.70
	K₂O	0.06	0.06~0.06	0.23	0.04~0.82	0.14	0.12~0.17	0.06	0.06~0.07
	Na₂O	11.8	11.72~11.89	11.51	10.74~11.94	11.66	11.61~11.71	11.8	11.72~11.89
	MgO	bdl	—	bdl	—	bdl	—	bdl	—
	P₂O₅	0.16	0.164~0.168	0.09	0.03~0.18	0.07	0.05~0.08	0.09	0.05~0.13
	CaO	0.07	0.06~0.08	0.08	0.03~0.13	0.1	0.07~0.14	0.06	0.04~0.07
	TiO₂	bdl	—	0	0	bdl	—	bdl	—
	MnO	bdl	—	0	0~0.01	bdl	—	bdl	—
	FeO	bdl	—	0.02	0.00~0.10	bdl	—	bdl	—
微量元素(×10⁻⁶)	Li	1.46	1.16~1.75	37.53	0.01~149.20	5.72	1.52~11.40	130.45	7.17~253.73
	Be	3.03	2.34~3.72	3.55	0.32~8.06	3.25	2.28~4.47	2.75	1.25~4.24
	Rb	0.68	0.64~0.72	80.77	0.48~332.43	1.01	0.62~1.48	0.84	0.68~1.00
	Cs	0.22	0.19~0.26	7.41	0.12~31.93	0.01	bdl~0.02	1.03	0.65~1.41
	Nb	0		0.19	bdl~1.10	0.01	bdl~0.01	0.01	0.01~0.02
	Ta	0.01	0.01~0.01	0.1	bdl~0.27	0	bdl~0.02	0.02	0.02~0.03
	Sn	0.51	0.46~0.55	6.05	0.33~29.63	2.11	1.39~2.81	0.67	0.49~0.85
	B	2.94	2.88~3.01	10.92	2.24~43.71	2.83	1.50~4.35	4.57	3.93~5.22
	Sr	0.43	0.33~0.54	1.27	0.23~2.47	7.77	6.41~9.43	2.35	1.20~3.50
	Zr	0.03	0.01~0.05	0.08	bdl~0.34	0.02	bdl~0.06	0.05	0.04~0.07
	Ba	bdl	—	0.2	bdl~0.52	0.71	bdl~2.86	bdl	
比值	K/Rb	747.48	717.73~777.22	507.02	16.49~1144.97	1259.43	946.26~1604.16	645.19	794.33~496.05
	Rb/Sr	1.65	1.34~1.97	303.83	0.42~607.25	0.13	0.07~0.16	0.43	0.28~0.57

*中国地质科学院测试所- ICP-MS 方法

云母的主要成分 SiO_2 为 47.13%～51.31%，Al_2O_3 为 32.04～38.29%，K_2O 为 10.15%～11.77%，Na_2O 为 0.19%~0.91%，MgO 为 0～0.98%(表 3-5)。根据 Förster 等(1997)的云母分类图解(图 3-12)，云母除白云母外，还存在 Li-多硅白云母、铁锂云母。

云母中 Li、Rb、Cs 等稀有元素含量较高(图 3-13)，是这些稀有元素赋存矿物之一。微量元素 Sn 和挥发性元素 B 含量也较高，分别为 $(585.21～1379.22)×10^{-6}$ 和 $(55.14～386.78)×10^{-6}$。从平均含量看，Li 在各类矿石的云母中含量从早到晚依次降低，在中粗粒梳状矿石中含量最高；Rb、Cs 在微晶结构的矿石中含量较高，其他类型矿石中含量较低，差别不大。Be、Nb、Ta、Zr 在云母中含量很低。

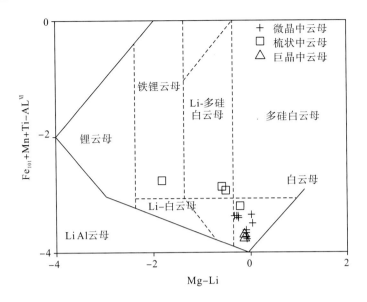

图 3-12　X03 稀有金属矿床各类钠长锂辉岩中云母分类图解

（底图据 Förster et al.,1997）

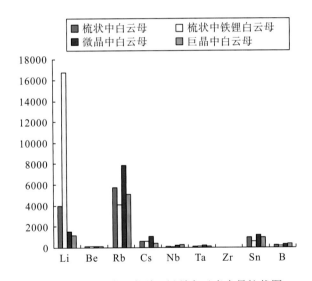

图 3-13　不同矿石类型云母稀有元素含量柱状图

K/Rb 比值为（8.28～24.21）×10^{-6}；Rb/Sr 比值变化很大，为（87～155260）×10^{-6}，在微晶矿石中变化最大，在巨晶矿石中变化最小。一般认为，云母的 Li、Rb、Cs、Sn、Zn 含量和 K/Rb 值可以反映伟晶岩的演化趋势和分异演化程度，即伴随演化程度的加大，云母 Li、Rb、Cs 含量升高，Ba 含量、K/Rb 值降低（Roda et al.，2007；Vieira et al.，2014）。X03 脉中白云母、稀有元素并没有表现出规律性的变化，即从梳状-微晶毛发状-细晶状-巨晶柱状类型的更迭，出现跳跃、波动式的演化，这可能反映具不同结构的伟晶岩不是一次侵入后逐渐冷却结晶分异形成的，而是多次脉动充填而成。

表 3-5　X03 脉云母分析结果表

矿石结构		微晶		梳状			巨晶	
矿物		云母 (*n*=11)		云母 (*n*=3)		铁锂云母 (*n*=1)	云母 (*n*=2)	
		平均值	范围	平均值	范围	平均值	平均值	范围
主量元素 (%)	Na_2O	0.45	0.26~0.91	0.23	0.19~0.30	0.45	0.71	0.70~0.73
	MgO	0.18	0.00~0.98	0.01	0.00~0.01	0.18	0.03	0.03~0.03
	Al_2O_3	36.15	34.86~37.72	32.4	32.04~32.80	36.15	38.68	38.07~38.29
	SiO_2	48.95	47.15~51.31	49.89	49.32~50.65	48.95	47.43	47.13~47.73
	P_2O_5	0.04	0.03~0.04	0.03	0.02~0.04	0.04	0.04	0.039~0.043
	K_2O	10.59	10.15~11.23	11.63	11.37~11.77	10.59	10.35	10.34~10.36
	CaO	0.03	0.01~0.06	0.06	0.06~0.06	0.03	0.02	0.02~0.03
	TiO_2	0.13	0.02~0.59	0.02	0.02~0.02	0.13	0.02	0.015~0.017
	MnO	0.18	0.01~0.33	0.39	0.24~0.47	0.18	0.2	0.17~0.23
	FeO	1.62	1.02~2.42	3.38	2.57~3.90	1.62	1.29	1.23~1.35
	Li_2O	0.32	0.15~0.6	0.85	0.4~1.09	3.6	0.24	0.24~0.25
稀有元素 ($\times 10^{-6}$)	Li	1483.44	687.76~2785.39	3979.24	1885.35~5065.81	16779.93	1134.24	1105.20~1163.29
	Be	24.9	15.67~32.41	22.31	20.46~23.43	20.96	32.31	28.68~35.95
	Rb	7784.51	3478.71~10212.10	5724.73	5472.59~6088.64	4085.51	5057.72	5019.94~5095.50
	Cs	1016.19	382.02~1593.01	571.6	252.48~798.75	585.82	384.17	372.43~395.91
	Nb	97.59	49.79~162.43	81.46	9.39~224.74	7.19	163.38	134.02~192.74
微量元素 ($\times 10^{-6}$)	Ta	88.66	42.03~128.18	28.46	12.87~55.86	11.09	25.29	21.57~29.02
	Sn	1140.81	975.018~1379.22	947.58	712.65~1351.42	585.21	946.25	866.92~1025.58
	B	269.01	55.14~358.53	216.86	151.33~317.22	114.57	378.59	370.40~386.78
	Sc	5.16	0.41~27.49	1.18	1.02~1.42	0.73	2.09	1.86~2.31
	V	22.47	bdl~127.27	bdl	—	bdl	0.01	0.00~0.01
	Zn	455.57	53.11~708.70	790.98	633.28~881.21	613.34	348.65	316.62~380.68
	Ga	166.31	141.47~186.20	168.25	142.87~192.81	118.66	170.05	154.32~185.77
	Sr	7.11	0.06~39.92	0.89	0.73~1.14	0.68	0.54	0.53~0.54
	Zr	2.63	0.15~13.10	0.65	0.14~1.59	1.66	0.26	0.23~0.29
	Ba	78.9	0~453.17	1.45	0.97~2.11	0.81	4.58	4.56~4.59
	W	7.14	4.86~9.51	3.51	2.26~5.26	2.24	6.66	5.98~7.34
	Pb	9.39	2.91~32.95	3.44	2.57~4.91	1.97	4.38	3.82~4.93
比值	K/Rb	12.65	8.28~24.21	16.89	16.02~17.41	16.2	16.99	16.85~17.13
	Rb/Sr	50071	87.~155260	6710	4942~7713	6020	9442	9254~9630

注：中国地质科学院测试所 LA - ICP-MS 方法

(二)主要稀有元素矿物

主要的含稀有金属元素矿物为锂辉石、锂云母、腐锂辉石、锂电气石、锂绿泥石、磷锂锰矿、铌钽铁矿、钍石、绿柱石、曲晶石、磷锂锰矿等；构成稀有金属主要工业矿物的是锂辉石，次为铌钽铁矿、绿柱石。主要的副矿物有锡石、电气石、金红石等。

1. 锂辉石

锂辉石是主要的工业矿物，含量 10%～30%。颜色多为灰白、浅绿色，偶见浅紫色；晶形呈半自形-自形板状、柱状、针状及粒状晶体，梳状者定向生长，微晶—细粒者呈粒状镶嵌或呈毛发状(图 3-14A、B、C)。不同的晶形，粒径相差悬殊，一般 0.02～5cm，最大至 30cm；斜方晶系，(100)解理发育，横切面有两组近于直交的解理；镜下

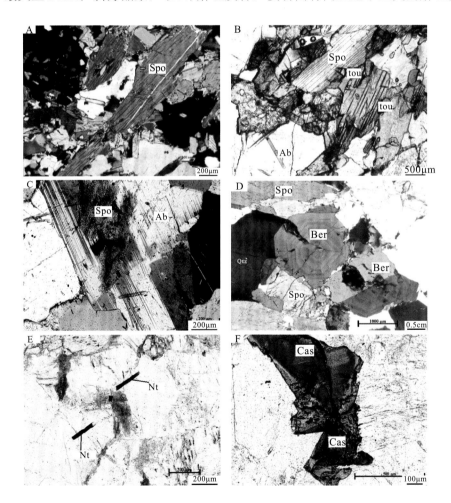

图 3-14　X 03 矿脉中稀有矿物

A.梳状状锂辉石(+)；B.细晶锂辉石(−)；C.交代钠长石的毛发状锂辉石(+)；D.锂辉石与自形晶绿柱石(+)；E.微晶铌钽铁矿(−)；F.具膝状双晶的锡石(−)

Spo.锂辉石；Ber.绿柱石；Nt.铌钽铁矿；Cas.锡石；Ab.钠长石；tou.电气石

无色，正突起高，1～2 级干涉色，未见多色性，发育聚片双晶。Ng'=1.674～1.68±0.002，Nm'=1.6676～1.67102±0.002，Np'=1.655～1.664±0.002，$Ng'-Np'$=0.013～0.020，C∧Ng=21°～27.5°，(+)2V=50°～68°。当发生腐锂辉石化时折光率降低。硬度 6.5～7.5，比重 3～3.14。常被石英熔蚀，与钠长石、微斜长石、白云母、石英等共生。

锂辉石可分三个世代：早期锂辉石，偶见产于矿脉中部粗粒结构带中，与石英、微斜长石紧密共生，晶体粗大，长 10cm，宽 1～3cm，在 X09、X05、X06、X07 脉中常见到，但在 X03 和 No.309 脉中多被晚期矿物交代穿插呈残晶；中期锂辉石与石英、叶钠长石、糖粒状钠长石共生，晶形多为微晶-细晶-梳状，粒径变化大，长度从隐晶至2.5mm，最长可达 15cm，宽度为 1mm～1cm，含量最高达 30%，构成主要锂辉石矿石；晚期石英锂辉石脉中还发育巨晶状锂辉石。

锂辉石化学成分分析成果显示(表 3-6)，微晶毛发状、细晶状、中粗粒梳状、巨晶柱状锂辉石主量元素含量基本相同，Al_2O_3 含量为 23.93%～31.02%；SiO_2 含量为 59.76%～65.56%，没有明显的差异，其他成分含量均较低。稀有金属 Li_2O 的平均含量基本相同，为 7.53%～7.97%；其他稀有元素含量较低，如 Be 在微晶毛发状矿石中平均含量最高($8.88×10^{-6}$)，在巨晶柱状矿石中最低($2.59×10^{-6}$)；Rb 在巨晶柱状矿石中平均含量最高($3.93×10^{-6}$)，在细晶矿状石中最低($0.02×10^{-6}$)；Cs 在巨晶柱状结构矿石中平均含量最高($4.39×10^{-6}$)，在微晶毛发状矿石中最低($0.05×10^{-6}$)；Nb 在微晶毛发状矿石中平均含量最高($3.77×10^{-6}$)，在细晶状矿石中最低($0.01×10^{-6}$)；Ta 在微晶毛发状矿石中平均含量最高($7.24×10^{-6}$)，在细晶状结构中最低($0.11×10^{-6}$)。

表 3-6　X03 脉各自然类型锂辉石成分分析结果表(主量%，微量×10^{-6})

钠长石		微晶毛发状		细晶状		梳状		巨晶柱状	
矿物		锂辉石(n=5)		锂辉石(n=6)		锂辉石(n=13)		锂辉石(n=3)	
		平均值	范围	平均值	范围	平均值	范围	平均值	范围
主量元素(%)	Na_2O	0.13	0.10~0.16	0.12	0.10~0.13	0.12	0.08~0.15	0.09	0.07~0.12
	MgO	0	—	0	—	0	—	0.12	0.00~0.37
	Al_2O_3	26.18	25.87~26.36	28.44	25.83~31.02	25.88	23.93~28.5	27.01	26.02~27.73
	SiO_2	64.16	63.94~64.43	62.26	59.76~64.65	64.38	62.88~65.56	63.99	63.51~64.42
	P_2O_5	0.06	0.05~0.09	0.05	0.04~0.06	0.04	0.03~0.06	0.03	0.03~0.04
	K_2O	0	—	0	—	0	0.00~0.01	0.01	0.00~0.03
	CaO	0.04	0.03~0.05	0.02	bdl~0.06	0.04	0.02~0.06	0.09	0.04~0.20
	TiO_2	0.01	0.00~0.02	0	—	0.01	0.00~0.02	0	—
	MnO	0.3	0.10~0.41	0.2	0.10~0.31	0.18	0.10~0.29	0.11	0.03~0.27
	FeO	0.34	0.24~0.45	0.43	0.22~0.69	0.62	0.37~0.90	0.26	0.09~0.57
	Li_2O	7.65	7.53~7.74	7.75	7.62~7.97	7.61	7.14~7.88	7.66	7.57~7.70
	Be	8.88	0.80~16.17	2.7	0.14~6.78	6.08	1.09~13.43	2.59	bdl~6.77
	Rb	0.15	0.06~0.31	0.02	bdl~0.06	0.25	bdl~2.69	3.93	0.01~11.63
	Cs	0.05	0.01~0.10	0.06	bdl~0.27	0.14	bdl~0.72	4.39	bdl~13.15

钠长石	微晶毛发状		细晶状		梳状		巨晶柱状	
矿物	锂辉石 (n=5)		锂辉石 (n=6)		锂辉石 (n=13)		锂辉石 (n=3)	
	平均值	范围	平均值	范围	平均值	范围	平均值	范围
微量元素（%）Nb	3.77	0.09~6.36	0.01	bdl~0.03	0.19	bdl~1.44	0.33	0.03~0.91
Ta	7.24	0.01~11.90	0.11	0.01~0.21	1.61	0.01~5.87	1.22	0.11~2.97
Sn	1530.88	34.99~3022.30	286.27	41.17~515.73	1067.88	25.04~2581.63	231.77	46.56~559.93
B	10.76	3.45~15.69	6.5	4.45~8.45	10.29	3.64~23.08	8.39	2.79~15.84
Sc	0.58	0.40~0.77	0.78	0.51~1.10	1.06	0.38~2.39	0.71	0.49~0.91
V	0.06	bdl~0.18	0.01	bdl~0.06	0.03	bdl~0.09	0.03	bdl~0.06
Zn	27.52	10.44~39.41	15.08	8.50~28.39	27.53	6.87~58.39	3.92	bdl~11.32
Ga	67.5	51.55~73.51	61.89	50.85~67.38	68.72	54.02~85.83	81.93	39.73~117.47
Sr	0.55	0.20~0.88	0.08	bdl~0.36	0.09	0.02~0.25	1.79	0.00~5.33
Zr	5.87	0.18~9.26	0.76	0.09~1.98	2.35	0.03~7.40	0.16	0.06~0.32
Ba	6.88	1.53~15.41	0.09	bdl~0.31	0.13	bdl~0.49	0.07	bdl~0.22
W	0.07	0.01~0.18	0.01	bdl~0.03	0.02	bdl~0.05	0.01	0.00~0.03
Pb	1.39	0.31~2.58	0.01	bdl~0.02	0.05	bdl~0.28	0.04	0.03~0.05

注：中国地质科学院测试所-LA-ICP-MS 方法，锂辉石晶体化学式：$(Li_{0.997}Na_{0.01}K_{0.001})(Al_{0.972}Fe_{0.007})[Si_2O_6]$，与理论式相近

2. 绿柱石

绿柱石见于各类矿石内，含量少。为浅绿、浅蓝色，晶体细小，多呈粒状，粒径 0.09mm 左右，呈自形-他形粒状，少数晶形完整，呈六方柱状（图 3-14D），常与石英、白云母、钠长石嵌生。

单矿物分析表明，绿柱石中 BeO 含量 14.15%～14.65%，平均值 14.44%，与绿柱石 BeO 理论含量（14.10%）接近；SiO_2 含量 62.70%～63.18%，平均 63.00%；Al_2O_3 含量 19.29%～19.63%，平均 19.63%。含有少量稀有金属 Li_2O（0.73%～0.90%）、Cs_2O（0.14%～0.41%）。上述稀有元素含量特征表明，除 Be 以外，其他稀有元素含量很低，Be 元素主要以绿柱石独立矿物形式存在（表 3-7）。

3. 铌钽铁矿

铌钽铁矿见于各类矿石中，主要嵌于各矿物间，或包裹于造岩矿物中，分布均匀，含量少，与钠长石、锂辉石共生。呈黑色薄板状、厚板状、针状，比重 5.82～5.87，硬度 5.5。晶粒细小，在微晶带中粒度 0.03～0.05mm，细晶带内 0.03～0.1mm，中粒带中为 0.05～0.1mm（图 3-14E）。

电子探针分析结果显示（表 3-8），铌钽铁矿族矿物的 Nb_2O 含量 57.7%～72.46%，平均 68.26%；Ta_2O_5 含量 6.57%～22.09%，平均 10.83%；FeO 含量 3.11%～11.64%，平均 7.78%；MnO 含量 7.86%～15.83%，平均 12.07%。Ta/(Nb+Ta) 为 0.05～0.19，平均为 0.09，Mn/(Fe+Mn) 为 0.41～0.84，平均为 0.61。

表 3-7 绿柱石主要成分分析结果表(%)

序号 编号	SiO$_2$	Al$_2$O$_3$	Fe$_2$O$_3$	BeO	MnO	MgO	CaO	Na$_2$O	K$_2$O	P$_2$O$_5$	Li$_2$O	Cs$_2$O	总量
1	63.04	19.66	0.16	14.45	0.00	0.01	0.02	1.30	0.05	0.00	0.90	0.34	99.91
2	62.70	19.88	0.21	14.56	0.00	0.01	0.00	1.21	0.05	0.02	0.89	0.36	99.90
3	62.82	19.71	0.20	14.55	0.00	0.01	0.00	1.40	0.04	0.03	0.81	0.33	99.90
4	63.18	19.44	0.25	14.33	0.00	0.01	0.03	1.36	0.04	0.02	0.85	0.39	99.89
5	63.13	19.58	0.25	14.25	0.00	0.01	0.11	1.20	0.04	0.04	0.90	0.40	99.90
6	63.18	19.29	0.39	14.15	0.00	0.01	0.12	1.42	0.04	0.03	0.85	0.41	99.89
7	63.14	19.79	0.30	14.57	0.00	0.02	0.05	1.05	0.04	0.03	0.80	0.14	99.92
8	62.87	19.70	0.32	14.54	0.00	0.02	0.00	1.34	0.05	0.05	0.73	0.30	99.91
9	63.08	19.74	0.32	14.65	0.00	0.01	0.05	1.04	0.05	0.03	0.76	0.18	99.91
最低值	63.18	19.88	0.39	14.65	0.00	0.02	0.12	1.42	0.05	0.05	0.90	0.41	98.24
最高值	62.70	19.29	0.16	14.15	0.00	0.01	0.00	1.04	0.04	0.00	0.73	0.14	101.08
平均值	63.00	19.63	0.27	14.44	0.00	0.01	0.05	1.25	0.04	0.03	0.83	0.31	99.86

注:武汉大学上普分析科技股份有限公司 LA-ICP-MS 方法,绿柱石晶体化学式:Be$_{3.02}$Al$_{2.02}$Na$_{0.20}$Fe$_{0.02}$Cs$_{0.01}$[Si$_{5.43}$O$_{18}$],与理论式相近

在钽铁矿-铌铁矿-铌锰矿-钽锰矿四方分类图解显示(图 3-15),绝大部分样品属铌铁矿,少部分样品为铌铁矿,表明铌铁矿族矿物具有明显的富 Nb、Mn 特征,属于铌铁矿-铌锰矿端元。

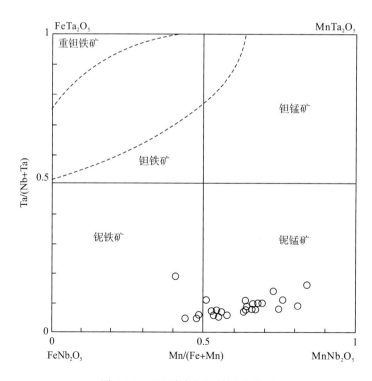

图 3-15 X03 脉中铌钽铁矿分类图

表 3-8 X03 脉中铌钽铁矿主量分析结果（%）

序号	Nb$_2$O$_5$	Ta$_2$O$_5$	WO$_3$	SnO$_2$	TiO$_2$	Sc$_2$O$_3$	FeO	MnO	总量	Ta/(Nb+Ta)	Mn/(Fe+Mn)
1	57.7	22.09	0.21	0.13	0.36	0.00	11.64	7.86	100	0.19	0.41
2	62.3	16.44	0.13	0.18	0.36	0.00	5.18	13.88	98.47	0.14	0.73
3	60.1	19.68	0.18	0.11	0.23	0.00	3.11	15.64	99.06	0.16	0.84
4	69.11	9.46	0.45	0.14	0.51	0.01	7.14	12.59	99.4	0.08	0.64
5	67.29	12.77	0.03	0.07	0.08	0.00	6.99	12.89	100.12	0.1	0.65
6	69.86	7.9	0.85	0.08	0.49	0.00	8.48	11.6	99.26	0.06	0.58
7	64.85	11.97	0.29	0.26	0.53	0.00	6.39	13.19	97.48	0.1	0.68
8	71.16	6.61	1.03	0.10	0.77	0.00	11.37	8.86	99.9	0.05	0.44
9	72.36	8.46	0.37	0.04	0.14	0.00	7.47	12.67	101.51	0.07	0.63
10	69.31	9.37	0.43	0.19	0.59	0.00	5.03	14.75	99.66	0.08	0.75
11	70.55	8.55	0.34	0.04	0.38	0.00	9.58	10.74	100.19	0.07	0.53
12	71.45	6.57	0.28	0.13	0.52	0.02	10.73	9.68	99.37	0.05	0.48
13	65.16	13.84	0.17	0.12	0.46	0.00	7.11	12.65	99.52	0.11	0.64
14	72.46	7.73	0.33	0.05	0.42	0	10.29	9.94	101.23	0.06	0.49
15	71.21	9.77	0	0.05	0.15	0.02	6.49	13.25	100.94	0.08	0.67
16	65.76	12.53	0.2	0.09	0.24	0	5.98	13.38	98.18	0.1	0.69
17	71.76	7.02	0.61	0.07	0.41	0	9.52	10.52	99.91	0.06	0.53
18	71.81	7.77	0.38	0.08	0.42	0	9.21	11	100.65	0.06	0.55
19	69.17	11.9	0.3	0.01	0.17	0.02	3.67	15.83	101.08	0.09	0.81
20	67.58	13.2	0.37	0.04	0.17	0	4.71	14.61	100.67	0.11	0.76
21	71.99	7.6	0.34	0.07	0.46	0	9.38	10.91	100.75	0.06	0.54
22	69.14	8.07	0.53	0.06	0.51	0.02	9.38	10.81	98.52	0.07	0.54
23	69.79	8.07	0.34	0.05	0.49	0	8.96	11.39	99.08	0.07	0.56
24	68.56	10.28	0.3	0.12	0.45	0	6.91	13.21	99.83	0.08	0.66
25	66.04	12.99	0.43	0.08	0.27	0	9.86	9.93	99.59	0.11	0.51

注：南京大学内生金属矿床成矿机制研究国家重点实验室，电子探针(EMPA)，铌锰矿：

Si$_{0.01}$Al$_{0.07}$Fe$_{0.36}$Mn$_{0.63}$Ti$_{0.01}$Nb$_{1.79}$Ta$_{0.18}$O$_5$. 铌钽铁矿：Si$_{0.01}$Fe$_{0.44}$Mn$_{0.55}$Ti$_{0.01}$Nb$_{1.79}$Ta$_{0.21}$O$_5$. 与铌坦铁矿理论式相近

铌钽铁矿的微量元素分析结果见（表 3-9）。铌钽铁中 Li、Be、Rb、Cs 等稀有元素含量很低；Zr 含量 $487.63 \times 10^{-6} \sim 621.79 \times 10^{-6}$，远高于造岩矿物锂辉石中的含量；Zn 含量 $386.25 \times 10^{-6} \sim 452.89 \times 10^{-6}$，与白云母中的含量基本相当，远高于长石、石英及锂辉石等矿物中的含量。铌钽铁矿稀有元素含量特征表明，铌钽主要赋存于铌钽铁矿中。

表 3-9 X03 脉中铌钽铁矿微量元素分析结果（×10^{-6}）

序号	Li	Be	Rb	Cs	B	Sc	Cr	Zn	Ga	Zr
1	5.80	0.15	0.30	0.76	2.85	0.94	1.83	452.89	2.17	513.30
2	3.78	0.02	0.03	0.27	20.66	12.02	44.34	386.25	2.03	621.79
3	4.59	0.00	0.29	0.57	2.81	3.77	6.24	447.48	2.45	487.63

注：武汉上普分析科技股份有限公司，LA-ICP-MS

(三) 副矿物

1. 锡石

锡石在各类矿石中均可见到，含量少，为褐红—棕黑色半自形、自形晶体。多数柱状、少数四方柱状，发育膝状、燕尾状双晶(图 3-14F)。粒度变化大，一般为 0.05～2mm，最大 10mm。常与交代期矿物共生，以白云母含量高的地段最富。晶体中常见铌钽铁矿小包体。比重 6.76～7.27。

锡石单矿物样化学分析表明(表 3-10)，SnO_2 含量为 95.28%，含 Nb、Ta 较高，Nb_2O_5 为 3.49%、Ta_2O_5 为 1.46%。

表 3-10　X03 脉锡石主要成分分析结果($\times 10^{-6}$)

分析项目	Al_2O_3	P_2O_5	Na_2O	K_2O	Fe_2O_3	MgO	CaO
锡石(%)	0.39	0.01	0.09	0.05	1.25	0.03	0.08
分析项目	TiO_2	MnO	Li_2O	Nb_2O_5	Ta_2O_5	SnO_2	总量
锡石(%)	0.170	0.73	0.02	3.49	1.46	95.28	103.05

注：成测中心 ICP-AES

2. 电气石

产于矿脉围岩接触带的电气石颜色呈褐红—棕黑色，晶形呈自形至半自形柱粒状、属三方晶系。镜下透明，具有特征的多色性，突起很高，干涉色高。粒径以微晶为主，为 0.05~2mm，最大可达 1cm，与少量的微晶黑云母共生。部分电气石角岩 Li_2O 达到了工业品位(详见本章第六节)；而产于矿(体)脉中的电气石颜色为淡蓝色，具有显著的多色性。晶形呈针状、微粒状、自形至半自形晶，多与钠长石、白云母、锂辉石等共生。矿(体)脉中电气成分经 La-ICP-Ms 测定结果显示，具有富 Li，低 B 的特点。B_2O_3 含量为 4.59%～4.65%，平均值为 4.62%，Li_2O 含量为 0.31%～0.87%，平均值为 0.64%(表 3-11)。

表 3-11　X03 矿脉中电气石单矿物分析结果

含量(%)	Na_2O	MgO	Al_2O_3	SiO_2	P_2O_5	K_2O	CaO	TiO_2	MnO	FeO	Li_2O	B_2O_3	总量
1	2.54	0.014	38.8	39.2	0.018	0.034	0.11	0.028	0.70	12.3	0.84	4.65	99.26
2	2.57	2.83	36.9	38.4	0.030	0.044	0.16	1.13	0.40	12.0	0.31	4.59	99.37
3	2.60	0.011	39.6	38.9	0.029	0.034	0.096	0.025	0.80	11.5	0.87	4.65	98.98
4	2.50	0.040	38.9	38.2	0.030	0.041	0.12	0.085	0.76	13.1	0.64	4.60	99.07
最小值	2.50	0.01	36.87	38.21	0.02	0.03	0.10	0.02	0.40	11.47	0.31	4.59	98.98
最大值	2.60	2.83	39.55	39.19	0.03	0.04	0.16	1.13	0.80	13.11	0.87	4.65	99.37
平均值	2.55	0.96	38.44	38.68	0.03	0.04	0.12	0.40	0.64	12.24	0.64	4.62	99.17

注：武汉上普分析科技股份有限公司 LA-ICP-MS

六、稀有元素的赋存状态及富集规律

通过矿物学分析，X03 脉中主要含稀有金属元素矿物为锂辉石、锂云母、腐锂辉石、锂电气石、锂绿泥石、磷锂锰矿、铌钽铁矿、钍石、绿柱石、曲晶石、磷锂锰矿等；主要的副矿物有锡石、电气石、金红石等。矿物种类不同所含稀有元素种类也各有差异。

X03 脉矿石钻孔组合样，分析结果表明(表 3-12)：矿石中主要稀有元素 Li_2O 含量在脉(矿)体中分布较为均匀，含量为 0.71%～2.05%，平均为 1.53%，品位较富。其他伴生的 Be、Rb、Ta、Nb、Sn 等均达综合利用的工业要求(付小方等，2015)。此外，氧化铯含量平均达 152.12×10^{-6}，最高达 383.8×10^{-6}。

表 3-12　X03 脉矿石中锂及共伴生稀有元素的含量

序号	样品编号	采样位置	样品名称	Li_2O (%)	BeO (%)	Rb_2O (%)	Cs_2O ($\times 10^{-6}$)	Nb_2O_5 ($\times 10^{-6}$)	Ta_2O_5 ($\times 10^{-6}$)	Sn ($\times 10^{-6}$)
1	ZH-1	ZK101	锂辉石矿石	1.59	0.042	0.13	160.09	71.96	26.62	106
2	ZH-2	ZK101	锂辉石矿石	1.16	0.051	0.09	133.59	73.82	61.30	107
3	ZH-3	ZK102	锂辉石矿石	1.82	0.051	0.10	108.14	94.85	31.38	130
4	ZH-4	ZK102	锂辉石矿石	1.51	0.036	0.09	82.06	111.02	47.87	106
5	ZH-5	ZK102	锂辉石矿石	1.38	0.039	0.06	148.43	98.14	86.82	118
6	ZH-6	ZK105	锂辉石矿石	1.48	0.046	0.11	221.59	86.55	41.76	108
7	ZH-7	ZK105	锂辉石矿石	1.09	0.04	0.10	166.45	94.99	32.24	83
8	ZH-8	ZK201	锂辉石矿石	0.71	0.038	0.07	383.80	76.25	26.62	106
9	ZH-9	ZK203	锂辉石矿石	1.62	0.045	0.09	102.52	69.81	21.25	115
10	ZH-10	ZK302	锂辉石矿石	1.98	0.054	0.06	106.02	79.11	42.74	156
11	ZH-11	ZK303	锂辉石矿石	2.05	0.05	0.08	121.00	125.00	81.30	112
12	ZH-12	ZK303	锂辉石矿石	1.61	0.052	0.11	147.00	105.00	46.50	119
13	ZH-13	ZK303	锂辉石矿石	1.73	0.041	0.10	135.00	100.00	49.30	251
14	ZH-14	ZK303	锂辉石矿石	1.54	0.038	0.15	178.00	98.00	74.00	310
15	ZH-15	ZK701	锂辉石矿石	1.67	0.047	0.14	170.00	117.00	80.30	186
16	ZH-16	ZK702	锂辉石矿石	1.42	0.047	0.11	125.00	106.00	82.60	170
17	ZH-17	ZK702	锂辉石矿石	1.92	0.049	0.11	113.00	127.00	75.20	111
18	ZH-18	ZK702	锂辉石矿石	1.32	0.042	0.19	195.00	105.00	70.40	218
19	ZH-19	ZK1101	锂辉石矿石	1.31	0.043	0.13	117.00	112.00	43.90	78
20	ZH-20	ZK1101	锂辉石矿石	1.42	0.053	0.11	131.00	115.00	51.70	74.
21	ZH-21	ZK1501	锂辉石矿石	1.68	0.05	0.14	171.00	129.00	93.90	258
22	ZH-22	ZK1501	锂辉石矿石	1.54	0.043	0.14	121.00	107.00	39.70	101
23	ZH-23	ZK1501	锂辉石矿石	1.56	0.047	0.14	162.00	110.00	89.50	227

注：中国地质科学院测试所，LA-ICP-MS 方法

稀有元素种类的不同致使其赋存状态各有差异。根据 X03 脉体中单矿物的稀有元素分析结果,各稀有元素赋存状态特点分述如下。

1. 锂(Li)

各类锂辉石成分分析结果(表 3-6)和 Li 元素的赋存状态以及在各类矿物中的相对配分比(表 3-13)表明:Li 元素主要以锂辉石独立矿物的形式存在,少量以铁锂云母等独立矿物的形式存在,锂辉石中 Li 相对配分比为 95.39%,铁锂云母中相对配分比为 0.04%。其余以类质同象或超显微非结构混入的形式存在于白云母(相对配分比 2.45%)、钠长石(相对配分比 0.24%)、绿柱石(相对配分比 0.16%)和石英(相对配分比 1.63%)之中。锂辉石 Li_2O 含量 7.53%~7.97%、铁锂云母 Li_2O 含量 3.60%,白云母、绿柱石中 Li_2O 含量相对较低,分别为 0.15%~0.60%、0.73%~0.90%。

2. 铍(Be)

Be 主要以绿柱石独立矿物的形式存在,相对配分比达到 97.20%,另以类质同象形式主要存在于白云母(相对配分比 1.32%)、钠长石(相对配分比 0.78%)、锂辉石(相对配分比 0.60%)之中,其他矿物中含量极低。绿柱石 BeO 含量 14.15%~14.65%,白云母 Be 含量 15.67×10^{-6}~35.95×10^{-6}。

3. 铷、铯(Rb、Cs)

未发现 Rb、Cs 的独立矿物,Rb 以类质同象形式主要赋存于白云母和微斜长石以及铁锂云母之中。白云母中 Rb 含量平均为 6188.99×10^{-6},相对配分比为 67.66;微斜长石中 Rb 含量平均 0.23%,相对配分 30.98%;铁锂云母中 Rb 含量也较高,平均 0.41%。

Cs 以类质同象的形式主要赋存于白云母、微斜长石、绿柱石中,平均含量分别为 657.32×10^{-6}、358.43×10^{-6}、2904×10^{-6},其相对配分比分别为 53.60%,36.23%、8.87%,铁锂云母中 Cs 含量也较高。

4. 铌钽(Nb、Ta)

Nb、Ta 主要以铌钽铁矿独立矿物形式存在,构成工业矿物,其他的方式以类质同象或超显微非结构混入主要分布于白云母、微斜长石和锡石中,其含量甚微。
铌钽铁矿中 Nb_2O_5 含量 57.7%~72.46%,相对配分比 57.74%;Ta_2O_5 含量 6.57%~22.09%,相对配分比 39.03%。白云母中 Nb 含量 9.39×10^{-6}~192.74×10^{-6}。Ta 含量 12.87×10^{-6}~128.18×10^{-6};锡石中 Nb_2O_5 含量 3.48%,相对配分比 34.39%;Ta_2O_5 含量 1.46%,相对配分比 58.66%。微斜长石中 Nb 平均含量 200×10^{-6},相对配分比 9.34%。

5. 锡(Sn)

Sn 主要以锡石独立矿物的形式存在,以类质同象或超显微非结构混入主要分布于白云母、铁锂云母、锂辉石、铌-钽铁矿中,其他矿物中含量极低。其中在锡石中 SnO_2 含量 93.52%~98.05%,相对配分比 94.44%,在白云母中 Sn 含量 712×10^{-6}~1379×10^{-6},

表3-13　X03稀有金属矿(脉)床矿石稀有元素的相对配分比

元素		矿物	锂辉石	铁锂云母	白云母	钠长石	微斜长石	石英	绿柱石	铌钽铁矿*	锡石	电气石	总量
	矿物含量%		12.74	0.01	5.34	26.49	6.62	48.14	0.2	0.03	0.35	0.12	100.04
Li	含量		35629.05	16722.89	2183.27	43.79	0	161.41	3849	4.72	110	2958	58092.31
	配分量		4539.14	1.67	116.59	11.60	0.00	77.70	7.70	0.00	0.39	3.55	4758.34
	相对配分比		95.39	0.04	2.45	0.24	0.00	1.63	0.16	0.00	0.01	0.07	100
Be	含量		5.06	20.96	26.51	3.15	0	0.19	52016	0.06	2	5	48370.92
	配分量		0.64	0.00	1.42	0.83	0.00	0.09	104.03	0.00	0.01	0.01	107.03
	相对配分比		0.60	0.00	1.32	0.78	0.00	0.09	97.20	0.00	0.01	0.01	100
Rb	含量		1.09	4085.51	6188.99	20.82	2286.03	0.08	263	0.21	9	0	12582.78
	配分量		0.14	0.41	330.49	5.52	151.34	0.04	0.53	0.00	0.03	0.00	488.49
	相对配分比		0.03	0.08	67.66	1.13	30.98	0.01	0.11	0.00	0.01	0.00	100
Cs	含量		1.16	585.82	657.32	2.17	358.43	0.13	2904	0	3	0	4529.05
	配分量		0.15	0.06	35.10	0.57	23.73	0.06	5.81	0.00	0.01	0.00	65.49
	相对配分比		0.23	0.09	53.60	0.88	36.23	0.10	8.87	0.00	0.02	0.00	100
Nb	含量		1.08	7.19	114.14	0.05	200	0.02	0.00	477167.8	24363	1	478846.8
	配分量		0.14	0.00	6.10	0.01	13.24	0.01	0.00	143.15	85.27	0.00	247.92
	相对配分比		0.06	0.00	2.46	0.01	5.34	0.00	0.00	57.74	34.39	0.00	100
Ta	含量		2.55	11.09	47.47	0.03	0.00	0.1	0.00	88693.75	11970	1	97977.05
	配分量		0.32	0.00	2.53	0.01	0.00	0.05	0.00	26.61	41.90	0.00	71.42
	相对配分比		0.45	0.00	3.55	0.01	0.00	0.07	0.00	37.26	58.66	0.00	100
Sn	含量		779.2	585.21	1011.55	2.34	0	0.1	0	740.38	750504	69	751380.1
	配分量		99.27	0.06	54.02	0.62	0.00	0.05	0.00	0.22	2626.76	0.08	2781.08
	相对配分比		3.57	0.00	1.94	0.02	0.00	0.00	0.00	0.01	94.45	0.00	100

注：矿物含量单位%，稀有组分含量单位×10⁻⁶，稀有组分相对配分比单位%。矿物含量参考重砂分析。* 中国地质科学院测试所 LA-ICP-MS方法。

相对配分比 3.58%。另在锂辉石中 SnO_2 含达到 0.0032%～0.3837%，在铌钽铁矿中 SnO_2 含量 0.01%～0.26%，可综合利用。

综上所述：矿石中稀有元素以 Li 为主，伴生 Be、Nb、Ta、Rb、Cs 及 Sn 等，可综合回收有益元素。矿石中稀有金属 Li、Be、Nb、Ta、Sn 等元素均有独立工业矿物存在，其中 Li 主要集中赋存分布于锂辉石内，少量分布在锂云母、锂绿泥石及铁锰锂磷酸盐矿物中；Be 多集中于绿柱石中；Nb、Ta 主要集中于铌钽铁矿中，少量呈分散状态分；Sn 主要赋存于锡石中，少量分布于铌钽铁矿中。Rb、Cs 场赋存于白云母、铁锂云母、微斜长石等矿物体中。

第三节　No.134 号锂矿脉地质特征

一、矿床(脉)产出特征

No.134 矿床(脉)位于甲基卡矿田中部东侧的石英包一带。构造位于甲基卡岩浆底辟穹窿中段的东缘，距马颈子二云母花岗岩株 1.8km。矿脉主体突出地面，位于侵蚀基准面(约 4380m)形成丘状山岗，出露标高 4380～4472m，是矿体最高部位(图 3-16A)。矿脉两侧围岩为新都桥组一段，原岩主要为含碳粉砂质板岩，粉砂岩、含碳质粉砂岩，受岩浆底辟穹窿体的影响，经动热变质为十字石二云母石英片岩、红柱石十字石二云母片岩、红柱石二云母石英片岩等(图 3-16F)。

后期受热松弛的影响绢云母、绿泥石化退变质作用明显。构造变形仍以近水平横向置换为主，在石英包发育紧密的同斜褶皱，轴面与 S_3 片理产状基本一致。S_3 片理产状走向为 40°～50°，总体向南东东或北东东方向缓倾，倾角一般在 20°～30°。近脉体围岩具明显的牵引现象，产状变陡，倾角可达 78°左右，远离脉体产状逐渐变缓(图 3-16B、C)。No.134 脉裂隙受剪张作用控制，突出表现受一组右形雁行式剪切张裂隙控制(图 3-17)，成雁列状脉分布，羽状脉发育。

No.134 脉属于钠长锂辉石伟晶岩。结构构造特征类似于 X03 脉的特点，近上下盘脉的边部见不厚的云英岩化带和细粒石英钠长石带。矿石主体 80%由细粒(微晶)钠长锂辉石组成，微晶毛发-细晶-中粗粒梳状钠长锂辉石韵律式交替互层构成的条带构造发育(图 3-16E)。此外，内部有不连续的中粗粒石英钠长石锂辉石脉穿插(图 3-16D)，下部近尖灭端偶见石英微斜长石钠长石带。

近脉围岩蚀变绕脉体大致呈圈状分布，从外向内依次主要有：电气石化、堇青石化。由于成矿元素的扩散迁移，在近脉围岩中形成明显的 Li、Be、Rb、Cs、B 等元素的原生晕，部分地段 Cs_2O 含量已达到工业品位。

脉体内部边部发育云英岩化带，交代作用十分普遍，边缘比中心强烈，上部比下部强烈。主要交代作用有钠长石化、白云母化、硅化等，其中以钠长石化最强，与矿化关系密切(图3-18)。

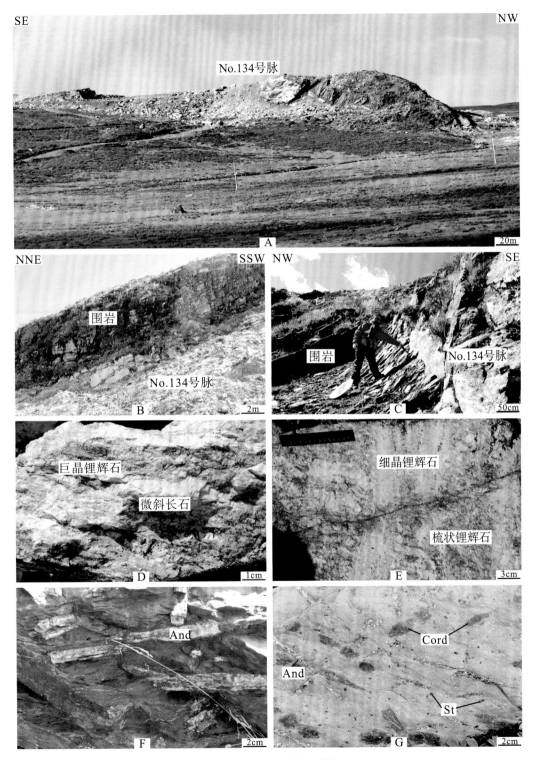

图 3-16　No.134 脉地表特征

A.No.134 脉丘状山岗地貌；B. No.134 脉顶板缓倾；C. No.134 脉底板于地表陡倾；D.早期微斜长石和巨晶锂辉石；E.细晶(微晶)-中粗梳状锂辉石条带；F.红柱石二云母片岩；G.董青石化十字石红柱石二云母片岩；Cord.董青石；St.十字石；And.红柱石

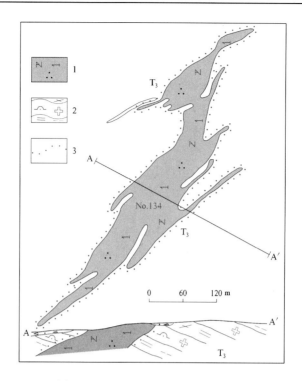

图 3-17　No.134 锂辉石矿脉地质略图

（据 1：20 康定幅特种矿产报告，1982，修改）

1.钠长锂辉石脉；2.堇青石化十字石红柱石片岩；3.电气石角岩带

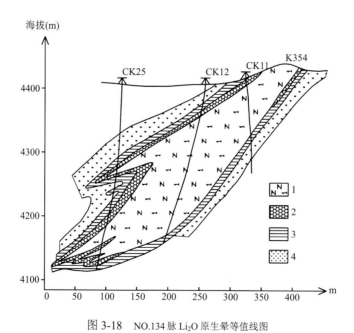

图 3-18　NO.134 脉 Li$_2$O 原生晕等值线图

（据唐国凡，1984）

1.钠长锂辉石脉；2.Li$_2$O 大于 0.15%；3.Li$_2$O 为 0～0.15%；4.Li$_2$O 为 0.01%～0.10%

二、矿脉形态及规模

矿脉中，除个别支脉和尖灭端外，基本全脉矿化。故岩脉和矿体的产出特征、物质组分基本一致。矿脉产状比较稳定。主矿体走向北东 $10°$ ～$15°$，倾向北西西，倾角上盘 $60°$ ～$30°$，平均 $45°$。矿体规模大，长 1055m（储量计算长度 993.33m），两端被第四系掩盖；厚 1.91～78.37m，平均 57.02m，延深 35～375m，平均 320m。沿走向表现为，中段膨大，两端变薄分支尖灭，沿倾向表现为矿体中上部膨大，厚 20～80m，平均厚大于 60m。延深相对稳定，从地表向下 150～200m 后，厚度向深部迅速变薄，并呈于指状分支尖灭。

1965 年～1972 年 404 队对 No.134 矿脉进行了勘探，探获储量：主金属 Li_2O 为 51.2万 t；伴生有益组分 BeO 17560t、Nb_2O_5 4964 吨、Ta_2O_5 1944t、Rb_2O 36860t、Cs_2O 3555t、SnO 4749t。是甲基卡矿田中单个矿脉构成大型的稀有金属矿床之一。规模仅次于 X03 脉。

三、矿石结构构造

No.134 矿脉结构分布简单，主要由石英钠长石微晶锂辉石带、细晶石英钠长石锂辉石带以及梳状粗粒石英微斜长石锂辉石带互呈条带。富矿体多分布于矿脉中部，规模大，延伸(深)较稳定，锂矿化富，并有铍、铌、钽、铷、铯的矿化，是构成工业矿石的主体部位。其结构构造与 X03 的结构有相似之处。矿石结构主要有晶粒(细晶、微晶、中粗粒梳状巨晶)结构、似斑状结构、包含结构、交代熔蚀结构；矿石构造主要发育浸染状构造、斑杂状构造、韵律式带状构造以及脉中脉构造。

四、矿石类型及品位变化

根据矿石结构和构造差异，矿石的自然类型仍可分为：梳状锂辉石型、细晶(微晶)锂辉石型、伟晶锂辉石型、巨晶锂辉石型。各类型特点类似 X03 脉。其他，按构造差异适可划分：浸染状矿石、斑杂状矿石、块状矿石、条带状矿石。

矿床工业类型为细晶机选锂辉石矿床，主要矿石矿物为锂辉石，次为绿柱石、钽铌铁矿、锡石等。

细晶钠长石锂辉石型主要包括有：中-粗柱粒梳状锂辉石、细晶锂辉石和微晶锂辉石，所占比例分别为 10%、30%、60%。细晶钠长石锂辉石型矿石分布广泛，深部含量稳定，约占全脉锂辉石总量的 80%，是构成 No.134 脉最主要的矿石类型。

另早期原生锂辉石，产于矿脉中部中粗粒石英微斜长石锂辉石带(集合体)中，与早期石英、微斜长石共生。矿物呈白色、灰白色，粒状、板柱状，透明度差，晶形较好，多为中、粗晶，长 10cm 左右，宽 1～3cm。该世代锂辉石不发育，其含量在锂辉石总量中约占 1%。

No.134 矿脉矿化均匀，连续。锂矿富矿石占全脉 89%。除深部尖灭处外，均为稳定的全脉矿化，并有多种伴生有益组分可回收利用。稀有元素 Li_2O 平均品位为 1.382%，伴生的 BeO 为 0.0474%、Nb_2O_5 为 0.0134%、Ta_2O_5 为 0.0052%、Rb_2O 为 0.105%、Cs_2O 为 0.0101%、SnO 为 0.014%。大部分矿石可以露天开采，开采条件良好，水文地质条件简单，故具有很大的工业价值。

沿 No.134 矿(体)脉倾斜(深度)方向，中上部分异好、交代强，矿化富，底部、根部矿化较弱；沿厚度方向，中上部较富，中间稳定，总体与 X03 脉的特点一致，Li_2O 含量显示呈振荡性变化，其 BeO、Nb_2O_5、Ta_2O_5 则不明显(图 3-19)。

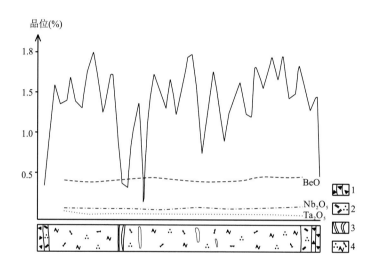

图 3-19　No.134 脉 Li_2O 沿厚度方向呈振荡性变化

1.电气石角岩；2.云英岩化带；3.石英钠长石带；4.钠长锂辉石(梳状-细晶-微晶条带)石英脉

五、矿物组成及稀有元素的赋存状态

(一)矿物组成

矿石中矿物成分复杂，已发现矿物 47 种。

(1)主要造岩矿物：微斜长石、正长石、钠长石、石英、白云母。

(2)稀有及稀土元素矿物：锂辉石、铌钽铁矿、钍石、曲晶石、绿柱石、磷锂锰矿、褐帘石、氟碳铈矿。

(3)其他金属矿物有：磁铁矿、赤铁矿、黄铁矿、黄铜矿、锡石、方铅矿、辉锑矿、辉钼矿、毒砂、砷黝铜矿、软锰矿、硬锰矿、钛锰矿、褐铁矿、锐铁矿、菱铁矿、闪锌矿、白钨矿、紫磷矿、铁锰矿、金红石、尖晶石。

(4)非金属矿物：绿帘石、绿泥石、电气石、锰铝榴矿、磷灰石、萤石、黄玉、重晶石、榍石、绢云母、偏锰酸盐、霓辉石。

矿石中工业矿物以锂辉石为主，次为铌钽铁矿、绿柱石、锡石，极少见钍石。另有白云母、长石、石英。不同结构带矿物种类及含量亦有差异。简述如下。

（1）石英：分布广、数量较多的造岩矿物，含量 30%～40%，见于各结构带中，偶含铌钽铁矿、锡石包体。

（2）钠长石：主要造岩矿物之一。

（3）微斜长石：次要造岩矿物。

（4）白云母：含量 5%～10%，产于各主要结构带中。

（5）锂辉石：主要的工业矿物，含量 10%～30%。

（6）绿柱石：较次要工业矿物，见于各结构带内，含量甚微。

（7）铌钽铁矿：见于各结构带中，分布均匀，含量甚微。

（8）锡石：各结构带均可见，含量甚微。晶体中常见铌钽铁矿小包体。

（9）钍石：偶见于细粒交代结构带内。

（二）稀有元素赋存状态

No.134 脉矿石中 Li 主要集中于锂辉石内，少量在锂云母、透锂长石、磷锂铝石及铁锰锂磷酸盐矿物中，其余呈分散状态主要荷载矿物是白云母。

伴生有益组分 Be 多集中于绿柱石中，少量呈分散状态；Nb、Ta 主要集中于铌钽铁矿中。Rb、Cs 呈分散状态，主要分布于云母及长石中。

第四节 No.9 号铍矿脉

一、矿床(脉)产出特征

No.9 号铍矿床(脉)位于甲基卡矿田南部宝贝地一带(图 2-2)，位于马颈子二云母花岗岩边部，距二云母花岗岩岩株的北部 0.6km 处，沿片理(层间裂隙)贯入。围岩为新都桥组下段(T_3xd^1)，原岩岩性为深灰色薄层状泥质粉砂岩间夹薄层粉砂岩，经动热变质后，岩性为深灰色十字石二云母石英片岩。具有变斑状结构、鳞片变晶结构，片状构造，变斑晶为十字石。

矿脉属微斜长石钠长石伟晶岩(Ⅱ)，由于钠长石化发育，部分地段已近于钠长石型(Ⅲ)。该脉分异作用良好，粗粒—块状的轴心带靠上盘发育，具单向分带特点。交代作用发育，有白云母化、钠长石化、云英岩化等，与铍、铌、钽矿化关系密切。

近脉汽热接触变质带发育，切割了十字石二云母片岩。形成了近脉围岩蚀变带。从内向外依次出现：黑云母电气石化带、堇青石化带。其中黑云母电气石带宽度 10～50cm，由微晶状电气石、黑云母及少量石英组成；堇青石带宽度较大，宽 30～40m，堇青石沿片理凸起呈疙瘩状分布。堇青石中有较多的云母集合体，可见十字石的残余。

经四川省地质矿产勘查开发局 404 地质队 1966 年初步勘探，探获储量：主金属 BeO 443.8t；伴生有益组分 Nb_2O_5 132.7t、Ta_2O_5 34.9t、Rb_2O 544t、Cs_2O 51.3t。为一小型以铍为主的稀有金属工业矿床。

二、矿（体）脉形态及规模

矿（体）脉受甲基卡岩浆底部群穹窿控制，产于穹窿顶部，受层间裂隙以及顺层剪张裂隙控制，矿体与脉体形态基本一致，顶部因剥蚀出现"无矿天窗"，地表呈不规则的环状脉出露（图 3-20）。产状平缓，主体倾向北西，与围岩十字石二云母片岩有较小的交角，倾角约 10°，矿脉北部边缘稍陡，可达 25°。南北长 400m，东西宽 230m，厚度变化大，1～15m，平均 4.83m。南薄北厚，向深部分枝尖灭。下部，还出现一隐伏的平行含绿柱石花岗伟晶岩脉，规模较小。该脉分异作用良好，粗粒—块状的轴心带靠上盘发育，具单向分带特点。由下盘脉壁至上盘依次出现的结构带为：①细粒石英钠长石带；②中粒石英钠长石带；③中-粗粒石英微斜长石钠长石带；③中粗粒-块体石英-微斜长石

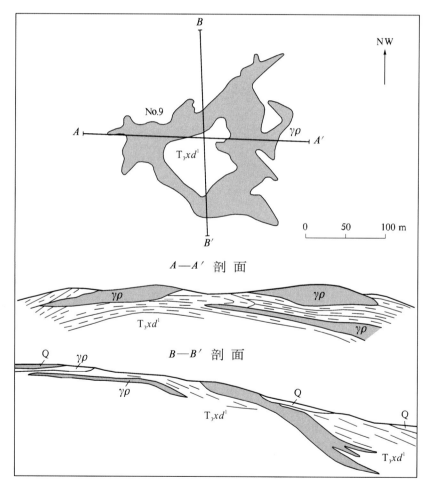

图 3-20　No.9 号绿柱石矿床（脉）地质略图

（据 1∶20 康定幅特种矿产报告，1982，修改）

Q.第四系堆积物；T₃xd¹.上三叠统新都桥组下段经变质的堇青石化十字石二云母片岩；γρ.微斜长石钠长石绿柱石矿脉

带；⑤块体石英带。以①～③带为主，④、⑤带分布局限。此外，尚有零星分布的石英白云母集合体、石英白云母钠长石集合体以及云英岩壁。各带均可形成工业矿石。

三、矿石结构构造

矿石以细晶结构为主，部分为中晶、粗晶结构。矿物粒径为 0.5～2mm，主要分布在细一中晶结构带内。中粒结构带，矿物粒径为 0.2～2cm，发育于中一粗粒石英钠长石交代带、石英微斜长石钠长石及石英白云母集合体中；粗晶结构带矿物粒径 2～5cm，少数可达 10cm，发育于中粗晶—块体石英微斜长石带、块体石英以及块体微斜长石带内。矿石构造较为简单，为稀疏浸染状和斑杂状构造。

交代作用发育，有白云母化、钠长石化、云英岩化等。钠长石化广泛发育，主要有板状钠长石化、叶钠长石化以及糖粒钠长石化，后两者与铍、铌、钽矿化关系密切；云英岩化发生于伟晶岩末期，伴随有晚期绿柱石、铌钽铁矿以及锡石的矿化，但工业意义不大。

四、矿石类型及品位

矿石类型以细晶铍矿石为主，部分为中粗晶绿柱石矿石。

矿石中有益组分平均品位：BeO 为 0.0171%,Ta_2O_5 为 0.0045%,Rb_2O 为 0.077%，Cs_2O 为 0.007%。铍矿石多属贫矿，尚有少量富矿。

五、矿物组成及稀有元素的赋存状态

(一)矿物组成

矿物成分较简单。

造岩矿物：石英、微斜长石、钠长石、白云母。

副矿物：黑电气石、石榴子石、磷灰石、楣石、锆石、绿帘石、独居石、磷钇矿、磁铁矿、锡石、赤铁矿、黄铁矿、黄铜矿、砷黝铜矿、沥青铀矿、褐铁矿、钛铁矿、锐钛矿、毒砂、软锰矿、硬锰矿、萤石、重晶石、黄玉等。

稀有元素矿物：绿柱石、钽铌铁矿、锂辉石、腐锂辉石。工业矿物以绿柱石、钽铌铁矿为主，白云母中可回收部分铷、铯。

绿柱石：分原生和交代两个世代。原生绿柱石呈浅绿—绿色，晶体较完整，呈自形六方柱状，粒径一般 1～5cm，少数达 10cm 左右，呈矿巢分布于块体石英微斜长石带、石英白云母集合体及石英白云母钠长石集合体中，人工重砂矿物含量最高达 23kg/t。交代期形成的绿柱石呈白色、浅绿色，呈半自形-他形粒状，粒径 0.5～5mm，主要产于细—中粒石英钠长石交代带及中—粗粒石英微斜长石钠长石带、中粒石英白云母钠长石集合体中，人工重砂矿物含量最高达 18kg/t。

钽铌铁矿：以原生期为主，块状、厚板状，粒径 0.5～1cm，次为交代期生成，粒度小，多为 0.1～0.8mm。人工重砂矿物含量 58～209g/t。

（二）稀有元素赋存状态

Be 主要赋存于绿柱石中，部分以类质同象状态分散于白云母、钠长石等矿物的晶格中。据单矿物分析结果计算：Be0 绝对分散值为 0.00565%，相对分散系数为 9.9%。

Nb、Ta 赋存状态有三：其一赋存于钽铌铁矿单体中，其二包裹于锡石、石英、白云母、绿柱石等矿物中，其三以类质同象分散于各种造岩矿物和副矿物的晶格中。据计算，Nb_2O_5 绝对分散值为 0.00743%，相对分散系数为 43.40%；Ta_2O_5 绝对分散值为 0.001897%，相对分散系数为 42.2%。

第五节　No.528 铌钽矿脉地质特征

一、矿床（脉）产出特征

No.528 该矿脉为铌钽矿床（脉），位于甲基卡矿田南段东侧，属于锂（白）云母型伟晶岩脉（V）。构造处于穹窿构造中南段东缘，距二云母花岗岩 2.2km，产于甲基卡矿田东南部边缘石英包段一倒转背斜的东翼，受剪张性裂隙控制。围岩为上三叠统新都桥组下段（T_3xd^1），岩性主要为：红柱石二云母片岩、堇青石化红柱石二云母片岩、黑色电气石红柱石二云母片岩、黑色电气石化角岩、黑色电气石化红柱石角岩。具鳞片变晶结构、变斑晶结构，片状构造。主要变斑晶矿物为红柱石，受退变质作用被绢云母交代呈灰白色。围岩整体向南东倾，倾角变化较大，为 20°～60°。矿脉总体走向近南北，平均倾向为南西，倾角45°。后期白色石英细脉改造（图3-21）。

交代作用发育，以白云母化、钠长石化为主，与矿化关系密切。近脉围岩蚀变绕脉体大致呈圈状分布，从内到外可分为：电气石化带、堇青石化带。近脉蚀变带中 Cs 元素显著富集，本次笔者采集的 6 件样品的分析结果表明，富 Cs 原生晕明显，Cs_2O 含量为 0.024%～0.098%，平均值为 0.051%，达到了 Cs 的工业品位，其中有 3 件样品 Cs_2O 的含量大于 0.060%。

经 404 队 1969 年初步勘探，求获储量：主金属 Nb_2O_5 7.0t，Ta_2O_5 8.4t；伴生有益组分 Li_2O 61.4t，BeO 25.0t，Rb_2O 53.7t，Cs_2O 1.11t，SnO32.4t，为一小型富钽的综合性稀有金属铌钽矿床。虽然该脉规模较小，占矿田铌钽总储量比例不大，但全为富钽矿石，矿床特征具代表性。附近有铌钽脉群存在，采选条件较好，故仍有一定工作价值。

二、矿体（脉）形态及规模

矿体与伟晶岩脉的形状、产状一致，含矿系数达 0.99，基本全脉矿化，矿体为不规则脉体，长 220m，斜深 17～57m，平均厚2.57m。产状变化大，总体走向近南北，倾向西，倾角 41°，长 220m，斜深 17～57m，平均厚 2.57m。

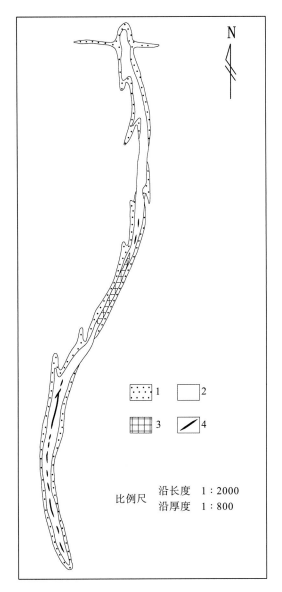

图 3-21 No.528 铌钽矿床(脉)地质略图

(据唐国凡等，1984，修改)

1.细粒钠长石白云母带，2.中粗粒钠长石白云母带，3.中粗粒钠长石锂辉石带，4.块体石英带

三、矿石结构构造

矿脉具对称带状构造，从上、下盘至核心依次出现如下结构(图 3-22)带：①云英岩带(宽 5~10cm)；②细粒石英钠长石白云母带(宽 0~40cm)；③中粗粒石英钠长石白云母带(宽 60~200cm)；④中粗粒石英钠长石锂辉石带(透镜状，宽 60~80cm)；⑤块体石英带

（石英核）（透镜状，宽 20～80cm）。铌钽铁矿等分布较均匀，呈浸染状构造。

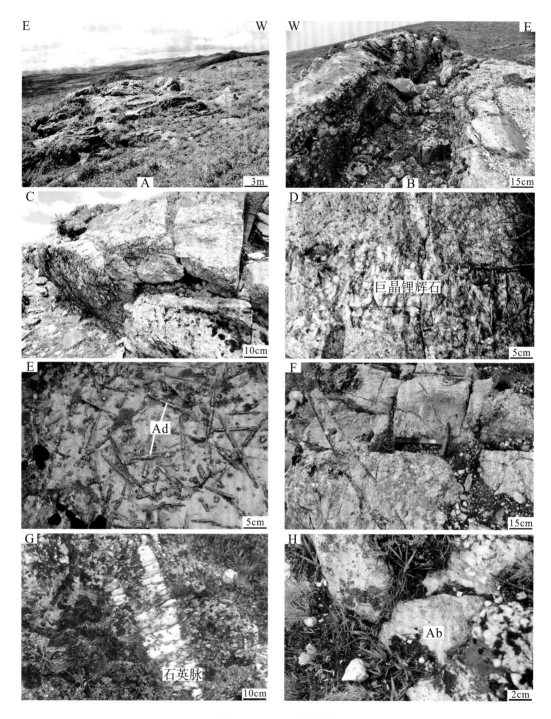

图 3-22　No.528 脉特征

A.No.528 脉远景；B.No.528 脉探槽；C.No.528 脉结构分带；D.No.528 脉旁侧剪张分枝裂隙；E.围岩堇青矿红柱石二云母片岩；F.脉体内分带；G.晚期石英脉充填；H.晚期糖粒状的钠长石集合体；Cord.堇青石；Ad.红柱石；Ab.钠长石

四、矿石类型

No.528 脉属细晶铌钽铁矿矿脉。以富钽的铌钽矿石为主（$Ta_2O_5 > Nb_2O_6$），少量锂铌钽矿石，矿石中铌钽品位较贫，均属贫矿石，钽铌比值高。矿石品位及变化系数如表 3-14 所示。

表 3-14　No.528 脉矿石平均品位*

组分	主金属		伴生组分					品位变化系数	
	Nb_2O_5	Ta_2O_5	Li_2O	BeO	Rb_2O	Cs_2O	Sn	$(Nb、Ta)_2O_5$	Ta_2O_5
含量(%)	0. 0131	0.0158	0.115	0.0472	0.1012	0.0209	0.059	34. 0	56.3

*据唐国凡，1987

五、矿物组成及稀有元素的赋存状态

(一)矿物组成

矿物成分已定出 36 种。

(1)造岩矿物：微斜长石、正长石、钠长石、石英、白云母。

(2)稀有、稀土矿物：铌钽铁矿、锂辉石、绿柱石、腐锂辉石、磷钇矿、锆石、沥青铀矿、钽锡石。

(3)其他金属矿物：磁铁矿、黄铁矿、黄铜矿、方铅矿、闪锌矿、辉铜矿、锡石、褐铁矿、紫磷酸铁锰矿、软锰矿、赤铁矿、钛铁矿、锐钛矿、毒砂。

(4)非金属矿物：黄玉、绿泥石、绿帘石、高岭土、黑电气石、锰铝榴石、磷灰石、榍石、重晶石。

(二)稀有元素的赋存状态

Nb、Ta 赋存状态有三种：其一，赋存于独立矿物铌钽铁矿中，占 60%以上；其二，呈机械混合物赋存于锡石、钠长石、石英、白云母中，偶见于石榴子石、绿柱石中；其三，呈分散状态存在于白云母、锂辉石、钠长石等矿物晶格中。经计算，绝对分散值：Nb_2O_5 为 0.00436%，Ta_2O_5 为 0.00369%；相对分散系数：Nb_2O_5 为 29.1%，Ta_2O_5 为 19.9%。

Be、Li 主要赋存于锂辉石和绿柱石中。Rb、Cs 以类质同象分散于白云母等矿物内。Sn 主要赋存于锡石中。

铌钽铁矿多为富钽、锰的种属。黑色—红褐色，自形、板状晶体，少数为粒状、针状、矛头状等。粒度一般为 0.1～0.5mm。不透明，半金属光泽，多数晶面具纵纹，常带晕色。主要产于各类交代结构中，以中粗粒石英钠长石白云母带中最富集，与长石、石英、白云母共生。铌钽矿化于白云母化、钠长石化关系密切。除脉壁云英岩和石英核外，人工重砂分析成果为：铌钽铁矿 71.5～488.2g/t，锡石 227～1203g/t。

第六节　交代作用与围岩蚀变作用

一、交代作用

甲基卡各类伟晶岩(矿)脉交代作用广泛,种类繁多。矿物间穿插,交代结构是普遍现象。一般说来,交代作用的强弱与伟晶岩类型以及脉动式充填交代作用有关。

块体状的微斜长石伟晶岩带(Ⅰ)交代作用不发育,从微斜长石钠长石伟晶岩带(Ⅱ)开始发育,至钠长伟晶岩带(Ⅲ)和钠长锂辉石伟晶岩带(Ⅳ)至钠长锂(白云母)伟晶岩(Ⅴ型)交代作用不断增强。交代作用强度和种类除与距母岩远近有关系外,与脉动式充填交代作用有关。总的表现,交代作用在时间上,伟晶作用早期阶段不发育,中晚期阶段不断增强,其顺序仍大致符合 K-Na-Li-Cs 的演化。由于上述两方面的原因,稀有元素矿化与交代作用也有一定联系,一般规律是,Li 与中期钠长石化关系密切,Be 与早期的白云母化和钠长石化有关,铌钽铁矿、锡石与晚期交代生成的锂云母常共生。主要交代作用为钠长石化,次为白云母化、锂云母化、云英岩化、腐锂辉石化等,发育带状蠕虫状熔蚀边结构(图 3-23)。其特点分述如下。

1. 钠长石化

钠长石化是各类伟晶岩中一种常见而又重要的交代作用。钠长石化生成时期和形成方式广泛而多样。在时间上,它可以发生在伟晶岩的原生结构带形成开始,直到彻底改造原生结构带的本来面目为止。在空间上,它可以发生在伟晶岩的任何部位。不同世代钠长石化对稀有元素矿化具有不同的特点,稀有元素的富集与钠长石化有密切的成因关系,钠长石化常构成稀有元素矿化的指示体。Be 在矿脉中的矿化富集特点大体与 Li 一致,但更加稳定。

早期钠长石化:以生成中粗粒板状钠长石为特点。主要共生矿物为呈大片叠层状白云母、巨晶状或块体状微斜长石等。如在 No.9、X09 以及 No.104 脉中发育的交代作用。由于钠长石化作用的结果,使早期结晶的微斜长石遭受破坏,微斜长石被钠长石交代后,多余的钾被释放出来,形成细小鳞片状白云母,此种白云母微带浅绿色,沿微斜长石的边缘分布,或呈集合体(图 3-23E)。早期板状钠长石(即钾阶段末期由微斜长石受自交代作用而成的钠长石)与 Li_2O 的富集没有关系,与早期 Be、Sn 矿化关系密切。

中期钠长石化:是钠交代作用主要时期。以生成叶片状钠长石和碎片状白云母为特征,主要共生矿物为细-微晶锂辉石及梳状锂辉石、细粒石英。并形成典型的石英钠长石组合、石英-钠长石-锂辉石组合,由于脉动式充填交代作用,前述组合体穿切交代了早期巨晶状微斜长石和锂辉石,使有的微斜长石的残留体呈团块状分布(图 3-23A、B、C)。

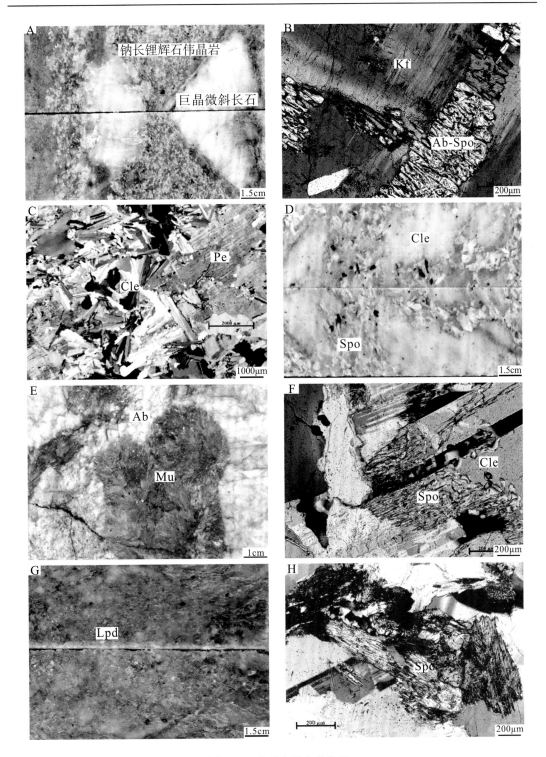

图 3-23　伟晶岩脉交代作用

A.巨晶微斜长石被细晶钠长石锂辉石交代；B.早期微斜长石被钠长石-锂辉石交代；C.早期团块条纹长石被叶片钠长石交代(+)；D.糖粒状钠长石集合体交代微晶锂辉石(+)；E.早期钠长石化形成的鳞片状白云母集合体；F.锂辉石交代叶钠长石形成的蠕虫(+)；G.锂云母化；H.X03脉腐锂辉石(+)

Kf.微斜长石；Ab.钠长石；Spd.锂辉石；Pe.条纹长石；Cle.叶钠长石；Mu.白云母；Lpd.锂云母

在钠长锂辉石伟晶岩中，叶片状钠长石在各带中均有分布，特别是在伟晶岩脉的膨胀地段。叶片状钠长石可能是在微斜长石、粗晶锂辉石晶出之后不久，即从伟晶岩熔体中结晶出来，因为它往往沿微斜长石或锂辉石的边缘分布，或交代它们，是 Na-Li 形成主要阶段，该期钠长石化与脉动-充填交代形成锂矿化以及 Be、Nb、Ta 矿化亦有紧密联系。该期叶钠长石和粒状钠长石与锂辉石的生成有密切的空间时间关系，在石英-钠长石-锂辉石集合体中 Li 显著富集，Li_2O 含量一般为 1.2%～2.6%，而钠长石化比较弱的中粗粒长石石英带和长石石英小块体带中，Li_2O 则降低到 0.5%～0.8%。

晚期钠长石化：是 Na-Li 阶段晚期，系钠交代作用尾声，以生成微晶糖粒状钠长石集合体为特征。乳白色糖粒状钠长石呈细脉或团块等，穿切交代叶片状钠长石和锂辉石、微斜长石等(图3-23D)。这种晚期糖晶状钠长石集合体往往对前期生成的锂辉石起着破坏作用。系钠交代作用尾声，常使 Li 贫化。

2. 白云母化

早期白云母化：发育于早期钾阶段末期，系钾长石(微斜长石、正长石)经融体溶液中水蒸气的水解交代作用而形成。在微斜长石型(Ⅰ)伟晶岩、微斜长石钠长石型(Ⅱ)伟晶岩中发育较普遍，且主要分布于块体微斜长石带、中-粗粒石英微斜长石带、石英微斜长石钠长石带及石英白云母集合体中。生成大片叠层状白云母、粗晶黑电气石、厚板状铌钽铁矿及粗晶绿柱石等。显然，该期白云母化与早期 Be、Nb 矿化关系密切。

中期白云母化：形成于中期钠长石化过程中，系富钠、富水蒸气的碱性溶液交代钾长石而产生。生成细片状白云母，与叶片状钠长石、微晶-细晶-梳状锂辉石共生并交代叶钠长石；该期白云母化多发育于钠长石型(Ⅲ)和钠长石锂辉石型(Ⅳ)伟晶岩的钠长石组合中，以生成浅绿色、白色碎片状及细片状白云母为特征。

晚期白云母化：发生于晚期钾阶段主要发育于钠长石锂云母型(Ⅴ)伟晶岩中。生成鳞片状白云母或含锂白云母，在其共生的矿物组合中，铌钽铁矿较富集，常形成重要的铌、钽矿体。该期白云母化为Ⅴ类型伟晶岩主要的交代类型。

3. 锂云母化

锂云母化生成时期大致相当或稍晚于晚期钾阶段。锂云母化多沿伟晶岩边缘带及早成矿物晶隙间进行，生成星散状、巢状锂云母(图 3-23G)。该期交代作用促进了 Li 的进一步富集，并对 Be、Nb、Ta、Cs、Sn 矿化有重要成因联系。

4. 云英岩化

云英岩化发育于各类伟晶岩作用末期，在各类伟晶岩脉壁、裂隙及围岩捕掳体附近发育。主要生成云英岩脉壁带，云英岩脉(较少见)，在脉的内部有时也可以见到(图3-24A、B)。伴随有晚期 Be、Sn、Nb、Ta 矿化，但对 Li 具有明显的贫化作用。这可能是 HF、Cl_2、H_2O 等挥发分组分向围岩扩散，与围岩成分发生作用的结果。

5. 腐锂辉石化

在早期形成的锂辉石边缘,被晚成矿物溶蚀,使其晶体边缘成锯齿状,形成熔边结构。如锂辉石单晶被钠长石、电气石、白云母、石英强烈熔蚀或交代,使其晶体分割成岛屿状,形成残余结构(图 3-23F)。当伟晶期后的热液蚀变作用强烈时,锂辉石被绢云母、绿泥石等交代使锂流失而保存锂辉石假晶,即生成腐锂辉石(图 3-23H)。此时锂辉石即失去工业意义。

二、近脉围岩蚀变特征

(一)近脉围岩蚀变类型

甲基卡矿田中除二云母花岗岩株外,凡伟晶岩脉周缘的围岩普遍遭受了近脉接触变质及汽热变质,由内到外形成了电气石化带和堇青石化带。这些接触变质带切割红柱石十字石型动热变质带,系同构造晚期阶段汽热接触变质作用的产物。它们不仅宏观标志明显,野外易于识别,具找矿意义,而且接触变质蚀变带的角岩稀有金属元素含量较高,一些元素如 Li、Cs 的含量已达到工业品位。

通过地表调查和钻探验证,围岩蚀变类型主要有电气石化和堇青石化(图 3-24、图 3-25、图 3-26)。变质带的宽窄,主要与伟晶岩脉的规模大小和产状有关。

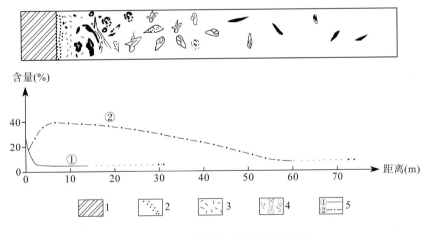

图 3-24　近脉围岩蚀变带特征示意图

(据唐国凡,1984,修改)

1.伟晶岩脉;2.云英岩化带;3.电气石化带;4.堇青石化带;5.蚀变带强度变化曲线;①.电气石,②.堇青石

1. 电气石化带

电气石化带紧靠伟晶岩脉体的云英岩带分布,对岩性也有一定选择性,泥质岩较砂质岩电气石化强烈,形成了电气石化角岩,宽一般为 0.5~2m,最宽约 15m。岩石重结晶明显,以电气石为主,次有黑云母(部分新生黑云母切穿片理)化,有时见微量黄铁矿

等金属矿物生成，红柱石，十字石等矿物被交代改造而消失。交代作用越近脉越强。

另外，岩石薄片观察表明，在含矿伟晶岩中，发育细小的蓝色电气石，是判断伟晶岩含矿性的重要标志之一。

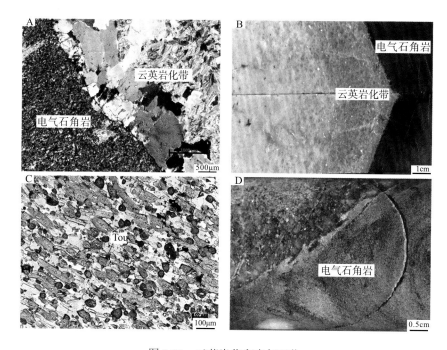

图3-25　云英岩化和电气石化

A.外接触带的电气石带和脉边缘的云英岩带显微特征(+)；B. 云英岩带和电气石带(ZK105 岩心)；C.电气石角岩(显微镜下呈柱状结构电气石定向排列)(+)；D.电气石带和云英岩带；Tou.电气石

2. 董青石化带

董青石化带分布于电气石化带外侧，除中低温石英脉外，是各类伟晶岩脉最发育的典型接触变质带，形成了含董青石的角岩、董青石化十字石二云母片岩、董青石化十字石红柱石二云母片岩、董青石化红柱石二云母片岩等，与电气石化角岩带界线较清晰。董青石化带宽度与脉体的规模和产状有关，一般为3～60m。

同一类型脉体岩，接触面产状越缓，所形成的董青石带越宽，反之产状越陡董青石带越窄；陡倾的伟晶岩脉两侧对称性好；围岩中随远离脉体的距离，接触带董青石由大逐渐变小，由密逐渐变稀；Ⅰ、Ⅱ类型伟晶岩(包括铍矿脉)，董青石个体较大一般为 10cm×4cm，以束状、连晶状为特征；Ⅲ、Ⅳ类型伟晶岩(包括锂矿脉)，董青石个体较小，一般为 5cm×1cm，以菱形、六边形为主。X03 和 No.134 脉锂辉石伟晶岩脉董青石化带宽度平均为平均为 6.5～10m，最宽达到35m。说明自脉体向外，热力梯度的递降有关。

(二)围岩蚀变带矿物组成及化学组成

本次研究外对围岩蚀变带中的主要变质矿物电气石、董青石，以及金红石、钛铁矿等采用电子探针（EMPA）、LA-ICP-MS 等方法，分析其主量、微量元素组成，以在一定程度上揭示接触蚀变带中，稀有元素的赋存状态以及稀有元素富集原因。

1. 电气石

电气石矿物学特点，颜色多呈黑色、棕黑色，晶体多呈半自形-自形的微晶柱状、针状柱粒状晶体，晶体长 1～4mm，个别达 10mm，直径 0.1～0.2mm。另外，岩石薄片观察表明，显微镜下电气石呈棕褐色，具有多色性和正延性。矿物组成简单，一般电气石含量达到 60%～80%，棕色黑云母 25%～15%，石英 5%。发育片理化构造，似微晶状黑云母电气石片岩（图 3-25C）。

根据 X03 脉围岩蚀变带中，电气石化学成分分析结果（表 3-15）表明，B_2O_3 含量为 12.26%～12.46%，FeO 为 9.03%～10.12%，MgO 为 2.70%～3.04%，MgO/FeO 比值为 0.27～0.32，（Fe+Mg）/Mg 为 2.74～3.10。表明电气石中富铁，属于富铁电气石系列（图 3-26）。

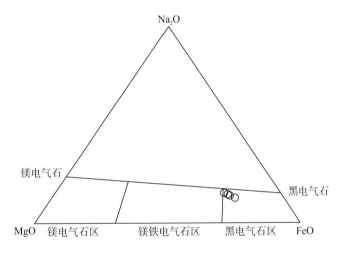

图 3-26　接触蚀变带电气石的 Na_2O-MgO-FeO 图解

电气石中稀有元素 Li 含量为 577×10^{-6}～1170×10^{-6}，Li_2O 为 0.1242%～0.2519%），平均值为 839×10^{-6}（Li_2O 0.180%），这与 X03 矿脉钻孔中围岩接触带电气石角岩 Li_2O 含量普遍较高，0.22%～1.07%，平均 0.37%，部分已达到工业品位的结论一致。电子探针分析表明，Li 元素除了主要赋存于电气石以外，还可能赋存在于接触变质形成的黑云母中。

Li 元素化学性质极为活泼，形成蚀变晕的过程中主要是通过渗透作用和交代作用两种方式。围岩蚀变带的形成可能是由于伟晶岩的热量传递给围岩造成的，但更大一部分有可能是伟晶岩内部热液与围岩发生交代作用形成的。

其他稀有元素 Be 含量 3.44×10^{-6}～5.80×10^{-6}，平均 4.68×10^{-6}；Nb 含量 0.32×10^{-6}～0.48×10^{-6}，平均 0.40×10^{-6}；Ta 含量 0.39×10^{-6}～0.69×10^{-6}，平均 0.52×10^{-6}；Rb 含量最高为 0.150×10^{-6}；Cs 含量最高为 0.036×10^{-6}。

表 3-15　X03 脉接触带电气石化学成分分析结果表

样号	ZK204-b18-1	ZK204-b18-2	ZK204-b18-3	ZK204-b18-4	样号	ZK204-b18-1	ZK204-b18-2	ZK204-b18-3	ZK204-b18-4
矿物	电气石	电气石	电气石	电气石	矿物	电气石	电气石	电气石	电气石
SiO_2	38.93	38.67	38.22	38.04	Li	1170	625	577	983
Al_2O_3	32.48	32.25	33.13	32.76	Be	5.1	5.8	4.38	3.44
Na_2O	2.18	2.05	1.9	2.24	Nb	0.38	0.32	0.4	0.48
MgO	2.92	2.95	2.7	3.04	Ta	0.45	0.39	0.57	0.69
K_2O	0.029	0.026	0.024	0.029	Zr	0.029	0.33	0.12	10.2
CaO	0.17	0.11	0.077	0.11	Hf	—	—	0.048	0.25
FeO	9.03	9.92	10.12	9.5	Rb	0.15	0.055	—	—
TiO_2	0.73	0.53	0.39	0.73	Cs	—	0.036	0.033	—
P_2O_5	0.051	0.048	0.052	0.05	MgO/FeO	0.32	0.30	0.27	0.32
MnO	0.4	0.28	0.27	0.31	FeO/(FeO+MgO)	0.76	0.77	0.79	0.76
B_2O_3	12.26	12.46	12.4	12.41	$Na_2O/(Na_2O+CaO)$	0.93	0.95	0.96	0.95

注：测试单位为中国地质科学院电子探针(JXA-8230)、LA-ICP-MS 等方法

2. 董青石

　　董青石化带中，董青石含量为 5%～25%。一般呈浅黄褐至灰绿色，晶体形态以束状、连晶状、竹叶状、斜方六边形等变斑晶为主，因含较多的其他矿物包体而呈筛状变晶结构。矿物个体较大，一般长 1～5cm，最大可至 20 cm 以上。在风化面上呈结核状突起，形似"疙瘩"(图 3-27A、B)。常见到交代十字石、红柱石及石榴子石等早期动热变质矿物(图 3-27C)。在显微镜下光性为一级灰白干涉色，二轴晶负光性，负延性。后期常为绿泥石、白云母、黑云母，少数为滑石、绢云母等片状矿物所交代，并形成鳞片状集合体(图 3-27D)，董青石形态、大小、蚀变等特征有如前述随脉类型及距脉体远近变化的特点。

　　董青石中稀有金属 Cs_2O 含量变化较大(表 3-16)，在 0.007%～0.031%，平均为 0.021%，低于接触蚀变岩石中的含量(Cs_2O 0.008%～0.212%，平均值 0.052%)，因此在蚀变岩石中有一定数量 Cs 元素赋存于董青石之中。

　　接触蚀变带中的董青石、钛铁矿、金红石中，Cs 元素的平均含量分别为 0.021%、0.058%、2.796%。钛铁矿、金红石中的 Cs_2O 的含量虽高于或远高于蚀变岩石的平均含量，但由于其在岩石中含量极低，并不足以引起蚀变岩石中显著富集 Cs。值得注意的是，围岩蚀变带 Cs 元素分布的地质及含量特征，与蚀变岩型铯云母岩矿床极其相似。X03 号稀有金属矿床的电气石化、董青石化蚀变带中，均含有一定数量的新生黑云母，但本次研究未能获得黑云母矿物中稀有元素分析成果。自然界中铯独立矿物较为稀少，至今为止不足 10 种，最常见的有铯沸石、南平石、铯绿柱石和氟硼钾石等，绝大多数分散存在于其他矿物中。文献报道的含铯较高的云母类矿物中主要有南平石(Cs_2O=25.29%)(杨岳清等，1988)、富铯锂云母(Cs_2O=1.37%)(郑秀中等，1982)、铯黑云母(Cs_2O=5.97%)(Ginzhurg et al.，1972)富铷铯金云母(Cs_2O=6.60%)(Hawthorne et al.，1999)，除南平石为独立矿物外，其他均以类质同象形式存在。因此，可以推测 X03 号稀有金属矿床接触蚀变带中的黑云母很可能是富含铯的铯云母。

表 3-16 蚀变带中董青石、钛铁矿、金红石化学成分分析表 (单位：%)

样号	102-1 -Q2-2	102-2 -Q1-2	102-3 -Q2-1	528-1	105-2	105-3	102-4
矿物	董青石	董青石	董青石	钛铁矿	钛铁矿	钛铁矿	金红石
SiO_2	35.86	35.86	35.71	0.054	0.064	0.093	0.121
Al_2O_3	32.33	33.11	31.69	0.034	0.036	0.023	0.088
Na_2O	2.04	1.78	2.02	0.011	0.025	bdl	0.044
MgO	5.01	5.26	4.95	0.009	0.026	0.006	bdl
K_2O	0.02	0.02	0.03	0.08	0.05	0.052	bdl
CaO	0.36	0.32	0.39	bdl	bdl	bdl	0.032
FeO	9.61	7.33	9.22	40.17	43.84	43.65	1.33
TiO_2	0.45	0.32	0.48	52.17	52.34	51.11	91.24
P_2O_5				0.015	0.005	bdl	bdl
MnO	0.05	0.01	0.04	4.67	3.9	4.31	0.01
Rb_2O				bdl	bdl	0.006	0.005
Cs_2O	0.031	0.024	0.007	0.041	0.03	0.104	2.796
Nb_2O_5				bdl	0.075	0.045	0.333
Ta_2O_5	0.037	0.026	—	bdl	0.01	0.006	1.909
总量				97.3	100.4	99.4	97.9

注： 测试单位为中国地质科学院电子探针(JXA-8230)、LA-ICP-MS 等方法

图 3-27 董青石特征

A.疙瘩状董青石；B.竹叶状董青石；C.董青石交代十字石；D.董青石显微镜下特征(+)；Cord.董青石；St.十字石；Ad.红柱石

3. 钛铁矿

钛铁矿的电子探针分析结果(表 3-16)表明，钛铁矿中 Cs_2O 含量较高，为 0.030%～0.104%，平均值为 0.058%，略高于接触蚀变岩石中的 Cs_2O 的平均含量 0.433%，其他稀有元素含量较低。说明有一定数量的 Cs 元素赋存于钛铁矿之中。

4. 金红石

金红石的电子探针分析结果(表 3-16)表明，金红石中含有很高的 Cs_2O，其含量为 2.796%，远高于接触蚀变岩石中的 Cs_2O 的平均含量 0.433%。这表明接触蚀变岩石中有一定数量的 Cs 元素赋存于金红石之中。Nb_2O_5、Ta_2O_5 也有较高的含量，分别为 0.333%、1.909%。

上述蚀变带电气石、堇青石以及金红石、钛铁矿矿物中稀有元素 Li、Cs 等稀有含量的分析，为探讨它们的赋存状态提供了基础，在今后的评价工作中也应该引起高度重视，同时这也是寻找花岗伟晶岩型稀有金属矿床的一个重要的地球化学标志之一。

第四章　地球化学特征

第一节　花岗侵入体地球化学特征

一、岩石地球化学特征

本次研究对甲基卡、长征、容须卡三处岩体分别进行了采样分析，分析结果见表4-1。

表 4-1　甲基卡、长征、容须卡岩体分析结果表及特征值

岩石类型	甲基卡岩体	长征岩体	容须卡岩体		甲基卡岩体	长征岩体	容须卡岩体		甲基卡岩体	长征岩体	容须卡岩体
	(6)	(2)	(3)		(6)	(2)	(3)		(6)	(2)	(3)
SiO_2	73.22	73.96	66.94	La	7.32	12.20	25.37	Li	320.00	113.85	66.30
TiO_2	0.06	0.10	0.44	Ce	12.96	20.10	43.70	Rb	357.67	299.50	102.50
Al_2O_3	14.93	14.66	16.16	Pr	1.69	2.83	5.55	Cs	78.22	13.75	6.23
Fe_2O_3	0.21	0.15	0.52	Nd	7.80	15.50	30.10	Be	22.75	7.25	2.45
FeO	0.72	0.82	3.57	Sm	1.80	2.98	4.12	Nb	14.82	12.55	10.11
MnO	0.04	0.04	0.09	Eu	0.29	0.37	1.08	Ta	4.91	3.32	1.30
MgO	0.25	0.22	1.49	Gd	1.90	3.09	3.45	Zr	28.47	35.90	158.00
CaO	0.77	0.79	3.87	Tb	0.32	0.47	0.39	Hf	1.63	2.40	4.60
Na_2O	3.47	3.06	2.87	Dy	1.51	2.56	2.60	W	198.80	132.65	138.67
K_2O	4.76	5.05	2.55	Ho	0.20	0.41	0.51	Sn	28.23	14.40	3.92
P_2O_5	0.26	0.19	0.13	Er	0.42	1.02	1.56	Sr	29.00	46.75	254.67
H_2O^+	0.68	0.72	0.77	Tm	0.05	0.13	0.22	Ba	46.03	191.00	719.00
F	0.06	0.05	0.04	Yb	0.27	0.76	1.47	Th	4.02	8.21	12.83
CO_2	0.17	0.75	0.38	Lu	0.02	0.11	0.23	Cr	4.05	4.07	18.94
烧失量	0.83	0.82	0.67	Y	4.67	7.46	8.85	Ni	1.89	1.53	7.77
Total	100.41	101.33	100.49	ΣREE	36.54	62.49	120.33	Sc	1.99	2.74	10.66
DI	92.10	90.52	68.94	LREE	31.86	53.98	109.91	K/Rb	112.16	139.99	223.25
SI	2.62	2.36	12.82	HREE	4.68	8.52	10.42	Sr/Rb	0.08	0.16	2.46
AR	2.59	2.32	1.76	LR/HR	6.78	6.34	11.32	Ba/Rb	0.09	0.64	8.12
FL	91.58	91.11	58.59	La_N/Yb_N	19.31	11.66	13.91	Zr/Hf	17.39	15.15	34.00
MF	79.14	81.32	75.40	δEu	0.51	0.37	0.86	Nb/Ta	3.72	3.78	7.82
OX	0.54	0.54	0.63	δCe	0.86	0.81	0.87	Th/U	1.11	1.99	9.25
A/CNK	1.22	1.23	1.11	Na_2O+K_2O	8.23	8.11	5.41	Y/Yb	16.88	9.88	6.06
σ	2.25	2.13	1.22	Na_2O/K_2O	0.73	0.61	1.13	Ti/Zr	18.85	22.67	22.38
液度				CaO/K_2O	0.16	0.16	1.51	Y/Ho	22.53	18.19	17.35

注：分析单位为中国地质科学院国家地质实验测试中心。主量元素采用 X 射线荧光光谱仪，微量及稀土元素采用 ICP-MS 分析(PE300D)。

主量元素(%)，微量和稀有元素（$\times 10^{-6}$）

（一）主量元素特征

1. 甲基卡岩体

甲基卡岩体中二云母花岗岩 SiO_2 含量为 71.13%～74.53%，Al_2O_3 含量为 14.69%～15.46%，铝饱和指数（A/CNK）平均值为 1.22，为铝过饱和类型。Na_2O/K_2O 平均 0.73，钙含量低，显示富钾低钙特征，里特曼指数（σ）平均为 2.25，为中等钙碱性系列，岩石系列 SiO_2-AR 图解上属于钙碱性-碱性岩体（图 4-1）。在 TAS 分类图上甲基卡岩体落入花岗岩中（图 4-2）。

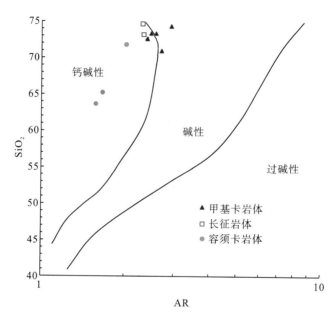

图 4-1　岩石系列 SiO_2-AR 图解

（据 Wright，1969）

2. 长征岩体

长征二云母花岗岩 SiO_2 含量为 73.35%～74.56%，Al_2O_3 含量为 14.52%～14.79%，铝饱和指数（A/CNK）平均值为 1.23，为铝过饱和类型。Na_2O/K_2O 平均 0.61，钙含量低，显示富钾低钙特征。里特曼指数（σ）平均 2.13，为中等钙碱性系列，SiO_2-AR 图解上属于钙碱性岩体（图 4-1），TAS 分类图上落入花岗岩范畴（图 4-2）。

3. 容须卡岩体

容须卡花岗闪长岩 SiO_2 含量为 63.83%～71.85%，Al_2O_3 含量为 15.07%～17.03%，铝饱和指数（A/CNK）平均值为 1.11，为铝过饱和类型。Na_2O/K_2O 平均 1.13，CaO 含量 3.85%，显示贫钾富钠富钙特征。里特曼指数（σ）平均 1.22，为强钙碱性系列，岩石系列 SiO_2-AR 图解上属于钙碱性岩体（图 4-1），TAS 分类图上属于花岗闪长岩类（图 4-2）。

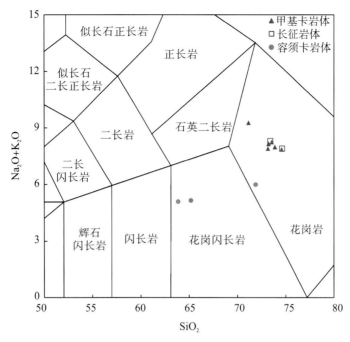

图 4-2　SiO_2-Na_2O+K_2O 花岗岩类 TAS 分类图

（据 Middlest，1994）

因此从主量元素看，甲基卡、容须卡、长征三处岩体均为钙碱性铝过饱和 S 型花岗岩。容须卡岩体—长征岩体—甲基卡岩体的 Na_2O+K_2O、P_2O_5 和里特曼指数、碱度 AR、长英指数依次增大，说明三者之间存在成因上的联系，符合岩浆岩逐渐从花岗闪长岩—二长花岗岩—二云母花岗岩正向演化，分异碱度降低，酸度增高的规律。但是三者又呈现明显差异，表现在甲基卡和长征二云母花岗岩特征值非常接近，而容须卡岩体特征值与前二者有明显差异。主量元素 SiO、FeO、MgO、CaO、K_2O 含量和特征值如分异指数 DI、固结指数 SI、长英指数 FL、里特曼指数 σ 等均呈现较大的变化（表4-1），说明容须卡花岗闪长岩可能具有不同的物源性质，甲基卡岩体和长征岩体物源可能接近。

（二）稀有和微量元素特征

从稀有和微量元素含量上看，从容须卡花岗闪长岩—长征和甲基卡二云母花岗岩，稀有元素 Cs、Rb、Nb、Ta、Li、Be 和微量元素 W、Sn 含量出现规律性的依次增加，而 Sr、Ba、Zr、Hf、Sc、Th、Cr、Ni 含量出现依次减小；从微量元素比值看，从容须卡花岗闪长岩—长征二云母花岗岩—甲基卡二云母花岗岩 K/Rb、Sr/Rb、Ba/Rb、Nb/Ta、Th/U、Y/Yb、Y/Ho 均依次减少（表 4-1）。但是从容须卡花岗闪长岩到后二者之间微量元素或比值往往呈跳跃性的减少，而长征和甲基卡二云母花岗岩之间变化幅度要小得多。这些特征表明，从花岗闪长岩—二云母花岗岩岩浆分异程度是依次增加的（邱家骧，1985；赵振华，1997），但是容须卡花岗闪长岩—二云母花岗岩微量元素跳跃性的变化又说明它们之间可能并非连续熔融结晶分异形成。

由微量元素平均地壳标准化蛛网图(图4-3)可以看出,甲基卡和长征二云母花岗岩具有几乎完全类似的特征,大离子亲石元素 Ba、Sr 和高场强元素 Zr、Ti、Tm、Yb 相对强烈亏损,而 Rb、U、K、P、Sm、Tb 相对强烈富集,标准化曲线总体呈剧烈震荡的 W 型,这些特征与碰撞型花岗岩微量元素特征是一致的。

容须卡花岗闪长岩微量元素含量接近于平均地壳的含量,标准化曲线也平缓得多,微量元素相对富集和亏损有别于甲基卡和长征岩体,Rb、Th、Nd、Tb 相对富集,Ba、Sr、Y 相对亏损,说明其与前二者物源可能有一定的差异,或者甲基卡和长征岩体成岩过程中受到较强的交代蚀变热液作用的影响,而容须卡岩体受影响较小。

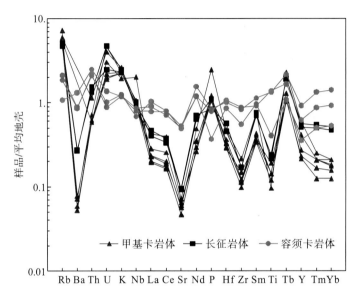

图 4-3　花岗岩微量元素平均地壳标准化蛛网图

(三)稀土元素

容须卡花岗闪长岩、长征和甲基卡二云母花岗岩稀土总量分别平均为 109.91×10^{-6},53.98×10^{-6},31.86×10^{-6},均具有富集轻稀土特征。稀土元素球粒陨石标准化模式图(图4-4)中可以明显看出甲基卡、长征二云母花岗岩、容须卡花岗闪长岩中轻稀土趋势线是逐渐变缓,稀土曲线逐渐上移。说明随着岩浆演化,稀土含量逐渐减少。甲基卡和长征二云母花岗岩 δEu 平均为 0.51、0.37,具有强负铕异常特征;δCe 平均为 0.86、0.81,均具有不明显的弱负铕异常。容须卡花岗闪长岩 δEu 为 0.74~0.98,平均 0.86,为弱负铕异常和正常铕特征,δCe 平均为 0.87,为不明显的弱异常。

二、岩浆岩成因与构造环境

1.甲基卡和长征岩体成因和构造环境

(1)物源性质:从主量、微量、稀土元素特征可以看出,甲基卡岩体和长征岩体具有

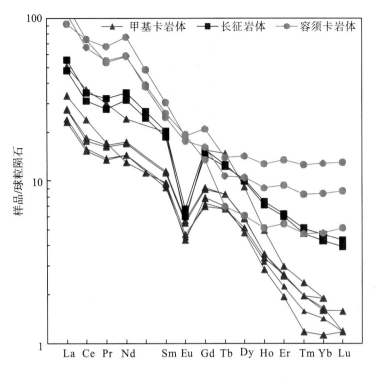

图 4-4　花岗岩稀土元素球粒陨石标准化模式图

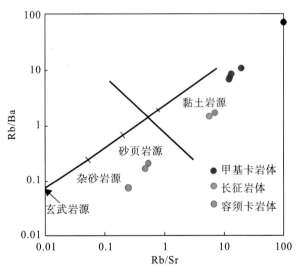

图 4-5　花岗岩 Rb/Sr-Rb/Ba 图解

（据 Akther et al，2000）

非常类似的特征，均为钙碱性强过铝质花岗岩。强过铝质花岗岩的源区有多种可能，但主要是源区地壳中的碎屑沉积岩类（如泥质岩、砂屑岩和杂砂岩）和变质沉积岩。泥岩生成的花岗岩 CaO/Na_2O 一般小于 0.3，砂屑岩、基性岩生成的过铝质花岗岩 CaO/Na_2O 一般大于 0.3（Sylvester，1998）。甲基卡和长征岩体的 CaO/Na_2O 比值 0.17～0.30，具有泥质岩源区特征，容须卡花岗闪长岩 CaO/Na₂O 比值 0.8～1.88，具有砂岩源区或基性岩区特征。在花岗岩 Rb/Sr-Rb/Ba 图解中（Akther et al，2000）（图 4-5），甲基卡长征样品均投在变质泥岩和砂岩区域附近。微量元素标准化图上（图 4-3），Zr、Hf 亏损，稀土含量很低，具有浅源 Li-F 花岗岩特征（王联魁等，2000）。

由此可以推测，甲基卡和长征花岗岩体可能来源于西康群泥岩、砂岩部分熔融而成，为松潘-甘孜造山带印支末期大规模滑脱-推覆造山阶段，地壳不断加厚和局部熔融的产物。

（2）成因系列：花岗岩从物源角度可以划分为 I、S、A 和 M 型，一般可从岩石组合、矿物组合、岩石化学、氧逸度、铝饱和指数、CIPW 刚玉分子等方面进行判别。甲基卡稀有金属矿田甲基卡、长征岩石组合以二云母花岗岩为主，很少与其他火山岩伴生，主要与稀有金属矿化相关，暗色矿物组合以白云母和黑云母为主，副矿物主要为锂辉石、电气石、石榴子石、金红石等富铝矿物；岩石富钾、低钙，SiO₂ 平均含量均在65% 以上，均具有负 Eu 异常，富含氧逸度较低特征矿物钛铁矿，铝饱和指数均大于1.1，Sr 初始比值 a=0.7088（±0.0011）（唐国凡，1984），CIPW 刚玉分子均在 2 以上，这些特征均表明它们为典型的 S 型花岗岩。花岗岩 Zr-TiO₂ 成因判别图上（图 4-6），甲基卡和长征岩体均落入 S 型花岗岩区域。

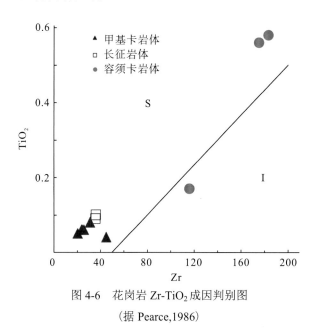

图 4-6　花岗岩 Zr-TiO₂ 成因判别图

（据 Pearce,1986）

（3）构造环境：花岗岩 Rb-Y+Nb（图 4-7）（Pearce，1996）和 Ta-Yb 构造环境判别图（Pearce,1984）（图 4-8）上，甲基卡和长征岩体均落入后碰撞的同碰撞造山环境，因此甲基卡长征花岗岩系列为钙碱性强过铝质 S 型花岗岩，源于壳源物质，二者可能为同源岩浆岩结晶分异作用结果。

其在矿物学和地球化学上又与甲基卡和长征岩体有所区别，CaO 和 Sr 含量较高，$Na_2O>K_2O$，Eu 异常不明显，同时富含黑云母，并有少量角闪石，因此兼具 I 型和 S 型花岗岩双重特征。从其岩性组合看，目前还没有发现伴生中-酸性火山岩的报道，这与 I 型花岗岩不符，而与 S 型花岗岩的岩石组合相同，但是可能有中基性火山岩源岩的混入。在花岗岩 Rb-Y+Nb（图 4-7）和 Ta-Yb 构造环境判别图（图 4-8）上，容须卡岩体落入同碰撞环境和火山弧环境相邻区域。我们认为容须卡花岗闪长岩形成时应该受到了原岛弧型火山岩的混染，其物源兼具岛弧火山岩和壳源砂泥质岩石的特征。

对于过铝质花岗岩，Barbarin（1996）有过比较详细的论述。他认为过铝质花岗岩可以划分为两类：一种是相对贫黑云母，富含白云母、石榴子石、电气石的二长花岗岩和淡色花岗岩（MPGS），包体比较少；另一种是富黑云母、堇青石、石榴子石和次生白云母的花岗闪长岩和二长花岗岩（CPGS），富含包体。MPGS 岩体总是产生在强烈剪切带附近，因此常常具有较强的岩石变形。显然，甲基卡和长征岩体的岩石学和矿物学特征均符合 MPGS 型淡色花岗岩特征，而容须卡花岗闪长岩更接近于 CPGS 花岗岩特征。

3. 岩浆岩演化

如前所述，虽然容须卡花岗闪长岩和甲基卡、长征岩体在主量、微量、稀土元素特征有依次变化特点，说明从容须卡花岗闪长岩—长征和甲基卡二云母花岗岩岩浆演化具有分异增加的特点，但是容须卡花岗岩和甲基卡、长征岩体之间地球化学变化往往是突变性的，并不符合岩浆逐步结晶分异的模式。一般认为，残余岩浆熔融的 P_2O_5、MgO 等成分是逐渐变异的，在 $SiO_2-P_2O_5-MgO$ 协变图上呈直线关系。从图 4-9 上看容须卡和甲基卡、长征岩体之间并无逐渐变异的熔融关系。因此甲基卡和长征岩体不大可能为容须卡花岗闪长岩残余岩浆演化而成，推断二者应该具有不同成因和演化过程。

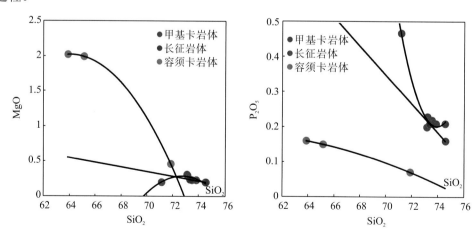

图 4-9　甲基卡、长征、容须卡岩体 $SiO_2-P_2O_5-MgO$ 协变图

含白云母的淡色花岗岩和二长花岗岩主要产于受大的地壳剪切或仰冲构造影响的造山带。在造山碰撞事件中，地壳的增厚使得沉积或火成的地壳岩石接近它们的熔融温

度。在碰撞事件中，地壳的增厚使得沉积或火成的地壳岩石接近它们的熔融温度。热或水的增加，诱发了部分熔融作用。热可以由底侵或注入到地壳中的幔源岩浆提供。

因此甲基卡、长征岩体、容须卡岩体可能是统一构造环境下碰撞造山的产物，但是源区性质可能有所差异。容须卡花岗闪长岩物源可能具有幔源物质参与，岩浆热源导致壳源的砂泥岩和基性岩部分熔融形成富含黑云母的 CPGS 花岗岩；甲基卡和长征岩体为主要受碰撞期大规模的地壳剪切构造影响使壳源的砂泥岩产生部分熔融形成 MPGS 花岗岩，没有幔源物质的参与。

那么，甲基卡和长征二云母花岗岩二者具有非常接近或类似的主量、微量、稀土元素组成，我们认为可能二者均来自壳源砂泥质的部分熔融。

第二节 伟晶岩的地球化学特征

一、不同类型伟晶岩地球化学特征

(一)主量元素特征

甲基卡稀有金属矿田不同类型伟晶岩主量元素统计结果及相关参数见表 4-2。

表 4-2 不同类型伟晶岩平均化学成分及特征指数表（主量元素%，微量元素 ×10^{-6}）

类型	I	II-1	II-2	III	IV	V	类型	I	II-1	II-2	III	IV	V
SiO$_2$	73.88	76.31	74.46	74.20	75.05	63.78	Li	75.00	261.00	69.45	471.50	10413.64	191.00
TiO$_2$	0.01	0.01	0.01	0.01	0.01	0.01	Rb	1860.00	305.00	143.50	819.00	622.08	1612.00
Al$_2$O$_3$	13.91	13.82	15.32	15.68	15.99	23.76	Cs	138.00	23.80	26.80	110.28	69.82	416.00
Fe$_2$O$_3$	0.31	0.43	0.07	0.06	0.14	0.03	Be	34.40	148.00	226.00	125.85	163.72	31.50
FeO	0.56	0.51	0.48	0.33	0.30	0.22	Nb	28.20	49.60	135.50	69.93	67.14	180.00
MnO	0.06	0.05	0.19	0.06	0.23	0.05	Ta	7.11	26.20	50.70	56.38	32.25	79.90
MgO	0.16	0.10	0.08	0.09	0.09	0.08	Zr	0.00	10.40	15.10	17.01	15.07	45.70
CaO	0.74	0.45	0.35	0.22	0.21	0.17	Hf	0.00	1.45	2.65	3.31	3.03	14.70
Na$_2$O	2.89	5.60	7.67	6.14	3.06	6.87	W	132.00	294.00	246.00	289.75	370.66	91.60
K$_2$O	6.77	1.17	0.65	2.06	1.66	3.45	Sn	28.00	39.80	29.05	79.70	322.84	256.00
P$_2$O$_5$	0.11	0.23	0.18	0.15	0.15	0.11	Sr	15.80	3.09	3.10	6.13	8.57	3.67
H$_2$O$^+$	0.00	0.53	0.40	0.58	0.51	1.68	Ba	44.00	4.82	2.92	4.04	115.70	6.29
F	0.00	0.07	0.02	0.04	0.06	0.12	Th	0.00	1.07	1.22	2.10	0.74	2.39
CO$_2$	0.00	0.22	0.16	0.28	0.08	0.41	Cr	7.30	6.42	1.72	2.33	1.11	1.13
烧失量	0.00	0.70	0.49	0.76	0.55	1.69	Ni	1.70	0.80	0.51	0.81	4.78	1.07
Total	99.40	100.20	100.49	100.64	98.08	102.43	Sc	0.00	0.33	0.38	0.62	1.70	0.46
La	0.10	0.89	0.91	1.02	2.66	0.11	U	0.58	2.38	5.93	5.27	7.73	3.83
Ce	2.64	1.36	1.43	1.41	3.01	0.19	K/Rb	30.20	31.83	140.51	20.82	22.06	17.76

续表

类型	I	II-1	II-2	III	IV	V	类型	I	II-1	II-2	III	IV	V
Pr	0.16	0.16	0.16	0.20	0.57	0.02	Rb/Sr	117.72	98.71	46.29	133.55	72.56	439.24
Nd	1.06	0.62	0.63	1.03	2.11	0.07	Ba/Rb	0.02	0.02	0.02	0.00	0.19	0.00
Sm	0.17	0.17	0.19	0.25	0.34	0.02	Ba/Sr	2.78	1.56	0.94	0.66	13.50	1.71
Eu	0.12	0.01	0.01	0.01	0.08	0.00	Zr/Hf		7.17	5.71	5.14	4.97	3.11
Gd	0.14	0.19	0.25	0.33	0.25	0.01	Nb/Ta	3.97	1.89	2.67	1.24	2.08	2.25
Tb	0.02	0.04	0.07	0.07	0.04	0.00	Th/U	0.00	0.45	0.21	0.40	0.10	0.62
Dy	0.08	0.19	0.38	0.66	0.22	0.01	Cs/Rb	0.07	0.08	0.19	0.13	0.11	0.26
Ho	0.02	0.02	0.05	0.08	0.04	0.00	Ho/Y	0.19	0.04	0.04	0.05	0.03	
Er	0.04	0.04	0.08	0.20	0.10	0.00	Y/Yb	10.00	15.67	19.36	8.94	13.14	
Tm	0.01	0.00	0.01	0.03	0.01	0.00	DI	94.28	93.46	95.55	93.95	88.36	88.11
Yb	0.01	0.03	0.06	0.18	0.06	0.00	SI	1.50	1.28	0.84	0.98	1.95	0.75
Lu	0.01	0.00	0.00	0.00	0.01	0.00	AR	2.30	2.81	3.27	3.14	1.86	2.52
Y	0.10	0.47	1.07	1.61	1.25	0.06	FL	92.88	93.77	96.01	97.37	95.49	98.38
ΣREE	4.57	3.72	4.20	5.26	9.55	0.43	MF	84.47	90.38	87.82	76.76	82.26	75.76
LREE/HREE	13.24	6.29	4.08	10.79	11.59	20.50	OX	0.50	0.58	0.54	0.54	0.63	0.50
La_N/Yb_N	7.17	21.28	12.42	17.38	22.49	0.00	σ	3.01	1.37	2.20	2.18	0.75	5.08
δEu	2.31	0.17	0.68	0.36	0.85	0.89	Na_2O/K_2O	0.43	4.79	11.80	3.62	2.26	1.99
δCe	4.10	0.82	0.85	0.98	0.66	0.92	A/CNK	1.04	1.22	1.10	1.23	2.47	1.55

注：σ.里特曼指数；AR.碱度；DI.分异指数；SI.固结指数；FL.长英指数；MF.镁铁指数；OX.风化指数；A/CNK.铝饱和指数；I.微斜长石伟晶岩；II-1.电气石细晶岩；II-2.微斜长石钠长石伟晶岩；III.石英钠长石伟晶岩；IV.钠长石锂辉石伟晶岩；V.钠长石(锂)白云母伟晶岩

不同伟晶岩平均 SiO_2 含量为 63.78%～75.05%，全碱(K_2O+Na_2O)含量为 4.72%～10.32%；除 I 类型伟晶岩具明显富钾特征(Na_2O/K_2O=0.43)外，其余类型明显富钠贫钾，Na_2O/K_2O 比值主要集中在 1.99~11.80，显示出贫钾的特征；铝饱和指数 A/CNK 为 1.04～2.47，均为铝过饱和型；I～IV 类伟晶岩里特曼指数(σ)0.75～3.01，反映了钙碱性岩石系列的特征；而第 V 类伟晶岩里特曼指数(σ)为 5.08，为偏钠质的弱碱性类型(图 4-10)，而且 SiO_2 明显较少，可能在伟晶岩形成过程中发生气运作用或岩浆同化钙质较高的围岩。

五种类型伟晶岩的主量元素与甲基卡二云母花岗岩比较接近，里特曼指数、分异指数、长英指数、镁铁指数等特征值与二云母花岗岩也比较接近。花岗岩成因主要有岩浆结晶分异作用和交代作用(同化混染和重熔)。对于分离结晶作用形成的岩浆岩，从基性岩到酸性岩固结指数降低，分异程度升高；岩浆分离结晶作用越强，镁铁指数 MF 和长英指数就越高；岩浆分异越彻底，酸性程度越高，分异指数越高(邱家骧，1985)。甲基卡五类伟晶岩的分异指数、镁铁指数变化并无规律，I、II、III 类伟晶岩分异指数较高，IV 和 V 类伟晶岩分异指数较低，但是并非逐渐降低，而是具高低起伏的变化。其他指数也是从 I 类伟晶岩—V 类伟晶岩呈现高低起伏，而且反映岩浆分异程度的长英指数、镁铁指数、分异指数并非同步变化，和一般的岩浆分异作用随分异程度升高，镁铁指数、长英指数同步升高而固结指数降低的规律明显相悖，说明甲基卡伟晶岩脉并非岩浆结晶分异形成。

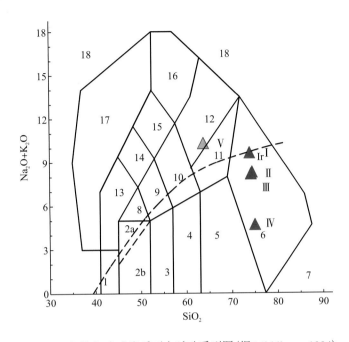

图 4-10　岩浆岩/火成岩系列全碱硅系列图（据 Middlmost,1994）

1r-Irvine 分界线，上方为碱性，下方为亚碱性。1.椰榄辉长岩；2a.碱性辉长岩；2b.亚碱性辉长岩；3.辉长闪长岩；4.闪长岩；5.花岗闪长岩；6.花岗岩；7.硅英岩；8.二长辉长岩；9.二长闪长岩；10.二长岩；11.石英二长岩；12.正长岩；13.副长石辉长岩；14.副长石二长闪长岩；15.副长石二长正长岩；16.副长正长岩；17.副长深成岩；18.霓方钠岩/磷霞岩

(二) 微量和稀有元素特征

1. 稀有元素特征

以甲基卡岩体为标准，Ⅰ类微斜长石伟晶岩以富集 Rb 为特征，Cs-Be-Nb-Ta 稍有富集，其他稀有元素含量均较低；Ⅱ类微斜长石钠长石伟晶岩以富集 Be-Nb-Ta 为特征；Ⅲ类钠长石伟晶岩与Ⅱ类类似，以富集 Be-Nb-Ta 为特征，Rb 少富集；Ⅳ类钠长石锂辉晶岩以高度富集 Li 为特征，Be-Nb-Ta 也较富集；Ⅴ类伟晶岩中以 Nb-Ta-Hf 高度富集为特征，Rb-Cs 也较富集(图 4-11)。

总体上 Li 在Ⅳ类钠长石锂辉石伟晶岩富集，在Ⅲ类钠长石伟晶岩中稍富集；Rb 在Ⅰ类微斜长石伟晶岩和Ⅴ类钠长石白云母型伟晶岩中富集为主；Be 在Ⅱ类伟晶岩中含量最高；Cs-Nb-Ta-Zr-Hf 在Ⅴ类伟晶岩中含量最高(图 4-12)。因此各类伟晶岩在空间上距离岩浆岩穹窿由近到远，稀有元素的矿化顺序大致为 Rb-Be、Nb、Ta-Li-Cs、Zr、Hf。

从工业利用价值看，Ⅱ类微斜长石钠长石伟晶岩除 Be 外，其他稀有元素达不到工业要求，其他几类伟晶岩均具有工业价值，尤其的Ⅳ类钠长石锂辉石伟晶岩是最主要的富 Li 矿石类型。

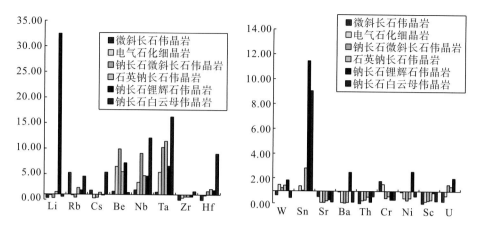

图 4-11　甲基卡不同类型伟晶岩稀有微量元素变化图(以甲基卡岩体标准化)

从稀有元素在各类伟晶岩中含量变化看，主要稀有元素含量从Ⅰ～Ⅴ类呈现高低不一的振荡变化。如 Li 从Ⅰ类-Ⅱ类、Ⅲ类-Ⅳ类陡然升高，到Ⅴ类中又陡然降低。再如 Rb 从Ⅰ～Ⅴ类亦表现为高—低—高—低—高的振荡变化。

2. 微量元素特征

W 在Ⅱ类、Ⅲ类、Ⅳ类伟晶岩中富集，Sn 在Ⅲ类、Ⅳ类、Ⅴ类伟晶岩中富集。Cr 在Ⅰ类伟晶岩中富集，U 在Ⅱ类、Ⅳ类伟晶岩中富集，其他微量元素在各类伟晶岩中均呈现贫化。在平均地壳标准化蛛网图上(图 4-12)，五种类型的伟晶岩变化曲线大致类似，呈

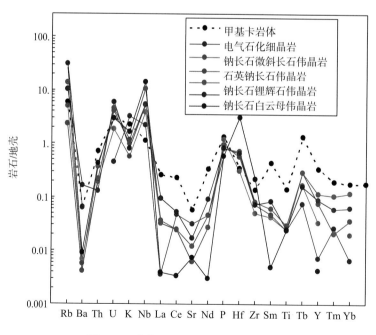

图 4-12　岩体及不同类型伟晶岩蛛网图

W 型变化，与甲基卡二云母花岗岩配分曲线比较相似，其中Ⅱ类、Ⅲ类、Ⅳ类微量元素特征几乎具有一致性变化并与甲基卡岩体微量元素特征更为接近，Ⅰ类和Ⅴ类伟晶岩变化稍大。活动性元素和 Ba、Sr 明显亏损，而 Rb 却明显富集，K 与陆壳值接近；高场强元素 Nb、P、Hf 明显富集，而稀土元素 La、Y、Tm、Yb 却明显亏损。

五类伟晶岩的不相容元素 Zr/Hf，Ho/Y，Y/Yb 比值变化较大；化学性质活泼的大离子亲石元素对如 K/Rb，Sr/Rb，Ba/Rb，Ba/Sr，Cs/Rb 比值变化也较大。

(三)稀土元素特征

Ⅰ～Ⅴ类伟晶岩的稀土总量均很低，$\sum REE$ 平均为 $0.43\times10^{-6}\sim9.55\times10^{-6}$，LREE/HREE=4.08～20.50，$(La/Yb)_N$=7.17～22.49，具有轻稀土富集，重稀土亏损的特征，稀土配分曲线总体向右倾斜，为富集轻稀土的配分模式(图 4-13)。其中微斜长石钠长石伟晶岩(Ⅱ)和钠长石伟晶岩(Ⅲ)的稀土元素特征较类似，与甲基卡岩体更为接近。

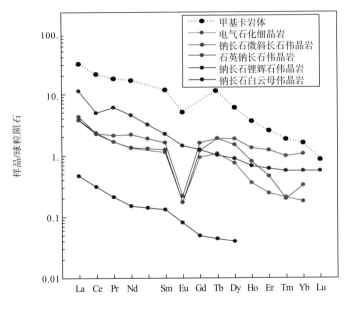

图 4-13 岩体与各类伟晶岩稀土配分模式图

各类型的伟晶岩均具有很低的稀土总量，明显低于甲基卡二云母花岗岩的稀土总量(表 4-2)，表明伟晶岩结晶过程中有大量的富稀土矿物残留在花岗岩熔体中(如榍石、磷灰石等)。钠长锂辉石伟晶岩(Ⅳ)稀土总量最高，Ⅱ类、Ⅲ类伟晶岩稀土元素总量比较接近；钠长(锂)白云母微晶岩(Ⅴ)稀土总量最低，但是轻重稀土比值却最高，其他各伟晶岩轻重稀土比值也与稀土含量高低一致的变化。这说明伟晶岩发生了强烈的稀土分馏作用，同时还可能受到其他因素如后期交代作用影响。

各类型的伟晶岩 δEu、δCe 差别较大(δEu=0.17～0.89；δCe=0.66~0.98)，Ⅱ类伟晶岩和Ⅲ类伟晶岩具有明显的 δEu 负异常和弱的负 δCe 异常，Ⅳ类伟晶岩具有弱 δEu 和强 δCe 负异常，Ⅴ类伟晶岩 δEu、δCe 为弱负异常。

二、不同结构钠长锂辉石伟晶岩地球化学特征(以 X03 脉为例)

从 X03 钻孔针对微晶毛发状、细晶粒状、中粗粒梳状以及巨晶状不同结构类型的钠长锂辉石伟晶岩中，分别采集了样品，分析结果显示如下(表 4-3)：

(一)主量元素

从微晶毛发状到巨晶柱状四种伟晶岩类型 SiO_2 含量变化不大，其平均值为 75.79%～78.07%，Na_2O/K_2O 比值的平均值在 1.80～4.06，显示出贫钾的特征；里特曼指数 $(\sigma)0.36～1.18$，均小于 3.3，碱度(AR)1.39～2.25，反映了钙碱性岩石系列的特征。铝饱和指数(A/CNK)为 1.67～3.84，均为强过铝质。长英质指数、铁镁指数、固结指数、分异指数等呈现高低不一的变化。总体上除了 Na_2O 和 P_2O_5 外，主量元素在各类结构的矿脉中含量差别很小。

表 4-3　不同结构钠长锂辉石伟晶岩平均化学成分及特征指数表

	微晶	细晶	梳状	巨晶		微晶	细晶	梳状	巨晶
	(2)	(4)	(3)	(3)		(2)	(4)	(3)	(3)
SiO_2	74.87	75.42	76.11	74.31	Li	6838.00	8239.75	12746.00	14865.00
TiO_2	0.01	0.01	0.01	0.01	Rb	505.18	659.48	557.20	456.10
Al_2O_3	15.69	15.48	15.84	17.04	Cs	55.45	68.94	51.07	61.23
Fe_2O_3	0.10	0.16	0.16	0.18	Be	174.75	171.73	151.47	146.77
FeO	0.24	0.30	0.25	0.27	Nb	71.47	68.30	43.29	89.40
MnO	0.23	0.25	0.22	0.22	Ta	27.33	26.84	23.47	54.95
MgO	0.08	0.09	0.10	0.11	Zr	16.75	17.48	12.03	15.80
CaO	0.24	0.22	0.18	0.19	Hf	2.41	2.66	4.01	3.39
Na_2O	4.73	3.43	1.99	2.09	W	309.26	396.48	459.91	375.33
K_2O	1.34	1.84	1.49	1.17	Sn	262.30	285.95	233.63	637.83
P_2O_5	0.21	0.18	0.11	0.11	Sr	8.03	8.87	9.53	11.25
H_2O^+	0.47	0.51	0.47	0.67	Ba	110.77	113.88	87.29	225.88
F	0.07	0.07	0.05	0.06	Th	0.57	0.92	0.36	0.97
CO_2	0.03	0.03	0.03	0.06	Cr	1.08	0.73	0.90	0.85
烧失量	0.49	0.51	0.49	0.74	Ni	4.38	5.17	6.13	5.65
B	0.01	0.01	0.01	0.01	Sc	1.72	1.96	2.34	1.70
total	98.81	98.51	97.50	97.25	U	5.95	6.66	3.82	13.64
La	2.52	3.97	2.95	2.31	K/Rb	22.42	23.36	21.59	19.83
Ce	3.02	4.10	3.74	2.65	Rb/Sr	62.65	92.34	74.04	50.67
Pr	0.57	0.88	0.62	0.48	Ba/Rb	0.18	0.18	0.20	0.64
Nd	2.05	3.25	2.27	1.77	Ba/Sr	13.65	10.23	7.04	15.33
Sm	0.32	0.56	0.35	0.26	Zr/Hf	7.01	9.21	3.80	6.29
Eu	0.09	0.12	0.09	0.09	Nb/Ta	2.63	2.57	2.08	1.66
Gd	0.22	0.43	0.26	0.18	Th/U	0.10	0.13	0.09	0.08
Tb	0.04	0.07	0.04	0.03	Cs/Rb	0.11	0.10	0.09	0.15
Dy	0.20	0.39	0.22	0.15	Ho/Y	0.03	0.03	0.03	0.03
Ho	0.04	0.07	0.04	0.03	Y/Yb	13.48	16.93	13.63	15.03
Er	0.09	0.18	0.10	0.06	Ti/Zr	5.38	6.46	6.55	4.87

续表

	微晶	细晶	梳状	巨晶		微晶	细晶	梳状	巨晶
	(2)	(4)	(3)	(3)		(2)	(4)	(3)	(3)
Tm	0.01	0.03	0.01	0.01	σ	0.39	1.18	0.86	0.36
Yb	0.08	0.18	0.09	0.06	AR	1.50	2.25	2.03	1.39
Lu	0.01	0.03	0.01	0.01	DI	86.90	91.60	89.95	83.89
Y	1.01	2.35	1.10	0.83	SI	2.63	1.17	1.59	3.00
ΣREE	9.22	14.23	10.79	8.09	FL	94.83	96.17	96.08	94.34
LREE/HREE	12.79	10.27	12.59	13.79	MF	79.41	81.93	82.91	82.19
La_N/Yb_N	23.98	20.27	24.05	25.93	OX	0.66	0.59	0.61	0.67
δEu	0.92	0.68	0.80	0.99	Na_2O+K_2O	3.57	6.14	5.35	3.26
δCe	0.59	0.62	0.67	0.73	Na_2O/K_2O	1.80	4.06	1.87	2.07
					A/CNK	3.19	1.67	1.97	3.84

注：主量元素（%），微量和稀有元素（$\times 10^{-6}$）

(二) 微量和稀有元素特征

1. 微量元素

微量元素相对于甲基卡二云母花岗岩，各类钠长锂辉石伟晶岩中 Sn 富集明显，W、Ni、Ba、U 也有所富集，其中 Sn、Ba、U 在巨晶石英-锂辉石脉中含量最高；Sc 变化不大，其他元素如 Th、Sr、Cr 呈现贫化(图 4-14)。

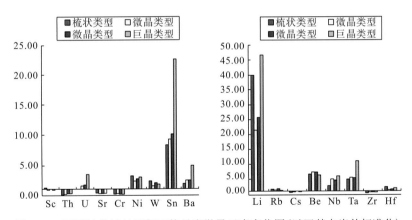

图 4-14　不同结构钠长锂辉石伟晶岩微量元素变化图(以甲基卡岩体标准化)

在平均地壳标准化蛛网图上(图 4-15A)，四种类型的曲线几乎一致性地变化，均呈 W 型振荡变化，与甲基卡二云母花岗岩标准化曲线比较一致。大离子亲石元素和非活动性元素均表现出较大的分异，稀有元素明显富集。如活动性元素和 Ba、Sr 明显亏损，而 Rb 却明显富集，K 与陆壳值接近；高场强元素 Nb、P、Hf 明显富集，而 Zr、Th 和稀土元素 Y、Tm、Yb 却明显亏损。微量元素比值表上(表 4-3)可以看出不相容元素 Zr/Hf，Ho/Y，Y/Yb，Ti/Zr 比值在四种类型中非常接近，化学性质活泼的大离子亲石元素对如 K/Rb，Sr/Rb，Ba/Rb，Ba/Sr，Cs/Rb 比值也很接近，说明为同源岩石，具有相同成岩成矿作用过程。

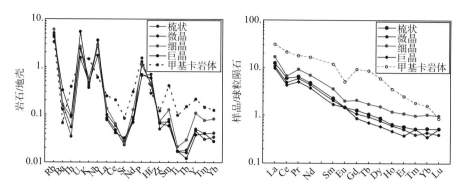

图 4-15　甲基卡不同结构钠长锂辉石伟晶岩微量元素和稀土元素标准化模式图

2. 稀有元素特征

四种类型中 Li、Be、Nb、Ta 含量,相对于甲基卡岩体具明显富集特点;而 Rb、Cs、Zr、Hf 含量较低,相对甲基卡岩体富集不明显或者弱贫化。在各类型中稀有元素含量差别并不明显,并非均匀增加或减少,而是呈振荡性变化,在晚期巨晶石英-锂辉石脉形成阶段 Li 元素含量富集较明显(图 4-14)。

相关分析表明 Li 含量与矿石的里特曼指数(σ)、碱度(AR)、分异指数(DI)、强负相关,而与固结指数和氧化指数强正相关(图 4-16)。同时 Li 含量与 Al_2O_3、MgO 强正相关,与 CaO、NaO_2、P_2O_5、Na_2O+K_2O、Nb/Ta 强负相关。Rb 含量与长英指数、K_2O 含量及 Rb/Sr 比值强正相关,Cs 与 K_2O 含量强正相关(图 4-16)。Li 与 Rb、Cs 相关性较差,而 Rb 与 Cs 强正相关,暗示 Rb、Cs 与 Li 成矿过程的差异及它们赋存状态可能存在差异。虽然钠长石化是甲基卡伟晶岩中普遍现象,但是在钠长石化作用强烈的地方,Li_2O 含量反而减少(张如柏,1974),可能的原因是当锂辉石大量形成时钠质流失所致。与花岗岩有关的碱交代成矿过程中遵循 K^+、$-Na^+$、$-Li^+$、$-H^+$阳离子的先后更替规律(胡受溪等,1982),早期的钠长石转入固相可以促进 Li 的沉淀,在相对封闭环境下钠长石与锂矿物空间共生;后期在相对开放的环境中随着液相中 Li 浓度逐渐增加,一方面成矿流体中钠质迁移,另一方面 Li 在形成锂辉石的同时可能大量进入钠长石晶格中置换钠质形成富 Li 钠长石,从而造成 Na^+、Li^+ 的分离。

(三)稀土元素特征

不同结构的钠长锂辉石伟晶岩具有基本一致的稀土含量特征及配分型式,稀土总量很低,$\sum REE$ 平均含量为 $8.09×10^{-6}$ ~ $14.23×10^{-6}$,LREE/HREE=10.27 ~ 13.79,$(La/Yb)_N$=20.27~25.93,具有明显的轻稀土富集,重稀土亏损的特征,四种类型均具有轻、中、重稀土含量依次减少特征,轻稀土比例 86%~89%,中稀土比例 9%~11%,重稀土比例 2%~3%,为壳源型花岗岩的典型特征。稀土配分曲线均向右倾斜,为富集轻稀土的配分模式(图 4-15B)。同时甲基卡岩体和四种类型的稀土配分模式有很大差异,岩体的稀土比矿石稀土总量大,更富集中稀土,比钠长锂辉石伟晶岩的重稀土变化大得多,说明在伟晶岩形成过程中岩浆岩中的稀土元素发生了较强的分馏迁移。

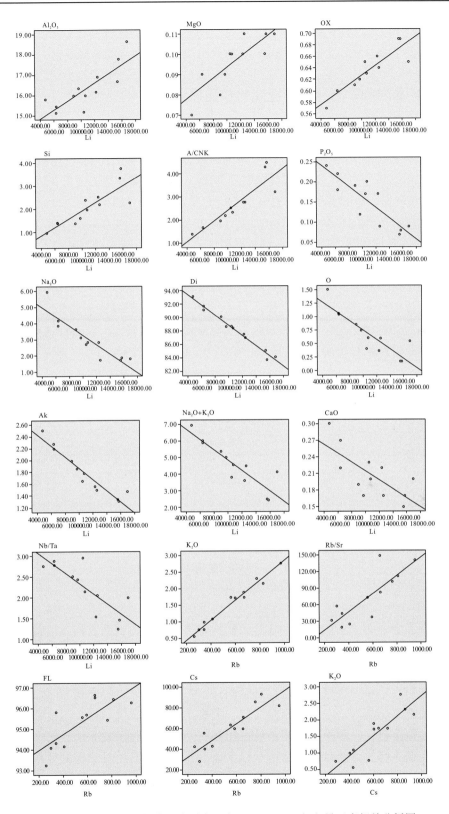

图 4-16　四类钠长锂辉伟晶岩稀有元素 Li、Rb、Cs 与主量元素相关分析图

四类类型 δEu 值 0.68～0.99，平均 0.84，大部分样品具有弱—中等的负销异常，个别样品具有弱的正销异常，δCe 平均 0.59～0.73，均具有弱—中等的负铈异常。

三、伟晶岩和矿石元素特征变化成因探讨

总体上看，除 V 类伟晶岩为亚碱性岩浆岩系列外，其他各类型伟晶岩、四种结构类型的钠长锂辉石伟晶岩和二云母花岗岩均为钙碱性系列。各类伟晶岩微量元素与二云母花岗岩具有相似的分布特征，伟晶岩的稀土平均 δEu 和 δCe 与二云母花岗岩的 δEu 和 δCe 均具有负异常，说明各类伟晶岩与二云母花岗岩具有一定的渊源。

岩浆结晶分异作用中随分异作用加强，K/Rb、Ba/Rb、Nb/Ta 比值明显降低，Rb/Sr 明显增大，Eu 亏损明显，La_N/Yb_N 增加（赵振华，1992）。从表 4-1、表 4-2 看出甲基卡二云母花岗岩与伟晶岩之间 K/Rb、Ba/Rb、Ba/Sr、Zr/Hf 比值呈现跳跃性的突变，伟晶岩稀土总量与甲基卡花岗岩相比也具有突然大幅降低特征，说明花岗岩和伟晶岩并非由同一母岩浆连续结晶分异作用形成，图 4-17 也可以证明二云母花岗岩和伟晶岩、微晶、细晶、梳状及巨晶四种类型钠长锂辉石脉体具有显现的成因差别，二云母花岗岩具有深融特征，而伟晶岩和矿石均具有交代成因的特征（Raju et al.，1972）。

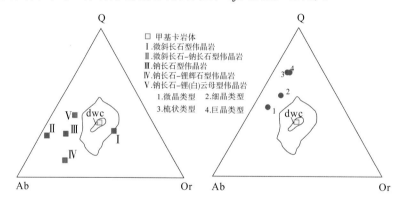

图 4-17　花岗岩岩浆成因分析图解

（据 Raju，et al.，1972）

各类伟晶岩之间，主量元素、微量元素具有类似特征，说明它们具有类似的成岩过程；不同结构类型的伟晶岩之间主量、微量和稀土相似性更为明显，说明它们具有更为近似的成矿过程。

无论是距离甲基卡岩浆穹窿由近到远的 I～V 类伟晶岩，还是梳状-微晶-细晶-巨晶四类钠长锂辉石伟晶岩，主量元素特征值、微量元素特征比值、稀土元素特征值均呈现高低交错的振荡变化，即同一元素含量在相邻空间和相邻时段发生明显的升高或降低，并非与结晶顺序有关。同时不同脉体互相穿插、锂辉石矿石巨晶结构的后期穿插也说明各种类型的伟晶岩也并非完全由熔体连续分异作用形成的，伟晶岩形成过程中可能存在较强的交代和蚀变作用影响。

第三节　变质围岩的地球化学特征

一、接触蚀变带稀有元素含量和分布特征

前人对在甲基卡矿田近脉中蚀变带中稀有元素分布特征进行了一些研究（唐国凡等，1984），发现伟晶岩近脉围岩不仅有稀有元素原生晕的存在，而且不同类型脉岩具有不同指示元素，晕的强度、扩散的距离也不一样。多数伟晶岩具 Li、Be、B、Sn、Rb、Cs、K 异常，其中 Li 晕最发育，围绕脉体呈典型晕圈状，扩散距离最大，其次为 B、Be、Rb、Cs 等晕，扩散距离小，部分以裂隙晕形式出现。异常由外向内大致顺序为(K)-Li-B-Cs。

在 No.131 脉两侧的蚀变红柱石黑云母石英片岩中 Cs_2O 含量为 0.08%；在 No.134 脉锂辉石伟晶岩脉 CK18 孔上盘的蚀变红柱石十字石黑云母片岩中，采集了 13 件样品，控制井段长度 12.6m，Cs_2O 含量 0.032%～0.070%，平均为 0.051%，其特征与蚀变岩型铯云母岩矿床极其相似，故认为在一些规模较大的伟晶岩接触变质带中，还可能存在具有工业意义的 Cs 资源。

本次研究中，笔者对矿田外围未变质的新都桥砂板岩、动热变质片岩以及 X03 号钠长锂辉石伟晶岩脉的接触变质蚀变岩均采集了样品。其中 PM03 的十字石红柱石二云母片岩距离脉体较远，可以代表动热变质作用片岩。PM528 和 X03 脉钻孔中的十字石红柱石二云母片岩距离脉体较近，代表动热变质和汽液接触变质过渡岩性；堇青石化片岩和电气石化角岩代表热液接触蚀变岩。

61 件样品的分析（表 4-4）统计结果表明，在不同类型的岩石中稀有元素含量呈现显著的不同的特点。

(一)稀有金属含量特征

X03 号锂矿脉围岩按岩石类型的分析统计结果见表 4-4。围岩蚀变岩石中，Li、Cs、Rb 等稀有金属元素含量较高，Li_2O 平均含量已达到综合利用的边界品位，为 0.065%～1.068%，平均值达 0.296%。Cs 含量 0.008%～0.212%（平均 0.052%），Rb 含量为 0.014%～0.422%（平均 0.067%）。Cs、Rb 含量也达到了含锂云母矿石的碱性长石花岗岩类与花岗伟晶岩类矿床伴生铷铯综合回收工业指标（据稀有金属矿床地质勘探规范）。

不同围岩的稀有元素含量变化很大，稀有元素含量呈现显著的不同。Li、Be、Rb、Cs、Ta 在十字石二云母片岩中含量很高，近脉热液围岩蚀变带（堇青石带和电气石带）含量更高，总体表现出从远脉动热变质岩—近脉动热变质岩—汽热接触堇青石化带—电气石化带有逐渐升高的趋势（图 4-18）。这表明在伟晶岩接触蚀变带中，围岩中稀有元素含量受到伟晶岩侵位过程中汽液作用的影响。

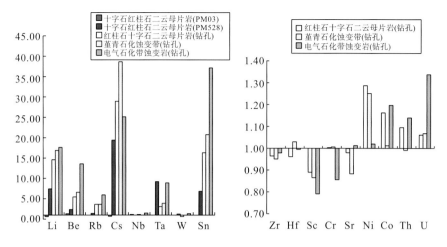

图 4-18　甲基卡围岩元素盈亏图(以甲基卡粉砂质板岩标准化)

表 4-4　甲基卡矿田围岩及蚀变岩元素分析结果统计表

	甲基卡外围粉砂质板岩		红柱石十字石二云母片岩		堇青石化蚀变带		电气石化蚀变带		钠长锂辉石伟晶岩		二云母花岗岩	
	均值(4)	变异系数	均值(20)	变异系数	均值(33)	变异系数	均值(6)	变异系数	均值(12)	变异系数	均值(6)	变异系数
SiO_2	62.25	2.11	62.10	5.13	62.16	4.58	60.05	11.40	75.22	1.76	73.22	1.56
Al_2O_3	17.02	4.42	17.86	9.26	17.96	9.00	19.18	16.01	15.99	5.80	14.93	2.00
CaO	0.99	39.55	1.10	28.14	1.00	38.23	1.44	21.64	0.21	21.61	0.77	24.83
Fe_2O_3	2.06	43.04	1.55	36.72	2.06	39.81	2.91	42.44	0.15	37.13	0.21	61.86
FeO	4.19	11.48	4.61	18.84	4.10	17.61	3.11	19.14	0.27	20.89	0.72	16.21
K_2O	3.30	4.50	3.59	14.81	3.43	23.31	2.64	18.94	1.50	45.37	4.76	9.25
MgO	2.53	8.03	2.60	14.73	2.48	12.65	2.49	18.45	0.10	13.10	0.25	19.79
MnO	0.11	9.52	0.11	21.66	0.10	13.43	0.12	18.25	0.23	18.79	0.04	15.81
Na_2O	1.34	19.01	1.47	17.06	1.45	25.76	1.74	22.68	2.95	42.62	3.47	7.98
P_2O_5	0.17	3.50	0.27	33.43	0.30	50.76	0.64	61.25	0.15	38.30	0.26	40.91
TiO_2	0.79	5.93	0.76	11.70	0.75	10.31	0.70	18.89	0.01	34.41	0.06	22.79
CO_2	0.16	71.90	0.22	66.86	0.27	90.18	0.29	47.22	0.04	61.90	0.17	74.73
H_2O^+			1.53	28.20	1.32	44.84	1.19	41.04	0.53	23.93	0.68	15.62
F			0.24	44.51	0.36	74.84	0.51	54.78	0.06	22.51	0.06	24.80
LOI	4.13	13.34	2.41	16.05	2.47	24.77	1.79	22.62	0.56	27.14	0.83	27.13
Cl			21.79	53.71	17.62	53.98	27.50	50.32				
B			2489.60	86.99	3565.30	78.54	6831.17	76.82	117.61	46.76	477.00	27.40
Li	84.25	14.28	1243.35	23.00	1435.91	54.96	1498.17	29.52	10789.00	35.97	320.00	22.48
Be	2.74	11.83	15.07	50.54	19.42	42.49	37.32	85.69	160.93	18.64	22.75	96.72
Rb	158.50	13.14	566.50	43.08	589.91	114.27	942.00	54.17	557.35	40.85	357.67	12.15
Cs	14.48	44.01	419.46	52.54	555.66	89.61	364.50	45.20	60.30	33.04	78.22	57.95
Zr	194.50	6.15	187.80	15.54	183.97	15.49	190.50	20.26	15.58	18.90	28.47	31.26
Hf	5.44	4.72	5.24	11.72	5.48	9.12	5.42	18.37	3.14	58.76	1.63	19.81
Nb	16.65	19.61	17.90	17.88	17.36	17.26	24.03	19.87	67.85	40.49	14.82	38.56
Ta	1.29	25.30	4.02	71.20	4.75	87.69	11.61	76.64	33.11	60.99	4.91	85.06

续表

	甲基卡外围粉砂质板岩		红柱石十字石二云母片岩		堇青石化蚀变带		电气石化蚀变带		钠长锂辉石伟晶岩		二云母花岗岩	
	均值(4)	变异系数	均值(20)	变异系数	均值(33)	变异系数	均值(6)	变异系数	均值(12)	变异系数	均值(6)	变异系数
Sc	16.28	8.49	14.49	11.15	14.16	12.51	12.91	17.35	1.95	33.74	1.99	27.18
Cr	85.85	8.28	86.05	15.43	86.25	11.45	73.47	12.32	0.86	61.12	4.05	67.58
Sr	98.23	16.13	96.37	22.39	86.00	24.12	99.53	26.69	9.49	48.05	29.00	17.08
Ni	30.15	31.63	38.78	14.51	37.45	11.72	30.83	13.21	5.40	17.23	1.89	88.65
Co	16.15	15.81	18.76	12.81	16.48	11.20	19.33	10.93				
Th	14.50	5.69	15.90	11.87	14.51	8.72	16.53	16.12	0.73	63.74	4.02	31.12
U	3.04	6.20	3.23	10.68	3.21	20.94	4.06	21.33	7.58	71.21	3.86	38.81
W	59.40	60.27	45.06	45.74	56.60	118.38	83.00	21.30	392.51	19.90	198.80	58.47
Sn	3.72	7.09	61.16	56.12	76.75	54.77	139.20	45.74	356.90	99.80	28.23	46.70

注：主量元素（%），微量和稀有元素（×10⁻⁶）

（二）其他元素含量特征

挥发性组分 F、B 在各类变质围岩中含量极高，F 含量高达 0.19%～0.35%，B 含量高达 0.12%～0.39%，比世界页岩平均值（F 0.074%，B 0.01%）高出数倍到数十倍，更比克拉克值（F 0.063%，B 0.001%）高出数十到数百倍，且从动热变质岩-堇青石带-电气石带逐步升高（图 4-19）。

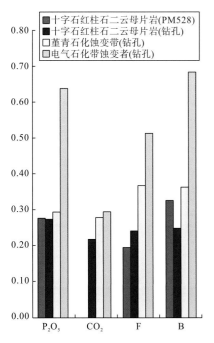

图 4-19 蚀变带挥发性成分含量柱状图

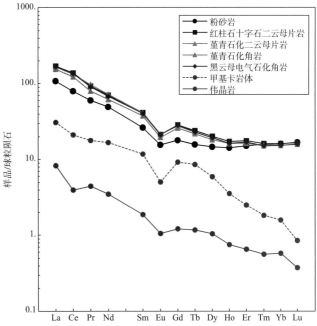

图 4-20 甲基卡围岩与岩体和伟晶岩稀土元素球粒陨石标准化模式图

相比粉砂质板岩，Sn 在蚀变岩中高度富集，富集系数达 6.88～37.47，在近脉电气石角岩蚀变带含量最高。Co、Ni、U 在各蚀变岩中略富集；而微量元素 Sc 却在各类蚀变岩中亏损；W 在红柱石十字石二云母片岩、堇青石化二云母片岩中明显富集，在其他蚀变岩中却明显亏损。

(三)稀土元素含量特征

经 63 件稀土元素的分析统计对比(表 4-5、图 4-20)，甲基卡各类围岩与二云母花岗岩、伟晶岩稀土配分形式比较相似。稀土元素量变化很小，轻稀土富集最明显，中稀土次之，重稀土 Tm、Yb、Lu 却呈轻微亏损状态。δEu 均呈弱亏损，δCe 均呈正常状态，变化也较小，显示了与二云母花岗岩和伟晶岩具有一定的渊源，关系密切。

表 4-5　甲基卡矿田围岩稀土元素含量及变异系数表　　　　　　(单位：×10⁻⁶)

岩性	粉砂质板岩		红柱石十字石二云母片岩		堇青石化蚀变带		电气石化带蚀变岩		总体
	含量	变异系数	含量	变异系数	含量	变异系数	含量	变异系数	变异系数
La	25.70	49.65	40.49	12.20	38.99	9.64	40.17	12.87	15.01
Ce	48.83	43.91	84.51	12.80	80.96	8.79	83.40	16.22	15.79
Pr	5.74	46.91	8.82	14.44	9.05	12.77	8.63	16.78	16.50
Nd	23.10	46.23	32.85	12.83	33.15	11.98	31.77	13.58	15.24
Sm	4.05	39.88	6.36	11.77	6.26	9.90	6.20	12.53	14.56
Eu	0.91	33.44	1.24	11.85	1.24	10.68	1.23	15.95	15.19
Gd	3.69	38.21	5.88	10.70	5.66	10.87	5.84	12.44	15.53
Tb	0.59	30.85	0.90	10.55	0.86	10.94	0.86	11.55	17.03
Dy	3.73	23.58	5.15	11.91	4.87	9.81	4.92	9.73	16.34
Ho	0.81	20.41	0.98	9.59	0.92	10.85	0.92	10.44	16.04
Er	2.50	15.79	2.92	10.46	2.72	10.64	2.81	13.82	16.10
Tm	0.41	13.45	0.41	10.04	0.39	11.54	0.38	10.39	25.64
Yb	2.73	7.09	2.75	10.36	2.61	10.65	2.61	13.95	49.82
Lu	0.43	3.99	0.42	9.89	0.40	10.68	0.40	13.46	111.36
Y	21.85	19.15	26.12	9.69	23.90	9.50	24.67	12.22	14.27
ΣREE	123.21	42.07	193.68	12.16	188.08	8.66	190.14	13.83	14.09
LREE	108.32	45.03	174.27	12.50	169.66	8.97	171.39	14.12	14.52
HREE	14.89	21.61	19.41	10.05	18.42	9.67	18.75	11.66	17.94
LREE/HREE	7.06	25.13	8.97	5.56	9.25	8.97	9.13	4.44	12.52
LaN/YbN	6.63	43.17	10.60	9.36	10.80	11.25	11.08	4.36	18.42
δEu	0.71	4.88	0.61	3.90	0.62	6.74	0.61	6.78	9.64
δCe	0.96	17.67	1.05	2.70	1.02	6.66	1.04	6.63	9.10

二、元素活动性和迁移分析

(一)元素活动性分析

变异系数是衡量组分内部变化和由不同样本组合的总体变化的参数，因此可以用变异系数来初步确定各组分变化大小，判别其活动性。

从表 4-4 和图 4-21 中可以看出，稀有元素 Li、Be、Rb、Cs、Ta 在动热片岩和蚀变岩中变化很大，为活动性素，而 Nb、Zr、Hf 变异较小属于不活泼元素，W、Sn 在成矿围岩中变异很大，也属于活动性元素。总体上主要成矿稀有元素 Li、Be、Rb、Cs 从粉砂质板岩—动热变质岩—接触蚀变岩活动增强，说明围岩蚀变过程中主要成矿元素受到成矿流体的强烈影响。

挥发性元素 CO_2、H_2O、F 、Cl、B 无论在粉砂质板岩中还是在热动力变质岩和热液接触蚀变岩中均变化较大，属于较活泼元素，P_2O_5 在粉砂质板岩中含量较均匀，但是在热动力变质岩和热液接触蚀变岩中变化却很大。其他微量元素和稀土元素在各类岩矿石中变化均较小，活动性较差。

主量元素中 P_2O_5、CaO、Fe_2O_3 总体系统变异系数较大，相对活动性较强；主量元素 SiO_2 和 Al_2O_3 和微量元素 Zr 无论在各组内部还是总体变异系数均很小，在变质作用和围岩蚀变中活动性很弱。

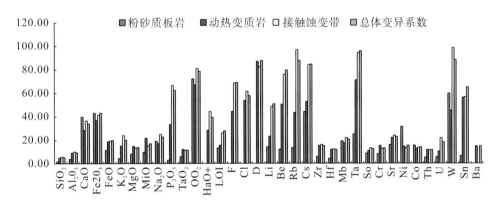

图 4-21 甲基卡围岩元素变异系数柱状图

(二)元素迁移性分析

Grant(1986)利用系统中惰性组分变化来判别其他组分的迁移情况，推导了 Gresen 方程组的简单解法，并结合等浓度图研究交代蚀变过程中元素的质量迁移。甲基卡围岩中 Al_2O_3 和 Zr 变异性较小，考虑到 Al_2O_3 在围岩中所占比例比 Zr 要高得多，以 Al_2O_3 为标准可以更好反映其他元素活动性和迁移情况。在等浓度线图解上(图 4-22)，落在以 K($K=C_{Al2O3}^{A}/C_{Al2O3}^{O}$)为斜率的直线上方表示蚀变岩中元素迁入，位于下方表示蚀变岩中元素迁出。PM03 仅有稀有元素分析结果，采用粉砂质板岩与 PM528 十字石红柱石二云

母片岩的 Al_2O_3 比值为 K 值。

从图 4-22 上可以看出元素的迁移性实际上和其变异性是关联的。受岩浆活动影响较弱的动热变质岩（PM03 中），可能是受到同构造顺层韧性剪切影响导致部分 Li 动热变质岩中迁出，Nb、Be 则可能是部分受深部热流影响而迁入。距离伟晶岩脉较远的动热变质岩中稀有元素含量并不高，Li 甚至比粉砂质板岩还要低，稀有元素含量是在近脉的 PM528 动热变质带突然升高，微量元素大量迁入。近伟晶岩脉的由远到近动热变质岩-堇青石蚀变带-电气石蚀变带，主要成矿稀有元素 Li、Be、Rb、Cs、Ta 和 Sn 是不断迁入的。这些现象说明围岩蚀变过程中围岩中稀有元素主要来源于成矿过程中的岩浆气水热液。

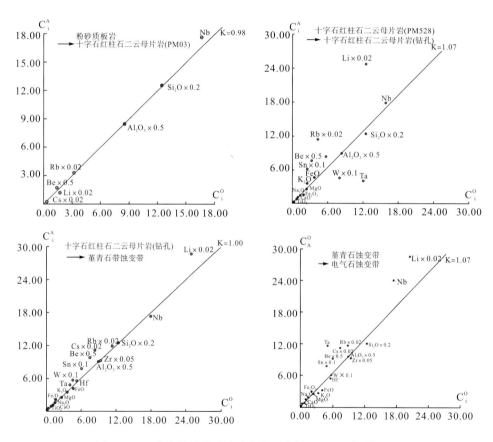

图 4-22　甲基卡伟晶岩矿脉蚀变带元素等浓度图 C^A-C^O 图解

第五章 甲基卡伟晶岩稀有金属成矿条件

第一节 成矿物质和成矿流体来源

一、成矿物质围岩来源

甲基卡矿田出露地层为一套中-上三叠统西康群砂泥质复理石沉积建造，主要为新都桥组(T_3xd)和侏倭组(T_3zw)，岩性以砂板岩为主。受动热变质作用已变为高绿片岩-角闪岩相片岩，是伟晶岩型稀有金属矿脉的赋矿围岩。与稀有金属成矿作用具有密切成因联系的二云母花岗岩是强过铝质 S 型花岗岩，岩石地球化学特征研究表明，其岩浆来源于三叠系西康群泥岩、砂岩部分熔融而成，为松潘-甘孜造山带印支末期大规模滑脱-推覆造山阶段，地壳不断加厚和局部熔融的产物。因此推断三叠系西康群砂泥岩是甲基卡矿田稀有金属成矿物质的来源之一。

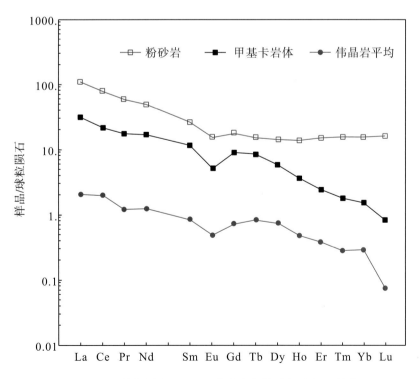

图 5-1 甲基卡围岩、二云母花岗岩与伟晶岩稀土配分图

甲基卡及外围(50km 以外)地区西康群粉砂质板岩中 Li 含量为 $71.7 \times 10^{-6} \sim 94.7 \times 10^{-6}$，平均值为 84.2×10^{-6}，其富集系数是世界泥岩(涂和费，1961)的 1.3 倍；Cs 含量为 $10.6 \times 10^{-6} \sim 24.0 \times 10^{-6}$，平均值为 14.5×10^{-6}，富集系数为 2.9；Nb 含量为 $14.4 \times 10^{-6} \sim 21.5 \times 10^{-6}$，平均值为 16.7×10^{-6}，富集系数为 1.5；Ta 含量为 $1.08 \times 10^{-6} \sim 1.78 \times 10^{-6}$，平均值为 1.29×10^{-6}，富集系数为 1.6；Be、Rb 等元素的平均值与世界泥岩(涂和费，1961)基本相同。西康群泥质岩中相对较高的稀有金属元素含量，将使其熔融后形成花岗岩中相对富集稀有金属成矿元素，从而为稀有金属成矿提供成矿物质。

同样，在可尔因稀有金属矿区所在的金川地区，西康群粉砂质板岩中稀有金属也具有较高的含量，Li 的平均含量为 97.9×10^{-6}，其富集系数是世界泥岩(涂和费，1961)的 1.5 倍；Cs 平均含量为 10.5×10^{-6}，富集系数为 2.1；Nb 平均含量为 21.8×10^{-6}，富集系数为 2.0；Ta 平均含量为 14.7×10^{-6}，富集系数为 18.3；Be、Rb 等元素的含量与世界泥岩基本相同。

如前所述，距离甲基卡伟晶岩脉较远的动热变质岩(PM03)中稀有元素含量相比粉砂质板岩有所降低，尤其是主要成矿元素 Li 有明显迁出现象，说明在动热变质过程中西康群可能有部分 Li 迁移到成矿热液中，也证明在岩浆作用过程中西康群的稀有元素是可迁移的，可以成为成矿物质来源之一。

前已述及，甲基卡岩体与伟晶岩具有类似的稀土特征，二者具有渊源关系。而二云母花岗岩为强过铝质 S 型花岗岩，源于壳源物质。从稀土元素配分图上可以看出(图 5-1)，西康群粉砂质板岩与甲基卡岩体、伟晶岩有比较类似的稀土配分形式，均为轻稀土富集型，具有中等负铕异常，此类异常的岩浆岩为典型壳源岩浆标特征之一。因此，甲基卡岩体很可能为西康群的部分熔融产物，围岩也应该参与了成矿作用。

二、成矿物质岩浆岩来源

甲基卡二云母花岗岩和伟晶岩二者具有成因上的直接联系。二云母花岗岩中稀有元素含量尤其是 Li、Be、Rb、Cs 含量比中国陆壳(黎彤，1994)、秦祁昆造山带和滇藏花岗岩(史长义，2008)要高得多(表 5-1)，具备为伟晶岩稀有金属矿床的形成提供大量成矿元素的物质基础。

表 5-1　甲基卡岩体与中国陆壳及造山带花岗岩稀有元素含量对照表($\times 10^{-6}$)

	Li	Be	Rb	Cs	Nb	Ta	Zr	Hf	W	Sn
秦祁昆造山带	24	2.3	147	4.2	13.0	1.16	158	5.0	0.70	2.6
滇藏造山带	32	2.2	157	6.5	11.5	1.29	128	5.0	0.77	2.4
中国陆壳	44	4.4	150	11.0	34.0	3.50	160	5.1	2.4	4.1
甲基卡岩体	320.00	22.75	357.67	78.22	14.82	4.91	28.47	1.63	198.80	28.23

从甲基卡围岩蚀变的地球化学特征可以看出，动热变质岩中稀有元素含量在向靠近伟晶岩方向逐渐升高，近伟晶岩脉时突然升高，说明蚀变围岩中大量的稀有元素主体来

源于伟晶岩岩浆气水热液，也就是具备岩浆来源。

许志琴、侯立玮等(1992)研究认为该区成矿机理是底辟式的浅层次热隆，印支晚期—燕山早期由于深部滑脱作用，地壳局部熔融，地壳重熔 S 型花岗岩侵位，以上升的深熔花岗岩体为中心，形成热隆构造，热与隆是同时的，时限为 200~180Ma。区内花岗伟晶岩脉、石英脉围绕二云母花岗岩株分布，表明它们具有成因联系。

区内花岗岩，属于上部陆壳重熔的 Li-Al 云母系列的花岗岩。在岩浆演化过程中，通过结晶分异、射气分异作用，使锂和其他稀有元素进一步富集于熔体上部；另一方面通过白云母化自交代作用，将黑云母等矿物中的锂(平均含 Li_2O 1.26%)部分释放出来重新加入流体。

苏媛娜等(2011)对甲基卡矿田 No.134、No.308 伟晶岩脉中的锂辉石、二云母花岗岩中黑云母的锂同位素进行了分析。分析表明，No.134、No.308 锂辉石伟晶岩脉中锂含量非常高，分别为 33592×10^{-6} 和 34264×10^{-6}，相应的 δ^7Li 值分别为-0.6‰和-0.4‰，平均值为-0.5‰；而二云母花岗岩中黑云母的锂含量为 7350×10^{-6}，δ^7Li 值为+0.6‰，两者在误差范围内具有非常好的一致性，表明伟晶岩中的主要稀有金属元素锂可能来源于二云母花岗岩，两者具有密切的成因联系。

三、成矿流体来源

1. 氢、氧同位素组成

李建康等(2007)对甲基卡矿田 No.104、No.134、No.158、No.308 等伟晶岩的石英、锂辉石中的流体包裹体进行了氢、氧同位素组成测定(表 5-2)。在 δD - $\delta^{18}O_{H_2O}$‰图解中(图 5-2)，3 件样品落于岩浆水区域，另外 3 件在岩浆水区域的边部，这些特点表明甲基卡矿田稀有金属矿体的成岩成矿流体主要为岩浆来源，但是成岩成矿流体在迁移过程中可能混入部分大气来源的流体。

表 5-2　矿物包裹体中 H、O 和石英中 O 同位素组成　　　(据李建康等，2007)

样品号	矿物	$\delta^{18}O$ 石英-SMOW‰	ΔD_{H_2O} -SMOW‰	$\delta^{18}O_{H_2O}$ -SMOW‰	$\delta^{13}C_{V-PDB}$‰
No.104-2-2	石英	14.9	-84	6.3	-5.6
No.104-5	石英	15.6	-79	7.0	-5.0
No.158-1-2	石英	16.2	-75	5.2	-6.0
No.158-3	石英	15.8	-72	7.6	-4.6
No.308-1	石英	15.5	-82	7.2	-3.9
No.308-9	石英	14.3	-84	6.9	-3.4
No.134-4	锂辉石	9.1	-80		-5.7
No.134-5	锂辉石	12.7	-86		-5.8

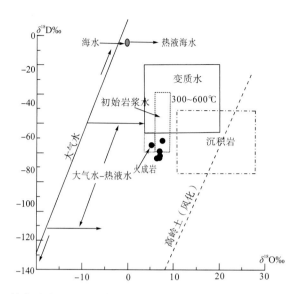

图 5-2　甲基卡矿床石英中包裹体水的 δD-$\delta^{18}O_{H_2O}$ ‰的组成(据李健康，2006)

2. 包裹体气体示踪

甲基卡流体包裹体气相组分主要是 H_2O 和 CO_2，次要的气相组分有 N_2、He、Ar、CH_4 等(表5-3)，利用包裹体的气相组成可以有效判别成矿流体的来源。Norman 等 (1994，1996)利用超高真空气相质谱仪测定了大量热液矿床和热温泉沉积物中流体包裹体的微量气体组成，建立了成矿流体 N_2-Ar-He 示踪体系(图 5-3)。来源较深的岩浆水富含 N_2，一般 $x(N_2)/x(Ar)>200$，壳源流体的 ^4He 主要来自地壳的 U、Th 放射性衰变，Ar 在水中的溶解度高于 N_2，因此大气饱和水在图 5-3 上主要落在 Ar 的一侧(范围 E)，而深部循环的大气降水会因不断溶解地壳中的 He 而落在地壳流体和大气饱和水之间(范围 D)。同时 Norman 等在 1999 年又提出 CO_2/CH_4-N_2/Ar 体系来判别成矿流体来源(图 5-4)。

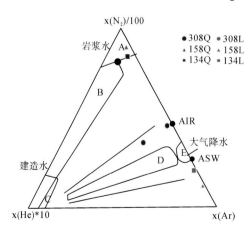

图 5-3　成矿流体 $x(N_2)/100$-$x(Ar)$-$x(He*10)$ 示踪体系三角图(据 Norman et al.，1994)

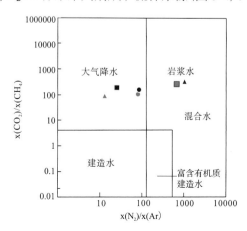

图 5-4　成矿流体 $x(CO_2)/x(CH_4)$-$x(N_2)/x(Ar)$ 示踪体系图(据 Norman et al.，1999)

表 5-3　甲基卡矿床伟晶岩脉体包裹体分析结果　　　　　　　　　　　(李健康，2007)

样品号		308Q	308L	158Q	158L	134Q	134L
气相 分析 结果 （Mol%）	H_2O	82.49	95.50	75.44	95.11	88.85	66.20
	N_2	2.6240	0.7955	2.2572	0.8144	1.3760	3.1100
	CO_2	14.484	3.561	21.501	3.901	9.565	30.310
	He	0.00131	0.00323	0.00044	0.00048	0.00068	0.00116
	Ar	0.0214	0.0069	0.0019	0.0444	0.0392	0.0032
	CH_4	0.2583	0.0891	0.1685	0.1147	0.1426	0.3141
	C_2H_6	0.1208	0.0124	0.1358	0.0248	0.0264	0.0655
	H_2S	—	0.0314	—	—	0.0074	—
阴阳 离子 分析 结果 （ug/g）	F^-	0.387	0.126	0.183	0.099	0.141	0.126
	Cl^-	0.972	0.642	1.038	0.822	0.711	0.999
	SO_4^{2-}	1.650	3.090	2.319	1.902	2.631	2.427
	Na^+	1.209	11.760	2.415	7.560	8.370	2.571
	K^+	—	—	—	—	—	—
	Mg^{2+}	—	—	—	0.033	—	0.069
	Ca^{2+}	0.231	0.171	0.216	0.108	—	0.189

注："—"表示未检测出结果；"Q"表示石英矿物；"L"表示锂辉石矿物

大气饱和水 $x(N_2)/x(Ar)$ 一般为 38，沸腾作用下可在 15～110 内变化，同时具有较高的 CO_2/CH_4 值，因此，大气降水一般落在图 5-4 左上角；岩浆水一般具有较高的 N_2，$x(N_2)/x(Ar)>100$，同时具有较高的 $x(CO_2)/x(CH_4)$ 值（大于 4），因此主要落在图 5-4 右上角；建造水或盆地热卤水富含 CH_4 等轻烃气体，$x(CO_2)/x(CH_4)$ 小于 4，且循环过程中溶解了较多的 Ar，因此主要落在图 2 的右下角。但存在大量有机质的成矿系统会形成低 $x(CO_2)/x(CH_4)$ 值（<4）而高 $x(N_2)/x(Ar)$ 值（>100）的流体（孙晓明等，2004）。从图 5-3 和图 5-4 看出，甲基卡石英和锂辉石包裹体中流体成分既有岩浆来源也有大气降水来源，大气降水的下渗还可能形成了深部循环水。现有的地下水研究资料表明（沈照理，1981），在地下 6～8km 的范围内，地下水可以渗透并和这些加热升温后的循环水与围岩作用，可以活化萃取物质，并在有利条件下形成矿化富集。苏联科拉半岛科学深钻证明在地下 9km 深处，仍有自由水存在，因此，在地壳 9km 以上深度范围内，大气水与其他成矿流体汇合并导致有用组分富集成矿应该是一种普遍的、必然的现象（张文淮等，1996）。甲基卡伟晶岩稀有金属矿床基本上定位于西康群围岩中，显然是岩浆上侵就位到浅部的产物，在此之前强烈的构造运动造成了围岩中大量发育透入性的构造裂隙。大气降水不可避免地通过构造裂隙下渗形成深部循环水，含矿流体到浅部因为压力和温度的突降而使成矿流体沸腾沉淀成矿，其流体的不混溶分异成矿很可能与大气降水流体与成矿流体的混合形成的降温有关。

四、二云母花岗岩和伟晶岩形成深度

前已述及，甲基卡二云母花岗岩具有壳源熔融 S 花岗岩特征。从地质特征看，伟晶岩显然位于二云母花岗岩的顶部或者近处围岩中，形成深度要比花岗岩浅。深源花岗岩和浅源花岗岩有不同的同位素比值和稀土元素含量（王联魁等，1987）。一般认为，深源的 Sr 同位素初始比值比较低，为 0.7043~0.711，多数接近地幔值，浅源的非常高，如 0.725~0.8307，显示地壳来源的特征。甲基卡二云母花岗岩的 Sr 初始比值 a=0.7238（±0.044），伟晶岩的 Sr 初始比值 a=0.7088（±0.0011），说明二云母花岗岩为地壳来源特征，而伟晶岩却可能有深部流体补充。

深源稀有元素花岗岩的 $\delta^{18}O$ 较低（6.9~7.4），接近地幔，而浅源的高，为 10.1‰~15.2‰，甲基卡伟晶岩流体包裹体 $\delta^{18}O$ 为 9.1‰~16.2‰，也说明伟晶岩是在较浅部位成矿的。

华南地区稀有金属成矿特征表明深源稀有元素花岗岩全岩稀土总量比浅源的高，深源花岗岩稀土总量 226×10^{-6}，而浅源系列花岗岩稀土总量低，甲基卡二云母花岗岩的稀土总量只有 36×10^{-6}，与华南浅源系列的稀有金属花岗岩相当。

甲基卡稀有金属矿田的二云母花岗岩和伟晶岩具有浅源特征，但是伟晶岩可能由于有深部流体的补充而具有浅源和深原的双重特征。

川西地区自晚三叠世以来印支运动褶皱回返，地壳全面上升进入隆升剥蚀阶段，一直到新近纪基本未接受沉积。西康群在该区累计总厚度为 5000m 左右，伟晶岩侵入西康群中，故二云母花岗岩侵位深度、伟晶岩形成深度大约与地层厚度相当，即 5000m 左右。根据前人资料，流体包裹体的捕获压力约为 200MPa，此压力为流体压力。成矿是压力和温度降低导致成矿物质沉淀，因此俘获的流体压力很可能大于静岩压力，如果按照流体压力高于静岩压力 10%计算，花岗岩侵位深度或伟晶岩形成深度约 6.8m。因此甲基卡花岗岩、伟晶岩形成深度应该在 5~7km，属于中浅层壳源岩浆岩。

第二节　成岩成矿时代

二云母花岗岩与花岗伟晶型稀有金属成矿作用具有十分密切的关系，其形成时代对于研究稀有金属成矿作用过程具有重要的意义，前人的调查研究中也给予了高度的关注（唐国凡等，1984；吴利仁，1993；王登红等，2005）。本次研究，对二云母花岗岩采用激光剥蚀 LA-ICP-MS 锆石 U-Pb 同位素、新三号矿脉（X03）采用激光剥蚀 LA-ICP-MS 锆石、铌钽氧化物 U-Pb 同位素进行了测年，获得了精度较高的成岩成矿年龄。

一、二云母花岗岩的锆石 U-Pb 年龄

在甲基卡稀有金属矿田马颈子二云母花岗岩体中采集的样品，采用激光剥蚀 LA-

ICP-MS 锆石 U-Pb 同位素测年，测试工作在南京大学内生金属矿床成矿机制研究国家重点实验室完成。

　　二云母花岗岩锆石阴极发光（cathode luminescence，CL）图像显示（图 5-5），锆石晶体多为无色透明，自形程度较高，呈柱状晶体，多数锆石晶体大小为 100～200μm，长宽比一般在 2∶1～3∶1。在 CL 图像上多数锆石具有明显的核幔结构和清楚的震荡韵律环带，显示出岩浆结晶锆石特征。核部 CL 强度较弱，外围 CL 强度较高，反映了 U、Th 含量的变化。

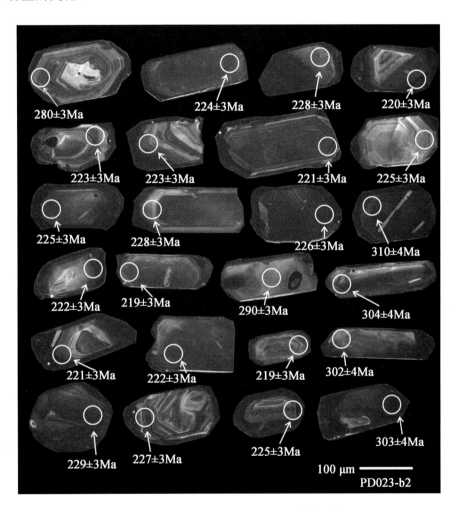

图 5-5　甲基卡二云母花岗岩体锆石 CL 图像及 $^{206}Pb/^{238}U$ 测年结果

　　LA-ICP-MS 锆石 U-Pb 同位素分析结果（表5-4）显示，锆石 Th 含量为 19.40×10^{-6}～303.92×10^{-6}，U 含量为 397.86×10^{-6}～2453.98×10^{-6}，Th/U 比值为 0.01～0.54，平均值为 0.31。样品中除分析点 PD023-11、PD023-21 的 Th/U 比值为 0.01 外，其余各点 Th/U 比值均大于 0.1，具有较高的 Th/U 比值，表明岩浆成因的锆石占主导地位。

表 5-4　甲基卡矿田二云母花岗岩体锆石 U-Pb 同位素分析数据及年龄计算结果

序号	测定点号	^{232}Th (×10⁻⁶)	^{238}U (×10⁻⁶)	Th/U	同位素比值						年龄（Ma）			
					$^{207}Pb/^{206}Pb$		$^{207}Pb/^{235}U$		$^{206}Pb/^{238}U$		$^{207}Pb/^{235}U$		$^{206}Pb/^{238}U$	
					比值	±1σ	比值	±1σ	比值	±1σ	年龄	±1σ	年龄	±1σ
1	PD023-01	201.52	642.95	0.31	0.05038	0.00063	0.30791	0.00431	0.04433	0.00054	273	3	280	3
2	PD023-02	124.19	453.62	0.27	0.05341	0.00093	0.26086	0.00465	0.03543	0.00044	235	4	224	3
3	PD023-03	174.90	466.55	0.37	0.05269	0.00089	0.26172	0.00454	0.03603	0.00044	236	4	228	3
4	PD023-04	125.28	453.40	0.28	0.05069	0.00085	0.24280	0.00421	0.03474	0.00043	221	3	220	3
5	PD023-05	145.55	468.52	0.31	0.05022	0.00086	0.24343	0.00430	0.03516	0.00043	221	4	223	3
6	PD023-06	122.69	462.22	0.27	0.05051	0.00074	0.24501	0.00386	0.03519	0.00043	223	3	223	3
7	PD023-07	120.41	397.86	0.30	0.05097	0.00080	0.24495	0.00406	0.03486	0.00044	222	3	221	3
8	PD023-08	121.28	516.48	0.23	0.05111	0.00085	0.25020	0.00433	0.03551	0.00044	227	4	225	3
9	PD023-09	170.74	497.06	0.34	0.05273	0.00095	0.25820	0.00475	0.03552	0.00045	233	4	225	3
10	PD023-10	156.61	477.41	0.33	0.05913	0.00119	0.29338	0.00595	0.03599	0.00047	261	5	228	3
11	PD023-11	19.40	1985.35	0.01	0.05298	0.00085	0.26060	0.00452	0.03569	0.00047	235	4	226	3
12	PD023-12	241.62	444.72	0.54	0.05358	0.00084	0.36361	0.00601	0.04922	0.00061	315	4	310	4
13	PD023-13	120.26	450.36	0.27	0.05012	0.00075	0.24193	0.00381	0.03502	0.00042	220	3	222	3
14	PD023-14	153.58	516.96	0.30	0.05080	0.00085	0.24218	0.00417	0.03458	0.00042	220	3	219	3
15	PD023-15	209.75	525.98	0.40	0.04962	0.00063	0.31519	0.00444	0.04607	0.00056	278	3	290	3
16	PD023-16	187.57	483.04	0.39	0.05038	0.00065	0.33515	0.00476	0.04826	0.00059	293	4	304	4
17	PD023-17	144.94	497.49	0.29	0.05078	0.00154	0.24415	0.00679	0.03487	0.00043	222	6	221	3
18	PD023-18	169.86	486.63	0.35	0.05104	0.00076	0.24658	0.00386	0.03504	0.00042	224	3	222	3
19	PD023-19	129.09	490.39	0.26	0.05060	0.00073	0.24114	0.00370	0.03456	0.00042	219	3	219	3
20	PD023-20	175.21	472.00	0.37	0.05028	0.00067	0.33203	0.00486	0.04790	0.00059	291	4	302	4
21	PD023-21	33.81	2453.98	0.01	0.05130	0.00061	0.25571	0.00333	0.03616	0.00042	231	3	229	3
22	PD023-22	145.95	511.49	0.29	0.04944	0.00097	0.24380	0.00484	0.03577	0.00045	222	4	227	3
23	PD023-23	145.26	427.74	0.34	0.05000	0.00128	0.24512	0.00619	0.03557	0.00048	223	5	225	3
24	PD023-24	303.92	602.78	0.50	0.05263	0.00097	0.34922	0.00655	0.04814	0.00060	304	5	303	4

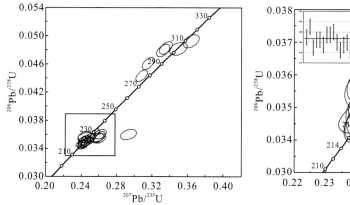
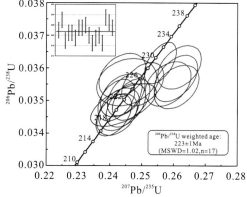

图 5-6　二云母花岗岩体锆石 U-Pb 谐和图及 $^{206}Pb/^{238}U$ 加权平均年龄分布图

由表 5-4 可以看出，有 4 颗锆石的年龄值相对于其他锆石年龄值明显偏大，其 $^{206}Pb/^{238}U$ 年龄分别为 310±4Ma（12 号）、304±4Ma（16 号）、302±4Ma（20 号）、303±4Ma（24 号）。在 CL 图像上（图 5-5），这 4 颗锆石的分析点都位于核幔分界处，核部比幔部亮度大，且核部分带较弱，认为其核部为继承性岩浆锆石。因此，该 4 颗锆石大于 300Ma 的年龄可能受到了老锆石的混染，导致其年龄相对于其他锆石年龄值明显偏大，亦或为捕获锆石年龄。其余 17 个点投点较为集中（图 5-6），$^{206}Pb/^{238}U$ 加权平均年龄为 223±1Ma（n=17，MSWD=1.02），为岩体中锆石的结晶年龄。这一结果表明，甲基卡二云母花岗岩形成时代为晚三叠世诺利期（227~208.5Ma，国际年代地层表，2013），为松潘-甘孜造山带印支晚期的产物。

二、稀有金属伟晶岩的 U-Pb 同位素年龄

对 X03 钠长锂辉石伟晶岩脉采用激光剥蚀 LA-ICP-MS 锆石、铌钽氧化物 U-Pb 同位素进行了测年。样品由南京大学内生金属矿床成矿机制研究国家重点实验室测试完成。

1. 锆石 U-Pb 同位素年龄

X03 脉中锆石 CL 图像（图 5-7）显示，锆石晶体多为无色透明，自形程度一般，多数呈不规则状，少数呈柱状或粒状晶体，绝大多数锆石晶体大小在 100～200μm，长宽比

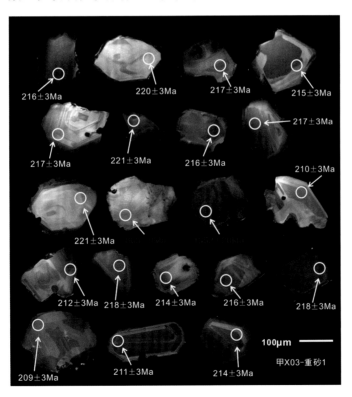

图 5-7　X03 伟晶岩（矿）脉岩锆石 CL 图像及 $^{206}Pb/^{238}U$ 测年结果

一般在 1∶1～1∶2。在 CL 图像上多数锆石具有明显的核幔结构和清楚的震荡韵律环带，显示出岩浆结晶锆石的特征。核部 CL 强度较弱，外围 CL 强度较高，反映了 U、Th 含量的变化。

样品 LA-ICP-MS 锆石 U-Pb 同位素分析结果及年龄计算结果见表 5-5，锆石 Th 含量为 $43.59 \times 10^{-6} \sim 288.08 \times 10^{-6}$，U 含量为 $96.72 \times 10^{-6} \sim 429.19 \times 10^{-6}$，Th/U 比值为 0.45～0.76，平均值为 0.60。样品中所有点 Th/U 比值均大于 0.1，具有较高的 Th/U 比值，表明岩浆成因的锆石占主导地位。从 $^{206}Pb/^{238}U$ 年龄可以看出，10、11 号分析点相对于其他 18 个分析点，其年龄值相差较大，具明显的离散性。其余 18 个点投点较为集中(图 5-8)，均投于谐和线上或者谐和线附近，$^{206}Pb/^{238}U$ 加权平均年龄为 216±2Ma(n=18，MSWD=1.4)，为矿脉中锆石的结晶年龄。

表 5-5　X03(矿)脉锆石 U-Pb 同位素测定结果

序号	测定点号	^{232}Th （×10^{-6}）	^{238}U （×10^{-6}）	Th/U	同位素比值						年龄（Ma）			
					$^{207}Pb/^{206}Pb$		$^{207}Pb/^{235}U$		$^{206}Pb/^{238}U$		$^{207}Pb/^{235}U$		$^{206}Pb/^{238}U$	
					比值	±1σ	比值	±1σ	比值	±1σ	年龄	±1σ	年龄	±1σ
1	X03-01	207.11	363.57	0.57	0.05068	0.00079	0.23821	0.0039	0.03409	0.00042	217	3	216	3
2	X03-02	77.96	158.78	0.49	0.04947	0.00113	0.23667	0.00543	0.0347	0.00046	216	4	220	3
3	X03-03	167.83	292.32	0.57	0.05055	0.00111	0.23871	0.00538	0.03425	0.00047	217	4	217	3
4	X03-04	183.38	297.10	0.62	0.05072	0.00099	0.23736	0.00475	0.03394	0.00044	216	4	215	3
5	X03-05	159.65	286.00	0.56	0.051	0.0009	0.24099	0.00443	0.03427	0.00044	219	4	217	3
6	X03-06	285.29	408.41	0.70	0.05015	0.00101	0.24099	0.00489	0.03485	0.00044	219	4	221	3
7	X03-07	235.28	349.37	0.67	0.051	0.0009	0.23973	0.00439	0.0341	0.00043	218	4	216	3
8	X03-08	248.66	402.65	0.62	0.05046	0.00099	0.2381	0.00483	0.03423	0.00046	217	4	217	3
9	X03-09	65.61	132.03	0.50	0.04918	0.00128	0.23629	0.00619	0.03485	0.00049	215	5	221	3
10	X03-10	43.59	96.72	0.45	0.06643	0.00104	1.22475	0.02011	0.13372	0.00167	812	9	809	9
11	X03-11	52.30	105.48	0.50	0.11361	0.00134	5.54051	0.07348	0.35375	0.00428	1907	11	1952	20
12	X03-12	314.13	429.19	0.73	0.05253	0.001	0.24018	0.00475	0.03316	0.00044	219	4	219	3
13	X03-13	116.75	190.52	0.61	0.05038	0.00109	0.23271	0.00509	0.0335	0.00044	212	4	212	3
14	X03-14	134.94	253.78	0.53	0.05048	0.00084	0.23952	0.00419	0.03442	0.00043	218	3	218	3
15	X03-15	288.08	380.56	0.76	0.05042	0.00085	0.2348	0.00411	0.03378	0.00042	214	3	214	3
16	X03-16	273.62	358.39	0.76	0.0504	0.00094	0.23652	0.00453	0.03404	0.00043	216	4	216	3
17	X03-17	166.90	291.97	0.57	0.05001	0.00086	0.23688	0.00422	0.03436	0.00042	216	4	218	3
18	X03-18	136.66	272.32	0.50	0.05078	0.00117	0.23026	0.00533	0.0329	0.00044	210	4	209	3
19	X03-19	121.29	198.05	0.61	0.05331	0.00152	0.24461	0.00682	0.03328	0.00047	222	6	211	3
20	X03-20	117.30	202.78	0.58	0.05153	0.00127	0.23993	0.00585	0.03378	0.00045	218	5	214	3

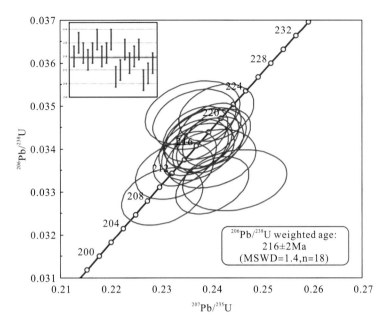

图 5-8   X03 伟晶岩(矿)脉锆石 $^{206}Pb/^{238}U$ 加权平均年龄分布图

2. 铌钽氧化物 U-Pb 同位素年龄

X03 伟晶岩矿脉 LA-ICP-MS 铌钽氧化物 U-Pb 同位素分析结果及年龄计算结果见表5-6，20 个点投点较为集中图 5-9，均投于谐和线上或者谐和线附近，$^{206}Pb/^{238}U$ 加权平均年龄为 214±2Ma（n=20，MSWD=0.99），为矿脉中铌钽氧化物的结晶年龄。

表 5-6   X03 伟晶岩(矿)脉铌钽氧化物 U-Pb 同位素测定结果

序号	同位素比值						年 龄（Ma）			
	$^{207}Pb/^{206}Pb$		$^{207}Pb/^{235}U$		$^{206}Pb/^{238}U$		$^{207}Pb/^{235}U$		$^{206}Pb/^{238}U$	
	比值	±1σ	比值	±1σ	比值	±1σ	年龄 ±1σ	±1σ	年龄	±1σ
1	0.05222	0.00128	0.24738	0.00569	0.03437	0.00077	224	5	218	5
2	0.05337	0.00119	0.25436	0.00537	0.03457	0.00076	230	4	219	5
3	0.0498	0.00131	0.22592	0.0056	0.03291	0.00074	207	5	209	5
4	0.05271	0.00142	0.24693	0.00627	0.03399	0.00078	224	5	216	5
5	0.05188	0.004	0.2428	0.01779	0.03395	0.00111	221	15	215	7
6	0.05035	0.00141	0.23346	0.00617	0.03364	0.00078	213	5	213	5
7	0.05409	0.00212	0.25511	0.00936	0.03422	0.00087	231	8	217	5
8	0.05015	0.00239	0.23028	0.01036	0.03332	0.00089	210	9	211	6
9	0.05415	0.00107	0.25464	0.00483	0.03412	0.00075	230	4	216	5
10	0.0568	0.00491	0.2627	0.02134	0.03355	0.00127	237	17	213	8
11	0.04603	0.00272	0.21116	0.0119	0.03329	0.00095	195	10	211	6
12	0.04601	0.00191	0.19979	0.00789	0.03151	0.00081	185	7	200	5
13	0.05393	0.00276	0.25039	0.01202	0.0337	0.00096	227	10	214	6

续表

序号	同位素比值						年 龄（Ma）			
	$^{207}Pb/^{206}Pb$		$^{207}Pb/^{235}U$		$^{206}Pb/^{238}U$		$^{207}Pb/^{235}U$		$^{206}Pb/^{238}U$	
	比值	±1σ	比值	±1σ	比值	±1σ	年龄±1σ	±1σ	年龄	±1σ
14	0.05399	0.00466	0.24513	0.02008	0.03295	0.00118	223	16	209	7
15	0.05473	0.00248	0.2525	0.01071	0.03349	0.00093	229	9	212	6
16	0.05005	0.00186	0.23334	0.00822	0.03384	0.00086	213	7	215	5
17	0.05083	0.00142	0.24058	0.00635	0.03435	0.00083	219	5	218	5
18	0.05229	0.0013	0.25569	0.00606	0.0355	0.00084	231	5	225	5
19	0.04548	0.00238	0.21657	0.01077	0.03458	0.00098	199	9	219	6
20	0.05256	0.00122	0.23933	0.00533	0.03307	0.00078	218	4	210	5

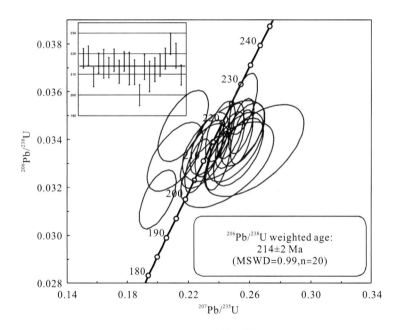

图 5-9　X03 伟晶岩矿脉铌钽氧化物 $^{206}Pb/^{238}U$ 加权平均年龄分布图

三、成岩成矿时代分析

甲基卡稀有金属矿田二云母花岗岩、X03 伟晶岩（矿）脉锆石及铌钽氧化物 U-Pb 同位素测年结果表明，二云母花岗岩体的形成时代为 223±1Ma，X03 矿脉成岩成矿时代为（214±2）～（216±2）Ma。花岗岩与伟晶岩在形成时代上相差 7～9Ma，但均形成于印支末期，是松潘-甘孜印支末期大规模滑脱推覆阶段的产物（郝雪峰，付小方等，2015）。

前人采用全岩-矿物 Rb-Sr 等时线年龄法测得二云母花岗岩的年龄为 214.65±1.6Ma（唐国凡等，1984），对其中的黑云母采用 K-Ar 法，分别获得了 191Ma（唐国凡等，1984）、212Ma（吴利仁，1984）的同位素年龄。对于稀有金属伟晶岩的成矿时代，唐国凡等

(1984)采用 K-Ar 法测得伟晶岩的年龄为 188Ma、181Ma，Rb-Sr 等时线法测得年龄为 189Ma；王登红等(2005)对甲基卡 No.134 脉和 No.104 脉进行了测年，获得了 Ar-Ar 法坪年龄分别为 195.7Ma、198.9Ma，等时线年龄分别为 195Ma、199Ma。本次采用的锆石、铌钽氧化物 U-Pb 同位素测年结果均老于前人采用 Rb-Sr 等时年龄法、Ar-Ar 法所获得的花岗岩及伟晶岩的成岩成矿年龄，考虑到 LA-ICP-MS 锆石 U-Pb 同位素是目前测年精度较高的同位素年龄测试方法，因此甲基卡稀有金属矿田花岗岩以及伟晶岩的成岩成矿时代应为印支末期。但是应该指出的是，由于本次研究仅对 X03(矿)脉 1 个脉体进行了锆石 U-Pb 同位素测年，从前人测试结果看，也不排除多阶段成岩成矿的可能性。

甲基卡二云母花岗岩、伟晶岩均侵入于上三叠统侏倭组、新都桥组之中。在矿田内侏倭组、新都桥组受岩体侵入及构造作用的影响，发生强烈的动热变质作用，未发现有古生物化石。但邻区区域地质调查结果表明，侏倭组、新都桥组中含有西南地区卡尼期双壳标准化石带 *Halobia pluriracliata*－*H.rugosides* 组合的主要分子，如：*Halobia pluriradiata*，*H.rugosoides, H.convexa, H.austriaca, H.rugosa, H.yunnanensis* 等。这些化石均是西南地区云南保山、剑川、四川雅江、侏倭、新龙、唐克及松潘等地晚三叠世卡尼期的重要分子，上述种也是越南、中南半岛、西欧等地卡尼期的常见分子。因此，根据地层中的双壳化石特征，其时代为晚三叠世卡尼期(227~237Ma，国际年代地层表，2013)。甲基卡二云母花岗岩、X03 矿脉锆石 U-Pb 同位素测年结果均晚于侵入的地层，这与宏观地质事实是相吻合的。

甲基卡二云母花岗岩与 X03 矿脉锆石 U-Pb 同位素测年结果表明，花岗岩与稀有金属伟晶岩在成岩成矿时间上基本一致，两者仅相差 7Ma，这与可尔因稀有金属矿田花岗岩与伟晶岩之间有较大的时间差具有显著的不同。可尔因复式花岗岩中，二云母花岗岩体锆石 U-Pb 年龄为 204Ma(廖远安等，1992)、太阳河黑云二长花岗岩 LA-ICP-MS 锆石 U-Pb 年龄为 229.3Ma(n=28，MSWD=5.0)(赵永久，2007)，花岗岩形成时代为 204~229Ma；而侵入花岗岩中的伟晶岩脉的白云母 $^{40}Ar/^{39}Ar$ 测年结果为 176Ma(李建康等，2007)，两者年龄相差 28Ma。李建康等(2007)对可尔因稀有金属矿床成矿机理的研究认为，伟晶岩是酸性岩浆，特别是晚期酸性岩浆侵位后残余岩浆结晶分异的产物。甲基卡二云母花岗岩与稀有金属伟晶岩形成年龄差距较小，这从另一个侧面说明甲基卡稀有金属矿床不属于残余岩浆结晶分异成因，而是 Li-F 花岗岩液态不混溶作用的产物。

第三节　构造岩浆的控矿作用

一、成岩成矿的构造背景

上述表明，甲基卡二云母花岗岩与稀有金属伟晶岩具有密切的时空及成因联系，两者均为松潘-甘孜造山带印支末期滑脱推覆造山阶段的产物。二云母花岗岩的岩石地球化学特征及构造环境分析表明，为后碰撞阶段的强过铝质花岗岩。后碰撞环境是一个复杂的环境，该时期包括了诸如板块之间沿剪切带的大规模运动、合拢、岩石圈拆层作用、小型海洋板块的俯冲以及裂谷的生成等(肖庆辉等，2002)。

20世纪80年代，Pitcher(1983)、Pearce等(1984)、Harris等(1986)指出，与碰撞有关的强过铝质花岗岩是在同碰撞早期的地壳收缩与堆叠阶段中形成的。现有的研究发现，强过铝质花岗岩形成于后碰撞阶段，它们是在地壳加厚达到最高值以后才定位的(Sylvester，1998)。对欧洲大量广泛分布的340~300Ma海西造山作用的强过铝质花岗岩的研究，现已确认几乎所有的花岗岩都是在与碰撞有关的中压(Barrovian)变质事件之后侵位的，而且确实是与高温/低压区域变质作用以及伸展和走滑断层运动有关(Finger et al., 1997)。在欧洲的阿尔卑斯山脉，与碰撞有关的强过铝质花岗岩也是后碰撞的，在紧跟着45~35Ma的与主碰撞有关的高压区域变质作用之后，在33~25Ma形成了一定数量的强过铝质花岗岩，还有适量的钙碱性花岗岩和少量的与伸展有关的橄榄玄粗岩、超钾质的岩浆作用，这些花岗岩是褶皱作用以后的南-北向挤压以及东-西向伸展过程中，沿走滑断层体系侵位的(Bellieni et al, 1996)。

本次获得二云母花岗岩中锆石 LA-ICP-MS U-Pb 同位素测年结果为 223±1Ma。根据这一测年结果，造山后期热隆伸展的时限应在220Ma左右。可以推测220Ma左右是松潘-甘孜造山带碰撞作用的结束，后碰撞伸展作用开始的时期。甲基卡二云母花岗岩、伟晶岩应形成于松潘-甘孜造山带从主造山期挤压体制向造山后期伸展体制过渡的时期，伟晶岩脉是和二云母花岗岩同期或稍晚期岩浆演化产物。

印支晚期以来，松潘-甘孜造山带由于北部的劳亚板块、西部的昌都-羌塘微板块和东部的扬子板块之间俯冲、碰撞，发生了大规模的滑脱-推覆造山，大规模不连续逆冲事件造成的构造岩片叠置加厚了大陆岩石圈的厚度，导致了重力的不稳定性。多层次滑脱，特别是深部的滑脱作用过程伴随的地壳局部熔融，产生等温线上升，高热流的花岗岩浆侵位和地壳的软化(许志琴等，1992)。造山后期大量印支晚期至燕山早期地壳重熔及 S 型花岗岩的侵入，使冷地壳转变为热地壳。在南北向和东西向双向非共轴挤压收缩变形构造体制下，热隆伸展、滞后伸展是岩浆-构造穹窿变质体形成的重要阶段，出现以上升的深熔花岗岩体为中心而上隆的热隆伸展构造，也是花岗岩型稀有金属成矿的重要阶段。

造山期后热隆伸展期及滞后伸展期，除伴有稀有金属伟晶岩形成外，还表现为因热松弛而引起退变质。其 *P-T-t-D* 轨迹表明(图 5-10)，总体是一连续的顺时针环，变形变质阶段的温度、压力变化表现为：该区曾经历增压增温—降压增温—缓慢降压降温的三个阶段，各阶段的地温梯度($\Delta T/\Delta P$)均大于 30°/km，显示甲基卡及邻区是一个高热流活动带(侯立玮、付小方，2002)。

甲基卡穹窿体中的二云母花岗岩正是在这一构造动力学背景下，由三叠纪西康群砂泥质复理石沉积物经局部熔融侵位而成。由于甲基卡岩浆底辟穹窿的形成，导致了应力松弛，使上覆岩层滑脱剪切，相伴形成大量剪切张裂隙和剪切断裂。同时岩浆岩侵位后岩体冷却收缩使岩体内部压力突然释放形成大量张性裂隙。因此伟晶岩形成阶段的构造环境由相对封闭转向相对开放的环境。岩浆上侵时压力突然降低，致使花岗岩浆中熔离出的富挥发分等的岩浆团发生液态分离和不混溶，此类 Li-F 花岗岩，对稀有金属矿床的形成起着十分重要的作用。当其侵入到围岩层间或裂隙中缓慢冷却时，即形成岩浆液态不混溶型富含稀有金属元素的伟晶岩。

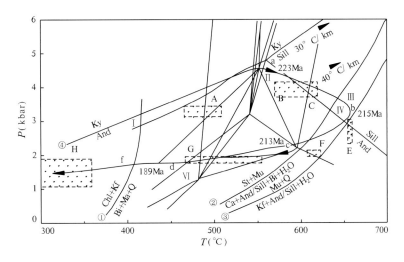

图 5-10　甲基卡及邻区岩浆底辟穹窿形成演化 *P-T-t-D* 轨迹图

（据侯立玮、付小方，2002，修改）

方框.*P-T* 区间；虚线.推测；实线.实测；A.Ga 带的 *P-T*；B.And-St 带的 *P-T*；C.十字石带的 *P-T*；E.花岗岩结晶的 *P-T*；F-G.花岗伟晶岩结晶的 *P-T*；H.晚期退变质的 *P-T*；a.花岗岩形成年龄；b.花岗岩冷却年龄；c.花岗伟晶岩形成年龄；d.花岗伟晶岩活动结束年龄；Ⅰ-Ⅱ.D₁演化阶段；Ⅱ-Ⅳ.D₂演化阶段；Ⅳ.D₃-D₄演化阶段（滞后伸展及低温动力变质阶段）

二、岩浆侵位机制与控矿条件

（一）岩浆侵位机制

导岩构造牵涉到岩浆垂直上升和横向侵位的方式。岩浆的上升方式有主动侵位和被动侵位。主动侵位主要是以底辟和气球膨胀方式发生，被动侵位主要是以岩浆沿构造通道上升为主火山口塌陷作用、岩墙扩展作用、顶蚀作用。岩浆的侵位方式是比较复杂的，大多数情况下随着侵位深度、构造环境的变化，在地壳不同层次侵位的花岗岩浆具有不同的温度压力条件，与围岩之间存在不同的密度差和黏度差，加之不同地壳层次存在着不同的岩石流变学特征，导致花岗岩浆在地壳不同层次具有相异的侵位机制和侵位构造特征（冯佐海等，2009）。甲基卡岩体就表现出从深部底辟上升过程中从花岗岩到伟晶岩不同的侵位方式的变化。

1. 深部岩浆的底辟熔融和岩墙式上升

地质学和深部物探表明，甲基卡岩体早期是以底辟作用为主。表现在：①平面上多呈圆形或椭圆形穹窿构造；②围岩构造大致围绕同构造底辟侵位的花岗岩岩体中心向外倾斜，接触变质作用生成的变斑晶与底辟作用形成的面理同步生长；③在底辟周围可以有底辟上升形成的剪切现象，包括韧性剪切带的发育及糜棱岩；④形成典型环状动力热流变质作用巴洛克式变质分带。同时，物探和地质资料表明，甲基卡花岗岩基大致呈南北向展布，因此岩浆上升过程中可能借助了早期的深大断裂或者由于岩浆上隆作用使早期的深大断裂再度活动张开，岩浆沿近南北向构造呈侵位上升。

2. 气球膨胀上升和顶蚀作用

甲基卡二云母花岗岩与围岩接触带具有如下特征：

(1)物探资料表明甲基卡岩体的平面形态呈不规则椭圆形，立体形态则为蘑菇状。在岩体上部发生横向拓宽，而围岩则发生纯剪切和简单剪切变形。

(2)二云母花岗岩与围岩接触较规则，略显波状起伏。接触界线突变，外接触带变质蚀变强烈，内接触带见云英岩化，具细粒冷凝边结构。

(3)岩浆的有力贯入使围岩片理与岩体边界呈小角度相交或平行接触，岩体的边缘相带强烈发育平行于接触带的面状流动组构，其发育程度由接触面向岩体中心递减，在岩体边缘发育最强。

(4)近岩体的围岩中发育平行于接触带的面状组构，其发育程度从接触面向外逐渐减弱；在岩体的边缘发育有定位裂隙，常被细晶岩、伟晶岩等充填。

(5)接触带中变质矿物(变斑晶、叶理等)同构造生长。

(6)岩体顶部见围岩捕虏体或围岩的残余顶盖，多被同化、改造。

以上特征符合 Ramsay 于 1981 年提出的岩浆气球膨胀作用机制特征(马昌前，1988；张志强，1993)，说明二云母花岗岩在上升过程中可能由于脉动式岩浆补充使岩体不断膨胀，到晚期主要以横向扩张为主。同时岩体上升过程中也发生了类似顶蚀作用，使围岩呈残留或捕虏体形式存在。

3. 伟晶岩脉动式侵入

甲基卡伟晶岩普遍存在脉动式充填结构和构造特征，脉动不仅表现在不同期次脉体的互相穿插交代，也表现在同一脉体不同结构的交替互层。如 No.134 脉中细晶钠长锂辉石伟晶岩穿插于巨晶微斜长石伟晶岩之中；No.104 脉体钠长石型伟晶岩切割微斜长石-钠长石型伟晶岩，微斜长石-锂辉石型伟晶岩侵入切割前二者。同时，如 X03 脉体不同粒度伟晶岩矿脉也有互相穿插或互层，导致微晶毛发状-细晶粒状-中粗粒梳状呈韵律式互层，另脉体中还见有中粗粒石英-锂辉石伟晶岩脉穿插于不同粒径和结构互层的钠长石锂辉石伟晶岩中。

野外调查发现，多数伟晶岩-细晶岩是沿裂隙贯入的(见前述)，这些裂隙包括岩浆顶部的冷缩裂隙，围岩层间裂隙及围岩剪切裂隙等，围岩裂隙表现为空间的扩张位移特点，为伟晶岩的定位提供了空间。

由于甲基卡岩体大多为隐伏岩体，第四系覆盖较严重，目前我们还没有获得二云母花岗岩脉动的直接的地质证据。不过从岩浆分异演化角度讲，如果分批次侵位聚合的岩浆间隔短，互相之间可能不存在明显的分异演化特征。从年代学上看，前人对二云母花岗岩和伟晶岩年龄测试结果也表明二云母花岗岩和伟晶岩均可能经历了一个多期次的活动，总体上二云母花岗岩和伟晶岩年龄大致相同，或者伟晶岩是二云母花岗岩较晚期的产物。

因此，甲基卡岩体早期是以底辟式侵位上升为主，由于间歇式双向挤压，深部岩浆的不断补充，岩浆不断膨胀造成横向扩张，到达浅部后由于岩浆分异作用产生伟晶岩熔体向容矿裂隙贯入。

(二)岩浆侵位机制对成矿的控制

与岩浆作用有关的矿床成矿作用本身往往就是岩浆作用的一部分,岩浆演化的不同必将导致成矿作用的差异。岩浆不同的侵位机制具有不同热动力学条件,产生不同的岩浆演化特征,从而制约成矿作用(冯佐海,2009)。

1. 底辟岩浆熔融和岩墙式上升对成矿控制

甲基卡岩体具有深部熔融特征,岩浆形成初期底辟作用上升时处于较深部比较封闭环境下,岩浆岩压力大,散热较慢,有利于富挥发成分和成矿元素的溶液保存(罗照华等,2013);有利于形成热流循环系统,从围岩中汲取有用组分,使成矿元素高度聚集;有利于维持充分高的热流来支持晚期的热液循环,使岩浆有充足的时间和聚集机制释放出形成矿床所需的足够稀有金属物质。同时这种浆熔融体可以弥漫性地沿构造裂隙网络,如厘米尺度的透入性劈理、面理,运移上升,并汇聚在一起形成一定规模的岩浆囊,然后再继续向地壳浅部上升运移(Collins and Sawyer,1996;Olivier et al.,2008)。借助构造通道呈岩墙式使岩体比较快速地上升,不至于因为缓慢上升散失热量和逐步结晶。

2. 气球膨胀-岩浆脉动式侵入充填交代控矿作用

底辟作用的晚期主要是气球式膨胀侧向挤压阶段,花岗岩常常以气球膨胀的底辟方式连续侵位。底辟作用的主要动力是浮力和热动力,一旦岩浆刺穿围岩,由于围岩的强度较大,岩浆的底辟上升就会停止而定位。

甲基卡伟晶岩脉的互相穿插结构表明岩浆曾经多期脉动侵入,伟晶岩岩浆的脉动又与岩体气球式膨胀相伴随。后期较酸性的岩浆不断向岩体中心上升侵位,每一次岩浆脉动都会引起对先期固结的岩浆物质向四周的辐射状推挤,从而发生膨胀,不断帮助岩浆拓展侵位空间,从而逐渐形成大型花岗岩基。气球膨胀作用使接触带进一步发生总体压扁变形,并且岩浆沿与围岩的接触面横向运移。脉动式侵位岩体是在深断裂控制下由多期次岩浆活动形成的,岩浆与下部岩浆房保持长期联系,它们在其后的地质历史阶段不断地获得地下物源的补给。在岩浆的多次脉动侵入和矿化过程中,处于相对高位岩浆房中的岩浆通过二次沸腾,释放出超临界状态的沸腾热流体,它增大了岩浆熔融体的内能及破坏围岩的机械能。较之单一侵入的岩浆热力、机械和化学作用对围岩一般会更为强烈、充分,岩石的破裂程度会更高,这将大大提高侵入接触构造体系的裂隙度和渗透率,有利于矿液流动和矿石沉淀(张天宇等,2012)。

伟晶岩脉动式侵入不仅使早期形成的伟晶岩在先存裂隙中充填,而且能够通过膨胀方式不断拓展空间。而且甲基卡伟晶岩脉动式侵位同时具备顶蚀作用的部分特征,如常见围岩的捕房体和残留体,伟晶岩与围岩接触带普遍发育电气石角岩带以及堇青石带,而且蚀变带明显有大量稀有金属和挥发成分加入。这说明伟晶岩岩浆仍然是保持较高温度的富含成矿物质和挥发成分的流体或熔体,其能够对早期的伟晶岩进行改造,表现为对早期伟晶岩的穿插破坏和交代叠加,致矿化的进一步富集。

若岩浆侵入形成规模矿床牵涉两个重要条件(张旗等,2015):一是岩浆入侵携带的成矿物质，其二是岩浆热场导致流体的循环流动。矿床不是一次形成的，一次性成矿流体携带的成矿物质毕竟有限，多数大而富的矿床经历了后期的叠加富集，而这种物质的补充需要一个有利于流体对流上升的热场。岩浆脉动式侵入不仅能多次补充成矿物质，由于其高温流体属性还能保持一个相对稳定的成矿岩浆热场，这个热场不仅有利于源于深部富含稀有元素和挥发分流体上升，还能够使被热场加热的围岩中的水进一步释放出来，带来一些稀有元素在地壳浅部成矿。

因此，甲基卡岩体主要侵位机制为脉动式气球膨胀底辟方式，从同源岩浆分异演化看，在相同的侵位机制条件下，岩浆多次脉动侵位较之一次侵位更有利于矿化作用的发生。

三、控矿裂隙系统特征

(一)控矿裂隙系统

该区经历了陆内造山的南北向和东西向双向收缩作用，使陆壳熔融的花岗岩浆流垂直上升，导致了上部地壳的减薄，岩浆辟底侵位至顶部的过程中转化为伸展机制，热穹窿构造形成是花岗岩侵位导致的。从垂直上升岩浆体顶部挤压机制到周缘伸展机制的转化过程，不仅给含稀有元素和挥发组分的伟晶岩熔体溶液提供了物质基础，而且还使内外压力相适应，给稀有元素及挥发组分向岩体上部或周缘富集创造了有利条件。不会因外压力过大而使稀有元素不能集中而趋于分散，也不会因外压力过小而使稀有元素大量逸出。

在穹窿周缘的围岩中，同构造的伸展作用形成褶皱轴面变化的系列褶皱和顺层韧性剪切带，以及穹窿顶部、周缘的节理裂隙，尤其是剪张切裂隙大量发育，给伟晶岩熔体溶液的上升提供了良好的通道和聚集场所。这些伴随花岗岩底辟侵位过程中产生的褶皱和顺层韧性剪切带以及节理裂隙构成的系统是主要的导矿构造。穹窿体北段由于岩体向北西倾伏，伟晶岩脉未大量出露。

前述遥感、重磁异常以及地质调查分析，推断甲基卡有较大规模的隐伏花岗岩岩基存在，其埋藏深度为 0～2km，岩体大致呈不规则的椭圆形，走向呈近南北展布，分布范围与 200 余平方千米动热变质带一致(见第二章图 2-1)。岩体总体从马颈子向北延伸大约 3km，向北北西倾伏，向东侧伏，延深大约 2km。岩体顶面起伏不平，存在多中心隆起，如南段的马颈子和中段甲基甲米(No.308)为出露于地表的二云母花岗岩株和岩枝。如前第二章第五节伟晶岩产布特征所述，已发现的不同规模的 500 余条伟晶岩脉群，主要集中分布于海拔较高、剥蚀较浅、具有良好封闭条件的岩浆底辟穹窿体中南段顶部及周缘的十字石、十字石红柱石带以及红柱石带所围限的范围内，十字石-红柱石特征矿物的动热变质带大致指示了伟晶岩(矿)脉就位的空间，可以大致圈出稀有伟晶岩脉的范围。

而不同力学性质、不同方向以及不同系统的裂隙构造，控制了稀有金属伟晶岩矿(脉)床的产出，构成了稀有金属伟晶岩矿田，是主要的容矿构造。容矿构造类型由岩体向外形成，岩体冷凝裂隙-层间裂隙、张裂隙，剪切及剪张复合裂隙。由于容矿构造类型的变化，导致伟晶岩的规模、形态、产状在空间的变化，规模由大变小，延深情况亦然，形态由简单到复杂。从重力异常对隐伏花岗岩体形态及伟晶岩就位空间的推断，在二云母花岗岩株的顶部和南北两侧、东西两侧尤其是东侧倾伏端，节理裂隙密集发育，与伟晶岩脉分布一致(图 5-11)，它们中有的形成了如 X03 脉和 No.134 等规模巨大的稀有金属伟晶岩矿(脉)床。

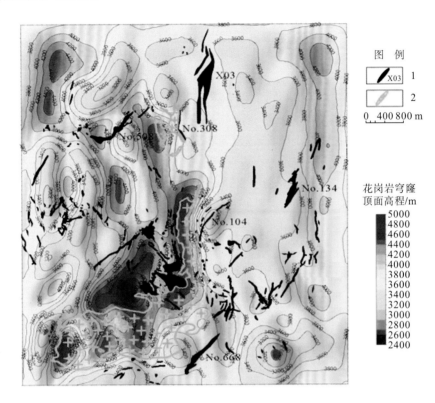

图 5-11　甲基卡重力反演推断花岗岩顶界面形态

1.伟晶岩矿(化)脉及编号；2.出露的马颈子花岗岩体

(二)穹窿不同部位的裂隙控制

由重力布格异常推断，隐伏岩体呈不对称形态，受隐伏花岗岩体的影响，处于穹窿体不同的部位，控制甲基卡伟晶岩占脉裂隙构造的性质和规模而有所不同。

1. 穹窿顶部

穹窿顶部在出露地表的马颈子和甲基甲米二云母花岗岩株(枝)内部，以发育冷缩性质的纵横原生垂向的节理和裂隙为主，贯入形成的伟晶岩规模小，产状较陡，主要受张性裂隙控制；在接触带近处围岩中，也有零星分布，伟晶岩脉由块体状微斜长石组成（Ⅰ型），如 No.49、No.50、No.403、No.409、No.213 脉等。

穹窿体中南段的马颈子至长梁子一带处于穹窿体的顶部，构造作用主要表现为以纯剪切垂直压扁机制作用为主，伟晶岩脉主要受层间裂隙和 X 型剪切裂隙控制。伟晶岩脉多呈断续拉伸的透镜体，肠状断续沿 S_3 片理产布，近岩体的顶面顺层分布的脉体密集分布，呈条带状，规模总体较小。产出的伟晶岩脉以微斜长石钠长石型（Ⅱ型）和钠长石型（Ⅲ型）为主，锂矿化较弱。如宝贝地一带的 No.33、No.34、No.9，长梁子一带的 No.508（矿）脉。

2. 穹窿周缘

穹窿周缘的构造作用以简单剪切机制为主，受此影响，产于穹窿东西两侧的裂隙以剪张裂隙和右行雁列形剪张裂隙为主。其中产于东侧的裂隙，可能受岩体向东侧伏延伸较大的影响，岩浆脉动式的膨胀侵入，先存或同构造的裂隙大多转化为张性和剪张性裂隙，同时早期的劈理也可能互相贯通连接形成张性裂隙，为伟晶岩脉的定位提供了空间，故占脉裂隙成群密集发育，脉体规模往往较大，如产出有 X03 超大型，No.309、No.134 大型，No.131、No.154 和 No.668 等中型的钠长锂辉石（矿）脉；而在西侧花岗岩体往西部延伸较小，占脉裂隙规模较小，仅产出有 No.632 中型的钠长锂辉石型（矿）脉，其他的脉体规模较小；穹窿北缘，由于岩体向北西西向倾伏，占脉裂隙多未出露；穹窿南缘受马颈子岩体南界陡倾的影响，占脉裂隙倾角较陡，规模不大。

（三）不同力学性质裂隙的控制

对代表性伟晶岩脉的调查和勘探工作的证实，控制伟晶岩脉的裂隙构造，也就是具体的矿脉（体）的就位空间，按其力学性质大致可划分为如下 5 种类型。

1. 单一剪切裂隙构造控制的脉体

受单一剪切裂隙构造控制的脉体，以 No.133 脉为代表（图 5-12A）。该脉体出露于穹窿体南段的东缘，走向呈北北东，倾向北西，脉长 600～700m，脉体一般较规则，下盘或上盘围岩在近接触面处见有明显的牵引构造现象，同时在脉体接触面上常有大量的擦痕存在。脉体两侧围岩牵引构造及擦痕的特征表明，这一类伟晶岩脉贯入的裂隙性质应属单一剪切作用。

2. 雁行状剪张性裂隙控制的脉群

雁行状剪切张性裂隙控制的脉群以 No.134 脉为代表。该脉为一组北北东向雁行排列的伟晶岩脉组合而成，显示为右形的剪切张裂隙所控制，由于各单脉中间膨胀部分相互连贯而成一体，总体走向北东 10°～15°，长约千余米，宽数十米，向北西倾斜。每条单脉的两端仍保持其原生裂隙的走向，西倾，地表倾角较陡约 60°，向下变缓 30°～40°，并与脉体总的走向成明显锐角 20°～25°相交，横断面上呈不规则的楔形（图 5-12B）。

3. X 型裂隙控制的网状脉群

X 型裂隙控制的网状脉群以 No.34 脉为代表。它位于二云母花岗岩株由东西走向转为南北走向马颈子的拐弯处内侧的宝贝地一带。伟晶岩脉展布明显受两组剪切裂隙控制，一组走向为北东 20°～40°，另一组走向为 300°～330°。由于这两组裂隙密集发育，伟晶岩熔浆沿裂隙充填而呈网脉状。该脉群周围一系列大致同方向的两组伟晶岩脉的出现，更加证明 No.34 脉是受 X 型裂隙系统所制约的网状脉群(图 5-12C)。

4. 片理或层间裂隙构造控制的岩脉

穹窿顶部沿近南北(北北西)向展布的伟晶岩脉，大部分受片理或层间裂隙控制，规模很小。如 No.508 脉体基本上顺片理贯入，形成由许多小的扁豆状岩脉串通一起的呈串珠透镜状脉体或呈石香肠状特征(图 5-12D)。

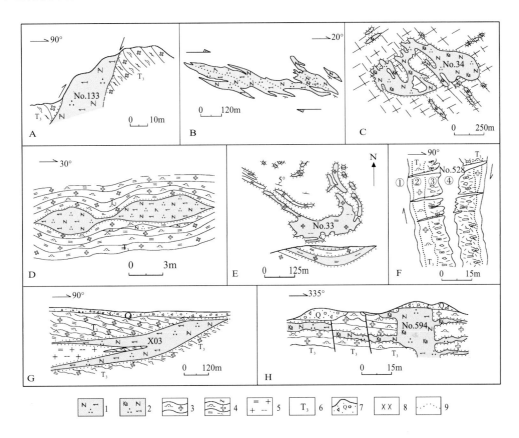

图 5-12 甲基卡控脉(矿)裂隙类型

1.钠长锂辉石脉；2.微斜长石钠长石伟晶岩脉；3.堇青石化十字石红柱石二云母片岩；4.堇青石化十字石二云母片岩；5.二云母花岗石；6.晚三叠纪地层；7.第四系；8.X 型裂隙；9.电气石角岩；A.剪切单脉型；B.剪张雁列型；C.X 型网脉群；D.顺层透镜型；E.层间裂隙型；F.张性封闭型；G.剪张开放复合型；H.剪张分支复合型

No.33 脉位于马颈子二云母花岗岩株西侧地表出露的弯折处的宝贝地，次级向斜构造转折端附近。岩脉明显造层间裂隙所制约。岩脉主体部分呈岩盆或似层状，向北分成两只脉，并且在下部分相连成一体(图 5-12E)。

马颈子二云母花岗岩株东侧，发育一系列顺层的伟晶岩脉，主要受层间裂隙或片理所控制，其中 No.104 脉规模较大，由三条断续延伸的矿脉组成，第一期伟晶岩首先灌入，构成 No.104 号脉的主体，第二期又沿同一通道贯入，切割前者，尤以中段前列，最后为第三期贯入，切割前两者，不同期次伟晶岩的成分和矿化类型各有不同。

5. 复合构造类型控制的岩脉

伟晶岩脉只受单一裂隙类型控制是较少见的，大部分都是受多种裂隙类型控制，伟晶岩脉形态常分为支复合状，在开放的裂隙系统控制下往往构成巨大的伟晶岩脉。如穹窿体中段，北东缘产出的巨大 X03 钠长锂辉石伟晶岩矿脉，平面上形似分支的大脉体。矿体走向近南北，倾向西，矿体东端地表产状较陡，倾角为 68°，向下变缓，倾角 25°～35°，至西端倾角缓至 10°。向下复合为一条巨大的似层状、透镜体状、分支状锂辉石矿脉。表现出既受张剪裂隙控制，又受到层间裂隙的控制(图 5-12G)。

穹窿体中段，西缘措拉海子南端的 No.594 脉，既受近于直立的裂隙控制又沿片理层间裂隙贯入，在剖面上呈马鞍状(图 5-12H)。

（三）不同方向裂隙的控制

通过对甲基卡 500 多条伟晶岩占脉裂隙产状要素的统计，所绘制的玫瑰花图显示（图 5-13），占脉裂隙的走向总体以近南北向为主，与穹窿体走向一致，倾向总体向西或北西倾，对倾角的统计表明，以缓倾 20°～45°为主，其次为中等倾角 45°～60°和60°～70°。

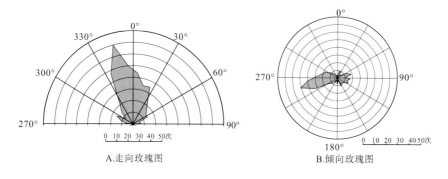

图 5-13　甲基卡矿田占脉构造裂隙玫瑰花图

伟晶岩(矿)脉规模以走向近南北，向西缓倾裂隙控制的最大。如穹窿东缘麦基坦一带的 X03、No.309 以及石英包一带的 No.134 等矿脉均分别达到超大型、大型锂辉石矿床规模。而产状陡倾的裂隙控制的脉体，规模往往较小，如东南缘烧炭沟 No.133、No.151、No.154、X07、X06 等锂辉石钠长型伟晶岩脉以及 No.528、No.82、No.86 铌钽矿等矿脉，西缘、西南缘措普一带的 No.486、No.594 锂辉石钠长型伟晶岩等脉以及No.496、No.498 铌钽矿矿化脉，南缘国采弄巴一带的 No.521、No.539、No.516 等锂辉石钠长型伟晶岩矿脉。

值得注意的是，很多伟晶岩脉在走向和倾向上均有不同程度的变化，呈波状起伏，多数占脉伟晶岩裂隙向深部倾角有变缓之势。

（四）不同系统(相对封闭和开放系统)裂隙的控制作用

通过对主要伟晶岩(矿)脉结构构造的分析以及钻探验证，占脉裂隙既有相对的封闭系统，也有相对的开放系统，对伟晶岩产出状态、结构构造以及锂矿脉的形态和规模起重要的控制作用。初步的统计表明，甲基卡矿田仅少数伟晶岩脉受相对封闭系统裂隙控制外，大多数受相对开放系统裂隙控制，导致了大多数伟晶岩脉对称结构带欠发育，未见著名的稀有金属伟晶岩——新疆可可托海 3 号脉那样的典型的伟晶岩对称分带结构，显示了甲基卡特殊而鲜明的特点。

相对封闭系统的主要特点表现为，一部分伟晶岩熔体溶液贯入到裂隙以后，即与花岗岩-伟晶岩源脱离了联系，在相对封闭的条件下生成伟晶岩。此类占脉裂隙多为张性，伟晶岩分异程度较高，具有比较典型的结构带，但规模都比较小，稀有金属矿化强度不高。如第二章所述的 No.528 和 X09 伟晶岩(矿)脉的特点。

开放系统主要特点表现为，该类裂隙一部分伟晶岩熔体侵入到裂隙以后，处于相对的开放系统，仍与二云母花岗岩-伟晶岩岩源保持着联系，并获得了后期熔体的多次脉动式贯入(物质的补给)，反复充填交代。时间上可以是短暂连续、也可以是间歇性的，而使早期生成的伟晶岩脉再次受到强烈的叠加和强烈的稀有金属矿化，这类的占脉构造好像作为稀有金属化合物沉淀和聚积用于收积槽一样，其脉体特有韵律式带状结构构造的特点，显示多期次脉动式交代富集的特点，形成了品位富、规模大的锂辉石矿脉。

如钻探验证，X03 脉与西侧相邻的 No.309 脉相连，呈分支复合状向西缓倾，呈似层状延伸，发育由微晶毛发—细晶粒状—中粗粒梳状互层构成的韵律式条带构造。锂矿化向西减弱，矿脉规模变小，矿体形态出现分枝、分层的特点，与甲基甲米(No.308)顺层的细晶花岗岩枝相连至尖灭(图 5-14)，成为一条品位富、巨大的伟晶岩锂辉石工业矿脉。显示了受开放裂隙系统控制和矿源多期次补充的特点。

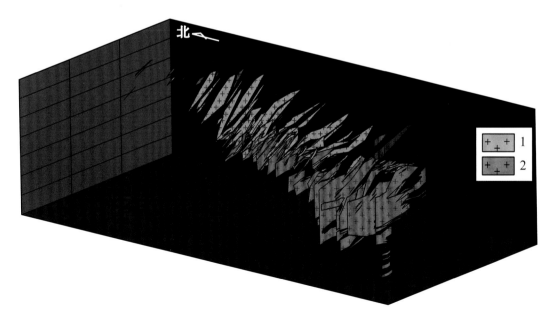

图 5-14　X03 和 No.309 矿脉与花岗岩枝相连的三维勘探剖面图

1.锂辉石矿脉；2.二云母花岗岩

第六章 甲基卡式稀有金属矿床成因与成矿模式

第一节 甲基卡稀有金属矿床成因

一、甲基卡二云母花岗岩和伟晶岩成因联系

(一)二云母花岗岩和伟晶岩性质

从前寒武纪到新近纪,在我国和世界不少地区不同构造位置,发育着一种特殊成分和特殊性质的岩石类型,并且多为侵入的浅色花岗岩小岩体,它是多次侵入的复式岩体中最晚阶段的产物。它们以超酸性、过铝、富钠、富含 H_2O、F、B、P 等挥发性组分,以及富含 Li、Rb、Cs、Be、Ta、Nb、Sn、W 等稀有金属元素为主要特征。此外还有与这类花岗岩成分相当的浅成斑岩、次火山岩、火山岩,以及富 Li-F 的花岗质脉岩如伟晶岩、细晶岩等,统称为富锂氟含稀有矿化花岗岩类,简写作 Li-F 花岗质岩石。某些过铝花岗质岩石,有时虽然其中 Li、F 二元素的含量不一定同时都高,但由于其主要性质十分相近,亦视为 Li-F 花岗质岩石范畴(王联魁等,1987;朱金初等,2002),又因其富含稀有元素,也被称为稀有元素花岗岩(王联魁等,1999)。Li-F 花岗质熔浆可以在不同的地质和物理化学环境中侵位,并进而结晶和分异演化,造成了它们在产状、结构构造和矿物组合上的多样性,它们的侵位深度可以是深部、浅部或地表,它们的矿物结构可以从伟晶状、细晶状、斑状、隐晶质到玻璃质(朱金初等,2002)。

甲基卡花岗质岩石主要元素氧化物含量与世界各地 Li-F 花岗质岩石的对比见表 6-1。甲基卡二云母花岗岩和伟晶岩的主要元素氧化物含量除 Rb_2O、F 含量较低外,其余均在世界各地 Li-F 花岗质岩石主要元素氧化物含量之间,其化学成分与典型 Li-F 花岗质岩石化学成分非常相似。

唐国凡(1984)认为二云母花岗岩以富亲石性稀有及挥发性组合(如 Li、Be、Rb、Sn、F、B、Cl 等)、贫幔源岩浆组合(如 Sr、Ba、Cr、V、Ti 等)为特点,应该属于奥夫奇尼科夫的壳熔花岗岩,与华南燕山期重熔侵入型花岗岩较为接近。甲基卡岩体应属于含稀有金属的更长刚玉淡色花岗岩,并有向其顶部相 Li-F 花岗岩过渡的趋势。李建康等(2006)对甲基卡矿田稀有金属矿化过程进行了分析讨论,认为甲基卡二云母花岗岩和伟晶岩均为 Li-F 花岗岩。

因此,根据甲基卡二云母花岗岩和伟晶岩具有酸性、过铝质、富钠质、富稀有元素和挥发成分的特征,笔者认为二者均可以称为 Li-F 花岗岩或者稀有金属花岗岩。

表 6-1　甲基卡矿田花岗质岩石与世界不同环境中 Li-F 花岗质岩石的化学成分对比（%）

	SiO$_2$	TiO$_2$	Al$_2$O$_3$	Fe$_2$O$_3$	FeO	MnO	MgO	CaO	Na$_2$O	K$_2$O	Li$_2$O	Rb$_2$O	P$_2$O$_5$	F	LOI
1	71.85	0.06	16.28	0.19	1.01	0.1	0.91	0.23	4.2	1.83	1.75		0.11		1.68
2	75.24	0.05	14.42		0.65	0.18	0.01	0.2	4.23	2.74	0.65	0.19	0.13	0.64	
3	69.74	0.01	16.5		0.18	0.21		0.89	2.69	4.42	1.18	1.1	1.18	0.2	
4	68.92	0.02	18.11	0.13	0.22	0.15	0.04	0.13	6.36	3	1.09	0.35	0.51	1.2	
5	68	0.04	17.7	0.2		0.04	0	0.89	4.63	3.6	1.4	0.43	1.32	1.97	2.29
6	71.67	0.03	14.88	0.43	0.53	0.09	0.11	0.66	4.15	4.31	0.44	0.16	0.78	1.57	1.54
7	71.42		17.17	0.58		0.02		0.67	4.12	4.42	0.06	0.19	0.17	0.82	1.15
8	70.38		16.78	0.27	0.26	0.18	0.2	0.34	5.24	3.31	0.42	0.22	0.07	1.99	0.94
9	69.33		18.39	0.56	0.05		0.13	0.39	4.83	4.04	0.26	0.35	0.04	1.78	1.65
10	69.63		16.24	0.67		0.11		0.88	3.87	3.12	0.69		1.18	1.3	2.16
11	72.9	0.04	13.8	1.12		0.06	0	0.4	4.6	5.1	0.03	0.11		1.25	1
12	70.9	0	16.6	0.05	0.52	0.12	0	0.34	5.05	4.6		0.19	0		2.36
13	72.26	0.02	15.83	0.04	0.57	0.06	0.02	0.22	4.14	3.66	0.74	0.13	0.53	1.33	0.55
最小值	68.00	0.00	13.80	0.04	0.18	0.02	0.00	0.13	2.69	1.83	0.03	0.11	0.00	0.20	0.55
最大值	75.24	0.06	18.39	1.12	1.01	0.21	0.91	0.89	6.36	5.10	1.75	1.10	1.32	2.36	2.29
平均值	70.94	0.03	16.36	0.34	0.54	0.11	0.13	0.48	4.47	3.70	0.73	0.31	0.50	1.37	1.44
14	73.22	0.06	14.93	0.21	0.72	0.04	0.25	0.77	3.47	4.76	0.07	0.04	0.26	0.06	0.83
15	73.05	0.01	16.56	0.05	0.38	0.12	0.03	0.24	6.02	2.02	0.44	0.09	0.16	0.05	0.75

注：序号一栏中，1.新疆可可托海三号伟晶岩岩瘤，叶钠长石、钾辉石和石英伟晶岩（V、VI 和三带平均）；2.美国新果西哥州 Handing 伟晶岩脉；3.加拿大马尼托巴州 Tanco 伟晶岩脉；4.江西雅山锂云母黄玉钠长石花岗岩岩株（代表性样品平均）；5.法国 Beauvoir 锂云母黄玉钠长石花岗岩岩株（代表性样品平均）；6.英国 Cornwall 黄玉花岗岩（平均）；7.外贝加尔 Arv-Bulak 翁岗岩岩株；8.蒙古翁岗岩脉；9.湖南香花岭 431 岩脉翁岗岩；10.法国 RichemoW 流纹岩脉（平均）；11.美国犹他州 Spor Mountain 黄玉流纹岩熔岩（玻基斑岩）；12.美国犹他州 Honevcomb Hills 玻基斑岩中的玻璃；13.秘鲁东南部 Macusani 凝灰岩中的黑耀岩玻璃；14.甲基卡花岗岩平均值；15.甲基卡伟晶岩平均值

（二）甲基卡岩体与伟晶岩的关系

甲基卡二云母花岗岩和伟晶岩的地质特征说明，二者间有密切的成因联系。

（1）时间上：两者是同一构造岩浆旋回的产物，均属印支期生成。同位素年龄上伟晶岩稍晚于二云母花岗岩，二云母花岗岩 K-Ar 年龄为 191Ma，Rb-Sr 等时线法年龄为 215Ma；伟晶岩 K-Ar 年龄为 188～182Ma，Rb-Sr 等时线法年龄为 189Ma 年（唐国凡，1984）。二云母花岗岩的锆石 U-Pb 同位素测年结果为 223±1Ma，伟晶岩脉锆石 U-Pb 同位素测年结果为 216±2Ma、铌钽氧化物 U-Pb 同位素测年结果为 214±2Ma。

（2）空间上：两者产于同一地质-构造-岩浆穹窿体单元内。甲基卡伟晶岩脉环绕二云母花岗岩体大致呈离心式带状成群分布，伟晶岩带宽 3～4km。岩脉形态和产状受成穹前及成穹期构造裂隙控制。

（3）物质组分：两者在主量元素、微量元素和稀土元素方面具有类似特征，副矿物组

合相似，均富稀有、挥发成分矿物。

（4）同位素特征：甲基卡锂辉石和二云母花岗岩的锂同位素组成在误差范围内具有非常好的一致性，证明锂辉石来源于二云母花岗岩。

（5）形成环境：二者均产于同一渐进动热变质带内，大致形成于近似的温压条件及其演化过程中。从测温成果看，二云母花岗岩形成温度稍高，伟晶岩稍低，总趋势是在降温过程中形成（唐国凡，1984）。

（6）接触关系：矿田内二云母花岗岩剥蚀不深，仅出露顶部相，有较多Ⅰ、Ⅱ类型伟晶岩脉侵入，接触关系清楚。局部见似脉状、异离体状伟晶岩，与二云母花岗岩渐变过渡，无侵入接触界线。

因此，甲基卡二云花岗岩与伟晶岩均为岩浆侵入固结产物，二者关系极为密切。但这些特点并不能说明伟晶岩是二云母花岗岩固结后残余岩浆分异作用的产物。

二、甲基卡二云母花岗岩岩浆起源

对于 Li-F 花岗质岩石的成因问题，在岩浆论和交代论之间，已经激烈地争论了数十年。20 世纪 50～70 年代初，苏联和我国地质工作者在该领域进行了大量的找矿勘查和研究工作，认为该类花岗岩是由黑云母花岗岩通过热液交代作用或自交代作用而形成（Beus et al., 1962; Shcherba et al., 1964; 胡受奚等，1984; 袁忠信等，1987）。近年来大量的地质地球化学信息和实验结果，使世界上大多数研究者趋向于获得一个共识，即它们主要是岩浆成因的（Kovalenko et al., 1984; 夏卫华等，1987; 王联魁等，1983, 2000; 杜绍华等，1984; 朱金初等，1993, 2002）。

甲基卡矿田位于"雅江热隆田"之中（许志琴等，1992），其中的二云母花岗侵入体及周围的变质三叠系共同构成"雅江热隆田"的主要部分——甲基卡热穹窿。已有的研究表明（许志琴等，1992; 侯立玮、付小方，2002），"雅江热隆田"是松潘-甘孜造山带滑脱-推覆收缩事件之后，随着地壳的增厚及剪切生热产生的地壳重熔及 S 型花岗岩的侵入，出现以上升的深熔花岗岩体为中心而上隆的"热隆"构造，在垂直的主压应力作用下导致上部地壳伸展减薄，形成热隆伸展构造。甲基卡矿田岩浆演化及稀有金属成矿作用过程均是受这一构造背景所控制。

在"雅江热隆田"中出露的花岗岩体，主要包括容须卡花岗闪长岩体、甲基卡二云母花岗岩体以及长征云母花岗岩体。其中的甲基卡二云母花岗岩体和容须卡花岗闪长岩体在空间上相邻，平面上相距约 20km，高差约 800m（甲基卡二云母花岗岩出露高程约 4500m，容须卡花岗闪长岩出露高程约 3700m）。岩石地球化学特征研究表明，容须卡花岗闪长岩与长征二云母花岗岩、甲基卡二云母花岗岩均为同一碰撞事件下的产物，有可能来自同一源区，但是并非同一岩浆系列的不同成员，应该具有不同的岩浆演化过程。容须卡花岗闪长岩可能是岩浆底侵或者有部分幔源岩浆的共同作用，主要由热熔融产生的"干"深熔岩浆，而甲基卡和长征岩体却可能是由于有大量的壳源的水渗与熔融形成的"湿"的深熔岩浆。相比之下，甲基卡二云母花岗岩比容须卡花岗闪长岩具有演化程度更高的特征。富水流体相的参与能够充分溶解源岩中成矿物质，可能对于形成稀有元素、挥发分含量的甲基卡二云母花岗岩具有重要意义。

稀有元素花岗岩分异演化作用明显，在围岩封闭较好的条件下，岩体深处岩浆作用以分离结晶分异为主，结果逐渐富集了 Li、F 和成矿物质。在岩体中部或内部，其固相线温度为 680～760℃或更高，因此，这部分岩浆应当首先固化。在岩体顶部，岩浆高度富集 Li、F、挥发组分以及其他稀有金属成矿物质，构成了低熔浆(576℃)及成矿流体的混合区。随着温度降低，不混熔区扩大开始了液态分离(王联魁，1987)。

三、岩浆液态不混溶与伟晶岩稀有金属矿床

关于稀有金属矿床的成因，国内外学者意见不一，焦点主要集中在三个方面：①稀有元素矿化伟晶岩是交代还是岩浆成因；②伟晶岩岩浆的分异是分离结晶还是射气分馏，或是液态分离；③稀有元素矿化花岗岩为同一来源还是多种来源。

唐国凡(1984)认为伟晶岩浆是二云母花岗岩浆固结晚期分异作的产物，但是甲基卡稀有金属矿床某些典型现象是结晶分异成因无法解释的：①甲基卡伟晶岩、韵律式构造、黑色斑点状矿囊、云英岩包体以及似伟晶岩-细晶岩条带，不同期次的伟晶岩脉互相穿插，不同结构的矿石互相穿插等，又有别于结晶分异成因；②伟晶岩和花岗岩的微量元素、稀土元素等跳跃性变化，不同类型和期次伟晶岩稀有、微量和稀土元素含量的振荡性变化都不是结晶分异所能解释的。

李健康(2006)认为甲基卡矿床中的伟晶岩和花岗岩是同一母岩浆演化的产物，甲基卡稀有金属矿床为深部岩浆发生熔体-熔体液态不混溶作用的结果，二云母花岗岩的流体对应于富硅贫挥发分端元(硅酸盐熔体)，伟晶岩对应于富挥发分贫硅的端元，并以此说明伟晶岩熔体是在瞬间侵位的，分异不明显。从已有资料和野外调查看，无论从岩石矿物学还是地球化学、流体包裹体等方面，笔者认为岩浆液态不混溶作用更符合事实。

(一)岩浆液态不混溶作用的标志

1. 岩相和岩石学标志

Li-F 花岗岩液态不混溶作用可形成一些宏观的地质标志(王联魁等，1983；王联魁，黄智龙，2000)。这些标志主要有：条带构造、韵律构造、穿插构造、矿化囊包体、层状构造、球粒构造、异离体、垂直分带等。

在甲基卡二云母花岗岩体的中部，广泛见有微斜长石型、微斜长石-钠长石型伟晶岩侵位于二云母花岗岩体之中(图 6-1)，在 No.104 脉的南段可见微斜长石伟晶岩与二云母花岗岩的侵入接触关系(图 6-2)；岩体内局部见似脉状、异离体状伟晶岩，与二云母花岗岩渐变过渡，无侵入接触界线(唐国凡等，1984)。这些现象表明，伟晶岩并非二云母花岗岩侵入后的直接分异结晶的产物，而是岩浆液态不混溶作用形成。

前人认为甲基卡甲基甲米原 No.308 是一个以含钠长石主体的伟晶岩大脉，经笔者调查和钻探验证后，认为是顺层侵入的含电气石二云母花岗岩枝，与东侧 No.309 钠长锂辉石脉和 X 03 脉钠长锂辉石脉体相连接，共同构成巨大的伟晶岩脉，至致尖灭在其

中(图5-14)。接触带发育细晶岩带。王联魁、黄智龙(2000)认为这是含矿花岗岩分异演化至晚期,上部产生液态分离作用,下部发生分离结晶作用,构成成岩成矿交叉格局(王联魁和黄智龙,2000)。

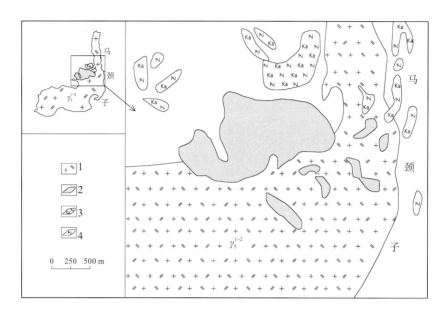

图 6-1　二云母花岗岩与伟晶岩接触关系

1.二云母花岗岩;2.微斜长石伟晶岩;3.微斜长石钠长石伟晶岩;4.钠长石伟晶岩

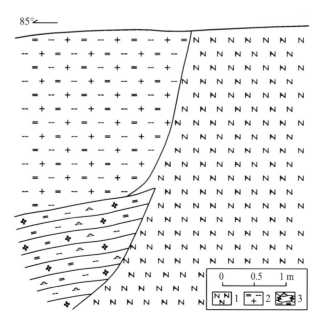

图 6-2　No.104脉南侧微斜长石钠长石伟晶岩与二云母花岗岩的接触关系

(据吴利仁,1973,修改)

1.微斜长石钠长石伟晶岩;2.二云母花岗岩;3.堇青石化二云母十字石片岩

2. 矿石结构构造标志

甲基卡二云母花岗岩体内部的脉状伟晶岩与岩体的接触关系清楚，呈现出贯入特点。此外在岩体内部局部还存在与二云母花岗岩呈渐变过渡的异离体状伟晶岩，这些地质标志均是 Li-F 花岗岩浆液态不混溶作用的典型标志（王联魁，2002）。甲基卡无论是 No.668、No.309、No.134 脉还是 X03 号脉，均存在大量的"微晶、细晶状结构"锂辉石。矿石内部发育由微晶毛发－细晶－中粗粒梳状纳长锂辉石互层呈韵律条带状构造，并有巨晶石英锂辉石脉穿切其中，条宽度大到几厘米，小到几毫米，条带成分类似，主要由锂辉石、微斜长石、钠长石、石英和白云母组成，显然难以用结晶分异解释，而是液态不混溶分离出来的不同岩相再结晶而成，与广西栗木锡钨铌钽矿床伟晶岩和细晶岩非常类似。

3. 地球化学标志

甲基卡矿田不同类型伟晶岩围绕二云母花岗侵入体大致呈离心式带状成群成组分布，可将甲基卡二云母花岗岩与其周围各种伟晶岩视为一个同源岩浆经不同阶段演化的产物，甲基卡二云母花岗岩与伟晶岩主、微量元素的比较，表现出元素含量的突变和不均一变化的特征。

(1)元素含量突变型：花岗岩浆不混溶作用中，共轭两相的分离导致了 Na、Li 与 K 的分离（王联魁等，2000），同时促进了 Li 的矿化（Badanina et al., 2002）。甲基卡二云母花岗岩-伟晶岩 N_2O/K_2O 比值分别为 0.73，4.79，显示不混溶的两个端元相的较大差异，二云母花岗岩中富钾贫钠，而伟晶岩中却富钠贫钾。

甲基卡矿田从花岗岩到伟晶岩稀有元素、微量元素含量具突变性质或跳跃性的变化，如在花岗岩中 Li、Be、Nb、Ta 含量分别为 320×10^{-6}、22.75×10^{-6}、14.82×10^{-6}、4.91×10^{-6}、28.23×10^{-6}，到伟晶岩急剧分别升高为 2059.88×10^{-6}、149.77×10^{-6}、95.17×10^{-6}、51.22×10^{-6}；其他微量元素如 Ti、Sr、Ba 由 500×10^{-6}、29.00×10^{-6}、46.03×10^{-6} 突降为 95.24×10^{-6}、4.51×10^{-6}、3.49×10^{-6}。这种突变型和元素在不同相熔体中的分配系数有关，稀有元素倾向富集于富挥发分的熔体相，而 Sr、Ba、Ti 等难熔元素容易随另一端元的熔体结晶而进入矿物相。

(2)稀土元素的共轭：甲基卡矿田的稀土元素在伟晶岩中的含量远远低于在二云母花岗岩的含量，二者之间存在明显的跳跃。王联魁等（1999）认为 Li-F 花岗岩从下到上、从早到晚稀土含量这种"突变性"或"跳跃性"的变化正是 Li-F 花岗岩浆发生液态不混溶作用的特征之一。将二云母花岗岩与 3 种类型伟晶岩，投点到 ΣREE-$(La/Yb)_N$ 图解和 La-La/Sm 图解（图 6-3、图 6-4）中，二云母花岗岩稀土元素特征与不同类型伟晶岩的稀土演化方向，清晰地呈分离状态，反映了 Li-F 花岗质岩浆的不混溶作用。

(3)微量和稀土元素振荡性变化：如前所述 II-III-IV-V 四类伟晶岩中微量元素含量和微量元素比值并不是随着距离二云母花岗岩中心距离的变化而相应增加或减少，而是出现振荡变化。如从二云母花岗岩—II 类伟晶岩—II 类伟晶岩—IV 类伟晶岩—V 类伟晶岩，微量元素 Cs、Rb、Li、K/Rb、Sr/Y、Li+Rb+Cs 出现跳跃性的高—低—高—低—高的变化，四种类型伟晶岩稀土曲线更为直观；Nb、Be 出现低—高—低—高—低的跳跃性锯齿状变化。

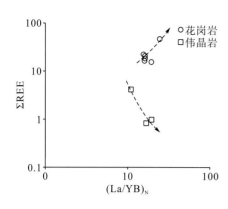

图 6-3 甲基卡矿田花岗岩与伟晶岩
的 ΣREE-$(La/Yb)_N$ 图解

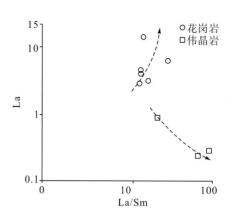

图 6-4 甲基卡矿田花岗岩与伟晶岩
的 La-La/Sm 图解

钠长石锂辉石伟晶岩中，四种不同结构的锂辉石从微晶—细晶—梳状—巨晶锂辉石，里特曼指数(σ)、碱度(AR)、分异指数(DI)依次降低，固结指数(SI)、氧化指数(OX)、铝饱和指数(A/CNK)呈锯齿状变化。

这些变化无法用结晶分异作用解释，推测可能是 Li-F 花岗岩浆液态(气液)分离中不混溶的结果(王联魁，1999)。

4. 流体包裹体证据

甲基卡矿床中最常见的包裹体类型为 CO_2-NaCl-H_2O 包裹体，其特征及捕获条件可代表成岩成矿流体的演化过程。由该类型包裹体的特点可知，自Ⅰ类到Ⅴ类伟晶岩，成岩成矿流体的温度、压力和盐度相近，这用岩浆结晶分异的关系是无法理解的。根据岩浆分异的观点，如可尔因矿床流体的演化过程，由于压力的降低，驱动熔体(流体)自岩体向外迁移，同时导致温度降低、盐度增高。

含硅酸盐子矿物包裹体中的液相组分(CO_2-NaCl-H_2O)和与之共生的 CO_2-NaCl-H_2O 包裹体具有相近的气液比例、固态 CO_2、熔化温度、均一温度、盐度、密度和组成，但是子矿物包裹体中的固相和流体相所占的比例变化不大，李健康(2007)认为并非是捕获并存流体和硅酸盐熔体的成因，而是可能来源于一种富 H_2O、CO_2 等挥发分的均一熔体冷却时不混溶造成。

以上分析表明，无论从伟晶岩之间的宏观地质特征，还是地球化学、包裹体的特征，均表明为以岩浆液态分离为主的不混溶作用的产物。

(二)富氟花岗岩浆液态不混溶成岩成矿原理

近年来，许多学者认为富氟花岗岩浆不混溶作用(包括熔-熔体液态不混溶和熔体-富气流体相不混溶)是一些伟晶岩内部结构构造形成的主要控制因素。

(1)长英质岩浆中的挥发性组分主要由 H_2O、CO_2、H_2、N_2、CH_4 等组成，并以 H_2O

和 CO_2 为主。Li-F 花岗岩中还富集 F、Cl、B、P 等挥发组分。甲基卡矿田大量出现的电气石说明原始岩浆是富集 B、F 的，黑云母也是 F 富集的重要矿物。磷灰石的出现也表明甲基卡岩体中富 P。岩浆的液态不混溶作用会使这些挥发分高度集中于某一相熔体中。

(2)在不混溶作用中形成一相高度富集 H_2O、CO_2 和 F、B、P 等挥发分和助熔剂，而硅的含量低，另一相相反。富挥发组分熔体对稀有金属具有强烈的富集作用，并不是某一组分单独完成的，多个挥发组分的共同作用(F、B、CO_2、Cl 等)会使稀有元素的富集作用更加强烈。不管原始花岗岩浆的具体组成如何，富挥发份熔体均强烈富集 Na、Li 和碱土元素，亏损 K 和重稀碱元素。

(3)Na 富集于富挥发分和助熔剂的熔体中，K 富集于硅酸盐熔体中。F 等助熔剂使钠长石的结晶温度远远低于钾长石的结晶温度，使 Na 能够迁移较长的距离，且具有不同的物理性质(密度、黏度、润湿度)，使接触面表现出突变性(Veksler et al.,2002)，从而产生分带现象；F、B 等助熔剂能够为形成晶形完整巨大的晶体提供条件。在岩浆不混溶岩浆的迁移模式下，自母岩体向外伟晶岩脉的规模由大到小，数量由多到少。该过程的特点是在熔体迁移的早期，成矿元素不会大量地分散，特别是甲基卡成矿熔体的迅速侵位更有利于成矿元素的富集，从而使熔体充填裂隙而形成高品位的矿脉.

(4)F、B、P、CO_2、H_2O 等挥发分对稀有金属元素的亲和力，是稀有金属的重要矿化剂，也是导致稀有金属选择性分配的关键。富氟花岗岩浆液态不混溶形成的挥发分熔体对 Li、Nb、Ta 等稀有金属具有很强的富集能力。干国梁(1993)据研究，稀有元素 Li、Rb、Cs、Be 含 CO_2-H_2O 熔体-液体中强烈趋于熔体中，挥发分元素 Cl 强烈偏向于溶液中，而 F、B、P 在含水体系中强烈富集于熔体中。

F 与稀有金属组成$[NbF_7]^{3-}$、$[TaF_7]^{2-}$、$[BeF_4]^{2-}$、SnF_4、$[WO_2F_4]^{2-}$、LiF 等络合物而一起迁移。其中，F 与 Li 的关系最为密切。

B 倾向于分配进入含水流体相中，促进了硅酸盐在含矿热液中的溶解能力，从而导致了围岩的电气石化和硅化早期蚀变。B 与 H_2O、F 以 $HBF_2(OH)_2$ 及类似络合物携带稀有金属迁移(Webster et al., 2004)；CO_2 以碳酸盐化合物或络合物的形式转移 Li、Be 等碱金属(如 Li_2CO_3、$BeCO_3$)到富挥发分熔体中。

同时在富氟花岗岩浆液态不混溶作用中，H_2O 还能够使氟化物、氯化物、碳酸盐、硼酸盐等熔体与共存气相中的水发生水解反应，造成稀有金属氢氧化物偏向保留在熔体中，酸性组分进入气相(Veksler et al., 2004)。

(5)相对于富硅酸盐熔体，富挥发份熔体具有低密度、低黏度、低固结点的特点，这些特性可以促进富挥发分熔体快速与母岩浆分离，促进不混溶作用的发生，造成许多成矿元素在花岗结晶体上部富集；熔体能够迁移较长的距离，充分从花岗岩浆中萃取许多微量组分，使这些组分高度富集。因此在不混溶形成的富挥发份熔体，极易成为稀有金属的成矿熔体，其中稀有金属的含量会增大几个数量级。富挥发分流体相会较早达到饱和，造成富挥发分流体与富挥发分熔体长期共存，使成矿元素进一步选择性迁移。

(三)岩浆液态不混溶作用与稀有金属矿化伟晶岩的形成

1. 稀有金属矿化伟晶岩形成机制

在甲基卡矿田，通过"母岩浆"发生液态不混溶形成的 Li-F 花岗岩，侵入到屏蔽作用较好的三叠系西康群砂岩和板岩中。在这一过程中，随着岩浆上侵到穹窿构造的上部，上部围岩的压力减少，穹窿两侧伸展作用增强，形成拉张构造环境。随着上部岩浆迅速冷却以及因岩体冷却发生收缩后，形成一种封闭的环境。内部熔体由于富含 Li、F、Cl、CO_2、H_2O 等易发生液态不混溶的组分，导致熔体发生液态不混溶作用，形成成分共轭的熔体，其中一种熔体使稀有金属元素和挥发分高度富集。

岩浆不混溶作用发生后，分离成至少为两相的熔体，含量较少的相会以细分散的球粒相存在于另一相里，类似于水中的油滴。在岩浆不混溶作用的早期阶段，由于球粒相细小，碰撞作用十分频繁。由于自身的黏滞流动性和熔体结构的宽松可变性，使得两个液相球粒很容易因为表面张力差作用而发生合并。随着不混溶相球体的不断碰撞合并长大，在重力场作用下，与基体相发生下沉或上浮的定向分离作用。只有当不混溶球体相生长到足够大时才能克服岩浆的屈服应力，与基体相发生相对分离运动。一旦不混溶球体相发生上浮或下沉作用，球体半径会越变越大，相对分离运动就表现为一种加速度过程。若条件合适，最终会在岩浆的顶部或底部演变成与基体共存的不混溶液相层。

当岩浆上升遇到西康群围岩时，岩浆顶部受围岩的冷却收缩挤压，"基质"熔体相固相先升高发生快速结晶，形成细晶岩或者细粒的二云母花岗岩，但是这种结晶的细晶岩或者细粒花岗岩含稀有元素较低，不能形成矿化。至于细粒二云母花岗岩中出现的似团粒状的电气石和黑云母集合体则可能是未能聚集的区域分散型较小颗粒的富气相熔体，由于其难以克服岩浆的屈服应力而随着"基质"一起结晶。

而富挥发分的流熔体相由于具有较低的固结温度、黏度和密度，将继续上移，其有两个方向：一是交代上方及周围已结晶的岩石，形成富电气石的围岩蚀变；二是当遇到外界早期形成的裂隙如岩浆上顶和冷却的裂隙、西康群透入性劈理、节理时，或者遇到下渗的地表水时，由于温度和压力的急剧下降，分离出的主要由挥发分和稀有金属元素组成的伟晶岩熔体迅速向压力降低的方向迁移，直至侵入围岩中形成稀有金属伟晶岩脉。在迁移途中，由于熔体的快速侵位，成矿熔来不及充分分异，使各类型伟晶岩的温度、压力和盐度的变化不明显。

2. 稀有金属矿化伟晶岩分带的成因机制

甲基卡稀有金属矿田中的各类伟晶岩脉，环绕二云母花岗岩体大致呈现有规律的带状分布，自岩体接触带向外依次出现：微斜长石型（Ⅰ）、微斜长石-钠长石型（Ⅱ）、钠长石型（Ⅲ）、钠长石-锂辉石型（Ⅳ）和钠长石-锂（白）云母型（Ⅴ）等五个伟晶岩带，最外带为石英脉，另外在野外可见微斜长石-钠长石、钠长石-锂辉石、微斜长石-锂辉石伟晶岩之间的穿插关系。根据不同类型伟晶岩的空间分布及形成的顺序，可以确定甲基卡矿田伟晶岩从早到晚经历了 K-Na-Li(-Cs-Si)的地球化学演化阶段。

当二云母花岗岩侵位到穹窿构造的上部，随着压力、温度的降低，加大了稀有金属、挥发分等组分与硅酸盐熔体的不混溶程度，由于这些阳离子和络阴离子的聚合，因重力而产生分异。挥发组分对碱性物质起着强烈的运移作用，一些熔点很高的重元素如Nb、Ta、Sn等因形成氯化物、氟化物等，沸点低，也构成挥发组分，得以向岩浆源的上部移动。故元素虽处于离子状态，因离子的浓度、能量性质、重力以及系统的温度、压力条件等的影响而逐渐进行分异。钾和大量矿化剂相对集中于岩浆的顶部，钠相对集中于下部。当岩浆内部的压力超过上覆岩层的压力或在外部动力作用下，岩浆上部的富钾及矿化剂的熔体首先沿裂隙侵位，形成岩体内部及附近的微斜长石（Ⅰ）、微斜长石-钠长石型（Ⅱ）伟晶岩。

之后，由于温度、压力的进一步减小，富 Li-F 熔浆不混溶作用进一步加强，并且由于富钾的熔体上侵，则岩浆源上部的熔体相对富钠、锂，在适当条件下伟晶岩熔体上侵，因距岩体较近处的裂隙已为前期伟晶岩体所占据，故伟晶岩熔体只有少数沿旧通道上升，大部多沿距岩体较远的裂隙侵入，这种伟晶岩脉多为倾角较陡的脉状体或透镜体，长宽比值较大，说明这种伟晶岩富含挥发分、黏度小，流动性大，其运行距离较远，形成以钠长石为主的伟晶岩脉。这种从花岗岩体向外，伟晶岩从富钾到富钠的演化是花岗岩浆液态不混溶作用所形成的，在不混溶过程中，Na 较 K 更加亲和于富氟熔体中（Glyuk et al., 1986; Gramenitskiy et al., 1994），故 Na 富集于富挥发分和助熔剂的熔体中，K 富集于硅酸盐熔体中；而 F 等助熔剂使钠长石的结晶温度远远低于钾长石的结晶温度，使 Na 能够迁移较长的距离，从而产生分带现象。

微斜长石（石英）-锂辉石伟晶岩代表岩浆源岩浆进一步分异的残余物，多沿前期伟晶岩的冷凝裂隙或各地质体的接触面贯入，规模较小，有的伟晶岩不具长石，只有石英及锂辉石，是很接近随之而来的石英脉。随着钾钠长石的伟晶岩的形成，剩余的伟晶岩熔融体比起原始熔融体来，在温度、压力和组分上都有了很大的改变，表现出温度、压力降低，组分上 Li_2O、Na_2O 的浓度达到最高值，K_2O 的浓度达到最低值，SiO_2 浓度也较低。在高 Li、Al、Na 的浓度下，锂辉石开始晶出，在锂辉石结晶之后，叶钠长石围绕板柱状锂辉石晶体结晶。

石英-锂辉石的结晶末期，除还有少量锂辉石及少量微斜长石的晶出外，转入了白云母-钠长石的结晶阶段。首先开始的是钠长石的结晶，白云母呈直径小、厚度大的小迭片填充于板条状钠长石晶体间的孔隙内。与白云母一道产于孔隙中的还有锡石、铌钽铁矿等矿物。在白云母-钠长石大量晶出的同时，Li 常常在陡倾斜伟晶岩脉体的顶部或缓倾斜脉体膨大部位的中心富集，形成透镜体状的钠长石-Li 云母带，常有磷锂铝石、电气石与之共生。在此时，Cs 已经得到最高量的富集，除在白云母中、长石中富集外，可能形成铯榴石独立矿物。最后，残余熔融体主要是 SiO_2，形成石英脉。

四、岩浆期后热液交代作用与稀有金属矿化

岩浆的液态不混溶作用是形成甲基卡伟晶岩的主要机制，实验证明分异出的富挥发分熔体或流体有利于结晶出定向生长的完整较大的晶体（李健康，2007）。但是熔体与熔

体的液态不混溶又很难解释岩体附近和伟晶岩附近围岩的大规模热液交代和蚀变现象，如云英岩化、钠长石化、钾长石化等自交代变质作用，也难以解释蚀变围岩中高含量的稀有金属矿化。大量的地质、地球化学事实和实验研究都证明了，伟晶岩的形成过程是十分复杂的，用任何一种简单的观点都难以解释伟晶岩成因的全过程。

（一）岩浆期后热液作用与交代蚀变

甲基卡伟晶岩交代作用发育广泛，种类繁多，主要交代作用为钠长石化，次为白云母化、锂云母化、云英岩化、腐锂辉石化等，其中的腐锂辉石是锂辉石被绢云母、绿泥石等交代形成的残留假晶。薄片下可以普遍观察交代残余和文象结构。

汽化热液还使二云母花岗岩本身产生自变质交代作用，形成白云母化、钠长石化等。二云母花岗岩矿物之间穿插、交代的现象较普遍，以白云母化最强烈，次为电气石化、钠长石化及微斜长石化，云英岩化极弱。交代作用生成顺序大体为：微斜长石化—钠长石化—白云母化—电气石化—云英岩化。

热液作用对围岩的交代蚀变作用更为明显，强烈的接触交代作用及再结晶作用形成紧靠岩脉的英岩化蚀变带，电气石化带及随远离岩脉董青石化带。而且围岩中稀有金属元素含量与交代作用的类型有紧密联系，如近脉或近花岗岩的电气石化带稀有元素含量高，向外随着交代的逐渐减弱，稀有元素含量也逐渐降低。这些现象都说明甲基卡二云母花岗岩和伟晶岩发生了热液出溶作用，出溶的热液对围岩、花岗岩和伟晶岩均进行了普遍的交代。

岩浆作用和热液交代作用是一个完整的地质过程的两个阶段，它们一前一后，相互交替，并有一定的交叉。卢焕章（2011）对流体不混溶性和流体包裹体研究认为，伟晶岩演化和成矿作用中存在着岩浆和热液 $NaCl-H_2O$ 和 H_2O-CO_2 之间的不混溶。甲基卡矿田流体包裹体研究证明成岩成矿流体是由均一的岩浆出溶出 $CO_2-NaCl-H_2O$ 流体，然后再分离出富 CO_2 的流体和盐水溶液（李健康，2007）。一般来说，H_2O 自花岗岩浆的出溶过程主要有两种过程：一是"第一次"沸腾作用，因构造崩塌压力快速降低而导致流体的出溶；二是"第二次"沸腾作用，一般发生在岩浆的多期次较充分结晶后，此时不相容元素富集在残余岩浆中，并导致 H_2O 的相对含量逐渐增加，最终达到饱和状态，以热液的形式与硅酸盐熔体分离，这种热液岩浆水可以是液相、气相或超临界相，但一般简称为岩浆蒸汽或气水热液。朱金初（2002）认为 Li-F 花岗质岩浆体系是富含水和挥发性组分的，在岩浆阶段，当温度下降到液相线以下时，熔浆的分离结晶作用就拉开了帷幕，是固体-液相结晶分离。残余熔体中水、矿化剂和成矿元素的含量逐渐富集形成流体相-晶体相和熔体相共存，并有大量水岩蚀变作用；体系的温度进一步下降至固相线时，岩体完全固结，于是熔体相消失形成晶体相和富挥发成分的流体相。这里的流体相实际上应该是热液相。

王联魁（1987）认为以岩浆为主形成的稀有元素矿化花岗岩，常伴生一套岩浆期后交代作用，后者的叠加可能增加成矿的富集程度。在一个封闭好的富水岩浆体系中，浅部围岩静压力自然要比深处的低，随着岩浆中矿物的晶出，会导致出现水相，后者与已固结的岩石发生反应，即发生钾长石化、钠长石化、当残余热液迁移到岩体顶部或裂隙中，便交代为云英岩；随着温度进一步降低，便成为残余中低温热液，并可能有大气降水的加入，向下部回流，结果与全部冷却岩体发生反应，形成伊利石(少量蒙脱石化)、高岭石化等中低温蚀变。与稀有元素矿化有关的岩浆期后的气成热液交代作用，一般由纳长石化开始，到云英岩化而结束。在这种交代作用进行的过程中，伴随着云母类矿物规律性的变化，从黑云母→黑鳞云母→铁锂云母→白云母→锂云母。从早到晚由黑云母转化为白云母，在某些花岗伟晶岩中可以白云母之后最晚阶段发生锂云母化(郭承基，1963)。值得注意的是，甲基卡稀有金属矿田具有明显的岩浆脉动，岩浆期后的气水热液也必然随着每一次的花岗岩岩浆和伟晶岩岩浆的脉动周期性的发生，造成热液交代的叠加。

(二)热液交代蚀变与稀有金属矿化

甲基卡矿田交代蚀变特征表明，气水热液交代主要为钾化(白云母化)和钠化(钠长石化)，锂化(锂辉石化和锂云母化)、电气石化。其中花岗岩中以钾化为主，伟晶岩以钠化为主，而围岩蚀变以电气石和堇青石化为主。

二云母花岗岩热液交代作用可以使成矿物质初步富集：黑云母是早期花岗岩中稀有元素的主要赋存矿物，花岗岩被岩浆期后气化热液交代时，将会从黑云母等矿物中释放出来大量的稀有元素，从而成为成矿溶液中矿质的主要来源。在岩浆阶段，锂主要富集于黑云母中，甲基卡二云母花岗岩中的黑云母主要为黑鳞云母，Li_2O 含量为 0.843%～1.257%，平均值为 0.923%；另据唐国凡 1984 年 10 余件单矿物分析，Li 含量为 0.74%～1.52%，均显示含量较高。在岩石中 Li_2O 的含量为 0.027%～0.044%。二云母花岗岩热液交代钾化作用过程中，白云母广泛交代黑云母而析出了大量的 Li。这些 Li 一部分在二云母花岗岩岩浆结晶阶段形成独立矿物锂辉石，大部分则随着挥发成分集中到分离的伟晶岩岩浆中。花岗岩中的黑云母中其他稀有元素如 Be、Rb 、Cs 等，当黑云母被云英岩化作用交代时，将会大量的转入成矿溶液。

伟晶岩早期热液蚀变是属于钾化的微斜长石化，晚期为白云母化，二者均为 Rb、Cs 的主要赋存矿物，因此可以说伟晶岩中钾化导致 Rb 的富集。Be 在热液中主要和 F^-、OH^- 形成络合物，热液活动对围岩的交代作用(如云英岩化)可以释放围岩中富铝矿物中的 Al 进入成矿溶液中，由于 Al 的氟络合物比较稳定，F^-、OH^- 络合物中的 F^- 将被被离解出来优先与 Al 形成络合物，并不断释放出 Be 而形成绿柱石等含 Be 矿物。同时 Al 的氟络合物也可以与 Si 质和水进一步发生反应结合成富铝矿物如石榴子石并产出 HF(司幼东，1966)，热液酸化。HF 可以进一步对造岩矿物如钾长石、钠长石、黑云母等进行蚀变，这种蚀变的结果是大量的 Al 不断析出在围岩中形成堇青石等富铝矿物。而黑云母经过蚀变以后不但可能离解消失，还可能在适当条件下重新组合形成铁锂云母或白云母。

伟晶岩岩浆期后热液富含 Na^+，交代具有多期次的钠化交代特征。甲基卡伟晶岩钠长石化可以划分为三个阶段，早期钠化主要是钠长石交代微斜长石，与稀有元素富集关系不大；中期的往往沿微斜长石或锂辉石的边缘分布，或交代它们，是 Na-Li 形成的主要阶段。晚期糖晶状钠长石往往对前期生成的锂辉石起着破坏作用，常使 Li 贫化。国内外几乎所有伟晶岩型稀有金属矿床均发现主要的稀有金属矿化与钠长石化有关。K^+、

Na^+、Li^+、Rb^+、Cs^+等一价碱金属阳离子是富碱交代热液的主要成分，它们可以形成氟化物、氯化物、硼氟酸盐等；也可以与酸类以及高价阳离子如 Nb、Ta、Sn 等共同形成易溶络合物形式，称一价为外配位体，高价离子为中心离子，酸类为内配位体络合物。钠交代过程中，流体中的钠质浓度降低，导致金属络合物不稳定，Nb、Ta、Sn 络合物首先解体在伟晶岩中晶出，因此，稀有金属往往与钠质共存同一空间。

但是这并非意味着钠长石化石属于容矿矿物。从电子探针分析可以看出钠长石中稀有元素含量均较低，胡受奚(1980)就提出碱交代作用过程中钠长石属于清洁矿物，即容纳成矿的微量元素能力较弱，钠长石的晶体自纯作用会把稀有元素排挤出体外利于迁移而去。因此钠长石化交代前期矿物尤其是云母类矿物时可能由于 Na^+、Li^+性质的接近，其替代矿物中的 Li^+使 Li^+迁移进入成矿溶液中。从花岗岩和伟晶岩的成分分析中也可以看出 Na 与 Li 呈负相关，钠长石化最强的部分锂含量反而低。但是由于钠质可以降低熔体的黏度，有利于成矿元素的络合和稳定迁移(杜乐天，1986)，也由于在相对封闭的环境下，离解出来的锂等稀有元素在附近沉淀，即矿碱空间分离很小，因此稀有元素矿化往往与钠长石化共存，这也说明伟晶岩熔体贯入成矿裂隙后的稀有元素进一步矿化可能是伟晶岩结晶时岩浆出溶热液自交代分异。

电气石作为花岗岩及其花岗伟晶岩中重要副矿物，在国内外同类地质体中几乎均能见到。在空间上，黑电气石主要分布在伟晶岩和围岩的接触部位，在此部位白云母的数量也相对较多，反映了在伟晶岩结晶过程中，挥发组分向外逃逸并在此部位形成大量富挥发组分矿物的特点。B_2O_3-H_2O 体系中硼在共存水蒸气和富硼熔体(液体)之间的分配，平衡时气相中的 B_2O_3 含量为 1.06%~32.35%，随着随温度上升，硼在含水气相中分配和迁移能力增强(张生等，2014)。甲基卡伟晶岩形成温度较高，在气液阶段 B 可以携带部分稀有金属进入围岩形成电气石化。

五、岩浆脉动作用与矿化叠加

如前所述，甲基卡稀有金属伟晶岩矿田一个重要特征是伟晶岩脉的互相穿插，说明具有脉动特征，这种脉动式的侵入与岩浆的脉动式气球膨胀是紧密相关的。目前我们还无法确定这种脉动式膨胀究竟是深部富气流体的补充，还是深部岩浆房岩浆的不断补充。但是不管是哪种原因都会导致成矿热液温度升高、挥发分增加以及深源物质的不断补充，也必然导致热液内部的压力增加。压力积累到能够突破围岩界线时，热液凭借自身的动力就可以在构造薄弱部位进入并拓展裂隙空间，在其中形成矿石或者蚀变岩岩石。对于主动膨胀式底辟侵位岩体的动力作用而言，主动侵位岩体的动力作用是通过间歇性的膨胀过程而产生，岩体的形成则为数次岩浆活动的结果，其发生的过程类似于吹气球原理或间歇喷泉原理(易顺化，李同林，1994)。含矿岩浆在第一次侵位之后，仍然与下部岩浆房保持长期联系，那么它们不但在其后的地质历史阶段不断地得到下部岩浆热源和物源的补给，同时还伴有沸腾热液系统的形成及其在特定构造条件下与围岩发生作用，形成一定规模的矿化。因此，与岩浆脉动联系的热液脉动会重复前述的不混溶和伟晶岩形成过程，形成的伟晶岩熔浆再次贯入裂隙成矿，穿插未固结的伟晶岩形成脉中脉构造。对于已经固结的伟晶岩则主要是交代叠加进一步富集稀有金属。在外围地层中可能存在开放的复合裂隙，多次的贯入叠加可能使局部裂隙膨大，形成大型伟晶岩脉，如 No.134 伟晶岩脉、X03 脉等。

综上所述，岩浆液态不混溶作用是形成甲基卡稀有金属矿化伟晶岩的关键机制，岩浆液态不混溶作用能够分离出高度富挥发分的熔体，F、B、H_2O 等组分对稀有金属具有强烈的络合作用，相对于结晶分异作用，其富集效率更高。此类熔浆在遇到成矿裂隙时随着温压尤其是压力的突然降低容易形成贯入型稀有金属伟晶岩脉。花岗岩和伟晶岩形成过程中不仅产生了熔体-熔体液态不混溶，随着两种熔体的结晶，其中的气水热液组分如 H_2O、CO_2、F、B、Cl、P 也从中逃逸并携带一定数量的阳离子如 K^+、Na^+ 以及稀有金属离子对已经形成的花岗岩、伟晶岩和围岩进行交代，热液交代机制也是造成稀有金属富集重要因素，其贯穿花岗岩和伟晶岩形成的全部过程。而岩浆脉动机制不仅能够不断补充成矿流体和成矿热液，还由于叠加交代成矿作用造成进一步矿化富集和矿体的规模的扩大，同时也造成甲基卡各种伟晶岩类型的互相重叠和交叉穿插，使伟晶岩的空间分带模糊。因此岩浆液态不混溶-岩浆期后热液交代-岩浆脉动的联合机制是形成甲基卡伟晶岩稀有金属矿床的关键因素。

第二节　甲基卡稀有金属矿床成矿模式

一、地质事件序列

据许志琴、侯立玮、付小方等（1992，2002）研究，川西地区甲基卡式稀有金属矿产的形成，主要与印支晚期花岗岩浆成穹作用密切相关。其后，李健康、王登红、付小方等（2003）等提出了花岗岩浆不混融的认识。

近几年来，笔者在以往调查研究基础上，通过进一步重点调查，根据区内甲基卡式稀有金属矿床的控岩控矿构造特征、新获得的精度较高的同位素测年数据、各类岩石化学及稀土微量测试数据，总结提出了甲基卡 Li-F 花岗岩底辟侵位、花岗伟晶岩液态不混溶脉动式多期充填-交代以及花岗质岩浆结晶分异-自交代成岩成矿的成因认识，进一步完善了这类与岩浆底辟穹窿作用有关的甲基卡式花岗伟晶岩特有矿床成矿模式。

1. 碰撞造山早期深层次-多层次推覆滑脱-局部熔融（混合岩化）阶段（D1）

晚三叠世，由于北部的华北板块、西部的昌都-羌塘微板块和东部的扬子板块之间俯冲、碰撞，在松潘-甘孜造山早期总体挤压背景下，发生了大规模深层次-多层次推覆滑脱剪切作用（侯立玮、付小方等，2002），导致了陆壳缩短、加厚，包括雅江北部岩浆底辟群在内的 2400km² 区域内，因局部熔融而形成的壳熔型花岗岩广泛侵位，初期混合岩化明显，随着局部熔融作用加强，形成了强过铝质 S 型花岗岩，使冷地壳转变为热地壳，并伴随了低压热流变质作用。笔者获得的甲基卡二云母花岗岩体 223±Ma 的锆石 U-Pb 年龄，应为岩体中的结晶年龄。这一结果表明，甲基卡二云母花岗岩形成时代为晚三叠世诺利期（227~208.5Ma，国际年代地层表，2013），为松潘-甘孜造山带印支末期的产物。

区内早期热变质矿物黑云母、石榴子石及少量十字石等主要应为此阶段形成。其主要特点是自形程度较高，定向性不明显，一般平行 S_{1-2} 随机分布，结晶粒度相对较小，并明显受后期构造变形作用改造，常构成后期十字石变斑晶的自形内环带。该区出露于地表的动热变质带范围达 200 余 km^2，且二云母花岗岩株及花岗伟晶岩穿切该动热变质带，故有理由推测，该区还存在有大的隐伏花岗岩基或热流体。

对于深熔花岗岩存在的推断，可从在有关深部地球物理资料中找到佐证：①据黑水-重庆-秀水深部岩石圈断面（四川省物探队，1990，内部资料）提供的信息表明，在龙门山以西 20km 深部发现有厚 3~5km 的低速、低阻层，被解释为是"水平熔融花岗岩"所引起，可能是深层次滑脱-推覆带和深熔花岗岩的反映。②从区域重力异常图中可见，在雅江各变质体分布区出现有一高重力异常带，高异常区域偏西，与航磁异常基本对应。根据前人研究结果（曹树恒，1994），雅江北部的各变质体主要位于各重、磁异常环之间，低重力和低磁性异常指示其下部很可能是深熔花岗岩，据此推测古生代玄武岩隐伏断块边缘应是深熔花岗岩或高热流体的主要活动地带。

遥感解译的大环形构造、重力异常和拟合特点以及磁源重力异常成果均显示，甲基卡穹窿中二云母花岗岩有较大规模的岩基，隐伏岩基大致呈不规则的椭圆形，呈北西西向展布，中南部面积约为 40~50km²，向西延深大约 2km，并迅速减薄；北段向北北西倾伏，延伸 7~8km，其范围应围限于由花岗岩基产生的 200km² 动热变质带的范围内。岩基顶面起伏不平，存在多中心隆起。中南部出露于地表的有马颈子和 No.308 等二云母花岗岩岩株。

无论从二云母花岗岩与伟晶岩之间的宏观地质特征，还是地球化学、包裹体的特征，均表明两者为岩浆液态不混溶为主的液态分离作用的产物，是典型的富含稀有金属的 Li-F 不混溶的花岗质岩石，二云母花岗岩与伟晶岩脉或含稀有金属伟晶岩脉之间在成因上具有密切的联系，花岗岩富集 Li、Be、Cs、Rb、Ta、Hf、W、Sn 等稀有金属成矿元素以及 F 等元素，为稀有金属成矿提供了母岩。地球化学的特征显示岩浆部分来源于三叠系西康群浊积岩复理建造熔融而成，为松潘-甘孜造山带印支末期大规模滑脱-推覆造山阶段，地壳不断加厚和局部熔融的产物。

2. 双向挤压收缩—近东西向和近南北向褶皱叠加成穹—深部壳熔花岗岩上侵—低压高温渐进动热变质作用阶段（D2）

由于双向挤压收缩，近南北向叠加成穹，穹窿体的变形构造特征显示在穹窿顶部以压偏机制为主，周缘为伸展机制。由穹窿顶部到边缘，褶皱样式显示由顺层平卧褶皱至不对称褶皱到直立褶皱的变化。穹窿体顶部发育有大量轴面近水平的顺层平卧褶皱，由核部向外，褶皱轴面产状逐渐由平缓变为陡倾，面理构造置换类型也随之由纵向置换递变为 S_3 横向置换。在一些地方还能见到置换过程中片理间的交切关系。

围绕穹窿体二云母花岗岩基，发育具有垂向和水平分带的递增动热变质带，从穹窿的核部至周缘，依次为矽线石带（长征穹窿发育）→十字石带→十字石带红柱石带→红柱石带→铁铝榴石带→黑云母带→绢云母-绿泥石动热递增变质带，其变质带分布范围与展布近南北向的穹窿体一致。

据变形测量统计，S₃片理产状在平面上多环绕变质体向四周倾斜。由高温变质矿物构成的矿物拉伸线理，十字石、石榴子石、红柱石等硬性矿物变斑晶不对称结晶尾，以及布丁化变质分异脉的斜列方向所显示的剪切标志，均指示由穹窿体中心向周缘正向伸展滑移。但在穹窿变质体顶部的变斑晶压力影为对称型，表现为上下挤压。

区域岩石物性测定资料(四川地矿局物探队，1991，内部资料)表明，区域上前古生界-古生界岩石的密度为 2.74～2.83g/cm³，本区三叠系西康群岩石密度为 2.71～2.76 g/cm³，花岗岩密度为 2.63～2.64g/cm³。当花岗岩的温度升高至 850°时，花岗岩的密度将降低到 2.4g/cm³ 左右(Soula，1982)，与围岩的密度差可达 0.2～0.4g/cm³，明显高于重力失稳的下限值 0.1g/cm³(Romberg，1967)，从而可诱发壳熔花岗岩的底群侵位，并将导致该阶段构造变形、动热变质作用的发生。

随着降压和增温作用，沿甲基卡隆体顶部的构造裂隙发生了同构造的二云母花岗岩株的侵位，其岩株的形态和产状受裂隙性质的控制，其接触界线清楚，穿切面型的动热变质带。在岩株(枝)外接触带，依次形成了云英岩化带、电气石化、堇青石的热接触变质带。

3. 壳熔花岗岩持续低辟侵位与花岗伟晶岩岩脉动式充填-交代—稀有金属伟晶脉—局部(汽)热接触变质(D3)

随着壳熔花岗岩持续上侵，花岗岩体冷却固结收缩，压力快速降低，构造环境由封闭向开放的转变，温度和压力的降低加大了稀有金属、挥发分等组分与硅酸盐熔体的不混溶程度，诱发岩浆发生液态不混溶作用。

同时二云母花岗岩体内部压力释放形成大量张性裂隙，使富挥发分和稀有金属元素的伟晶岩熔体快速向穹窿顶部及周缘围岩中的裂隙贯入，形成了稀有金属伟晶脉。受成穹前和成穹期各类断裂和裂隙控制，成群分布。这些不同力学性质、不同方向以及不同系统的裂隙构造，控制了各类稀有伟晶岩矿(脉)床的产出。

通过对主要伟晶岩脉体结构与构造的调查研究，裂隙的产出状态对伟晶岩的结构的形成以及锂矿化的规模起重要的控制作用。甲基卡穹窿体中大部分裂隙与二云母花岗岩-伟晶岩岩浆源保持着连通，处于相对的开放系统，并获得了富含稀有金属的 Li-F 不混溶液态岩浆的多次贯入交代(物质的补给)，而使早期生成的伟晶岩脉多次受到强烈的交代和强烈的稀有金属矿化，显示多期次脉动式充填-交代富集的特点，导致了甲基卡矿田大多数伟晶岩脉体结构带不发育，而发育微晶锂辉石带-细晶锂辉石带-梳状锂辉石带，呈相间排列、间隔发育，构成的韵律式条带状构造，它们中有的形成了如 X03 脉和 No.134 等规模巨大、品位富的稀有金属伟晶岩矿床。矿石结构构造显示多期次脉动式交代成因的特点。锂辉石的形成至少可分三个世代。

唐国凡等(1984)用全岩-矿物 Rb-Sr 等时年龄法测得花岗伟晶岩为 189.49±3.14Ma，王登红等(2005)采用 Ar-Ar 法测得甲基卡 No.134 和 No.104 含矿伟晶岩中白云母的坪年龄为 195.7±0.1Ma 和 198.9±0.4Ma，等时线年龄为 195.4±2.2Ma 和 199.4±2.3Ma，笔者采用 LA-ICP-MS 法获得 X03 脉锆石的 U-Pb 年龄为 216±2Ma、铌钽氧化物的 U-Pb 年龄为 214±2Ma（郝雪峰、付小方等，2015）。充分显示伟晶岩的形成开始于印支晚期而结束于燕山早期，燕山-喜马拉雅运动开始，甲基卡地区进入稳定的陆内构造环境，并随着长期的地壳抬升，马颈子花岗岩体及其周边的包括 X03 脉在内的矿体逐渐被剥蚀出露或接近地表，使得人们得以发现。

而沿穹窿变质体中近脉热接触变质及汽热交代蚀变，与稀有金属成矿密切有关。除花岗伟晶岩脉旁宽度不大的电气石、云英化蚀变带外，还发育有董青石接触变质带，其宽度、大小和形态与伟晶岩脉的产状、规模、埋深及矿化具有密切的关系。

4. 成穹晚期退变质作用阶段（D4）

穹窿构造-岩浆-变质体后期的松弛阶段，随着温度的降低，广泛发生了退变质作用，主要表现为广泛发育大量的含水矿物，如新生的鳞片状黑云母、绿泥石、绢云母等矿物，使早期十字石、红柱石、石榴子石、黑云母以及董青石等变质矿物不同程度受到了绢云母和绿泥石矿物的交代，有的呈交代残余或交代假象；沿片理广泛发育新生的鳞片状黑云母、绢云母、绿泥石等，并产生细粒化现象，使岩石结构致密，色调发暗，呈千枚状或板状外貌。对新生的鳞片状黑云母所做的探针分析结果表明，其 Mg^{2+}、Fe^{2+} 的含量均低于动热变质的黑云母，显然是一个降温的过程。

许志琴、侯立玮等（1992）在研究长征穹窿时，对穹窿核部夕线石二云母片岩中平行于 S_3 的白云母，曾进行了 ^{39}Ar-^{40}Ar 的测试，获得了 163±3.7Ma。该数值可大致代表穹窿晚期退变质的时代（侯立玮、付小方，2002）。

二、成矿模式图及简要说明

甲基卡式花岗伟晶岩稀有矿床成矿模式，以康定西-雅江北部的甲基卡为其代表，马尔康-金川可儿因亦具类似的特点。主要特点说明如下（图6-5）：

（1）此类矿床，主要产布于被动大陆边缘，于碰撞造山早期，随着地壳加厚、先热后隆和局部熔融作用加强，形成了强过铝质、富含 Li、Be、Cs、Rb、Ta、Hf、W、Sn 等稀有金属成矿元素以及 F 等的特征，部分来源于三叠系西康群浊积岩复理建造熔融而成的陆壳重熔型花岗岩。

（2）从穹窿体核部向外，依此发育有夕线石带—十字石带—红柱石带—石榴石带—黑云母带等环形变质带。并可见呈岩株、岩枝和脉状产出的花岗岩及花岗伟晶岩，切割了动热变质带。另在花岗岩及伟晶岩的接触带，常可见汽-热接触变质带。

（3）穹窿体主要在双向（SN 向和 EW 向）挤压收缩构造体制下形成，随着深熔花岗岩底辟上侵，在热隆体顶部主要表现为纯剪切，在其周缘则表现为正向简单剪切。

（4）随着壳熔花岗岩浆底辟上侵，压力快速降低，加大了稀有金属、挥发分等组分与硅酸盐熔体的不混溶程度，形成了富含稀有金属的 Li-F 花岗岩、矿化较弱的花岗岩残余岩浆结晶分异-自交代型伟晶岩，和多期次富含稀有金属液态分离不混溶脉动式充填-交代型花岗伟晶岩。

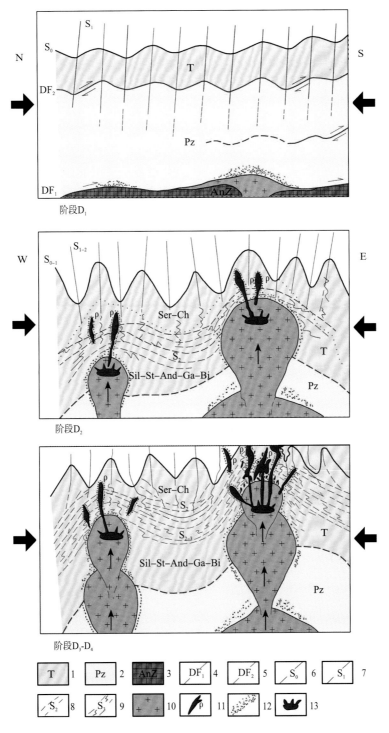

图6-5　甲基卡式稀有金属伟晶岩矿床成矿模式图

（据 Pouget，1991；侯立玮、付小方，2002；李健康等，2007，修编）

1.三叠系；2.古生界；3.前震旦纪变质-岩浆杂岩；4.下部构造层次滑脱带；5.中部构造层次多重推覆滑脱带；6.岩层原始层理；7.南北向挤压褶皱轴面劈理；8.东西向挤压褶皱轴面劈理；9.由局部隆起横向置换产生的滑脱面理；10.陆壳重熔型花岗岩；11.花岗伟晶岩脉；12.混合岩化/接触变质带；13.伟晶岩浆。

(5) 成穹前和成穹期形成各类不同力学性质、不同方向以及不同级序的裂隙构造, 控制了各类稀有伟晶岩矿脉的产出。大部分脉(矿)裂隙与花岗岩-伟晶岩岩 Li-F 浆源体保持着连通关系, 脉体内微晶锂辉石带、细晶锂辉石带, 和梳状锂辉石带无序相间发育, 具多期次脉动式充填-交代富集的特点显示了"三位"一体的成因特点; 另有少数矿化较弱伟晶岩脉, 具环带状对称分带, 显示为花岗岩残余岩浆于相对封闭裂隙中, 经结晶分异-自交代作用形成。

(6) 经以往研究(侯立玮、付小方等, 2002), 雅江甲基卡花岗岩底辟穹窿体形成演化的 *P-T-t-D* 轨迹, 总体呈一连续的顺时针环, 显示曾经历增压增温→降压降温→缓慢降压降温三个阶段。变质矿物共生组合及温压条件总体反映了低压型变质相系的特点。

(7) 同位素测年成果显示, 区内花岗岩及伟晶岩的成岩成矿时代, 主要为印支晚期—燕山早期。

(8) 该类型穹状变质地质体的形成演化过程, 可大体划分为以下三个阶段:

①自 N→S 深层次-多层次推覆滑脱→局部熔融→低压热流变质作用阶段(阶段 D_1);

②近南北向褶皱叠加成穹→深部壳熔花岗岩上侵→低压高温渐进动热变质→伟晶岩(矿)脉形成阶段(阶段 D_2);

③热隆滞后伸展→低温动力变质作用阶段(阶段 D_3–D_4)。

第七章　三维地质找矿勘查方法研究应用与找矿模型

　　甲基卡地区广为第四系堆积物和草甸覆盖，以往的地质找矿和勘查工作，局限在矿田南部的基岩出露区"就脉找矿"。对中北部第四系覆盖区则涉及很少，工作程度低，找矿难度大，勘查手段较为单一。为了在第四系覆盖区取得找矿突破，需探索有效的新技术和新的找矿方法。

　　笔者在分析前人资料的基础上，通过对区内花岗伟晶型稀有金属矿床成矿控矿条件、形成富集规律、产布特征及找矿标志的综合分析，有针对性地开展大比例尺地质专项填图、遥感解译、物探(重力、磁法、电法)测量、地球化学测量，获得大量翔实的第一手基础资料，为多元信息分析圈定找矿靶区和钻探验证打下了基础。通过 X03矿脉的发现及找矿的实践，探索建立了"综合研究—遥感解译和坡—残积溯源追索填图—重磁测量查明岩体和伟晶岩脉就位空间—优选靶区—电法定位化探定性解释推断靶区异常—浅成雷达探测和便携式取样钻，大致查明矿脉浅表边界及产状-面中求点钻探验证控制"的第四系覆盖区三维地质综合勘查模型，为第四系掩盖区稀有金属找矿提供了技术示范。

　　在成矿规律总结研究基础上，以矿床成矿模式为基础，依据客观性、找矿工作的渐进性和不同阶段、不同层次控矿因素、找矿标志、找矿方法上的差异性及其关联性，对地质找矿模型、地球物理找矿模型、地球化学找矿模型等单一找矿模型的综合分析，建立了甲基卡式矿床综合找矿模型。借以指导同类矿床的预测和寻找勘查工作的有效开展。

第一节　坡-残积锂辉石"寻根溯源"找矿方法

一、"寻根溯源"找矿法建立的依据

　　如上所述，前人于甲基卡地区已发现的花岗伟晶岩(矿)脉，主要产布于中南部，并认为北部地区主要为较厚的"冰川沉积物"掩盖，其中含直径达数米的锂辉石伟晶岩"冰川漂砾"(唐国凡等、1984)。但经笔者实地调查，该地区位居川西高原高夷平面上，虽平均海拔达 4200～4500m，但地形平缓，不具角峰、冰斗、U 形谷，以及冰碛垄、槽碛等冰川侵蚀和冰川堆积地貌特征，且地表所见锂辉石伟晶岩转石堆常形成断续带状微隆起(图7-1)，而不受微地形地貌的控制，故认为不具有冰川堆积地貌的特点(付小方等，2015)。此类堆积物大多应属原地和准原地坡-残积，而非长距离搬运而来的冰

碛物，并将其视为地质找矿的直接和间接标志。近几年笔者通过对该区系统的地质调查，认为区内为平缓的丘状高原。

在遥感影像上，区内花岗伟晶岩-细晶岩及其残-坡积转石堆，常表现为亮白色、浅色调、高反射率、呈线性分布，且伟晶岩矿脉仅分布于董青石化十字石-红柱石、以及红柱石动热变质带范围，故通过遥感解译、残-坡积转石"寻根溯源"和地质填图，可进一步缩小找矿靶区。

图 7-1　麦基坦第四系残、坡积物特点

A.X03 脉零星露头与锂辉石伟晶岩残坡积物及董青石化十字石红柱石片岩残坡积物；B.X03 脉中段地表锂辉石伟晶岩残积物；C.X03脉南段地表锂辉石伟晶岩残积物；D.X03脉西段地表锂辉石伟晶岩残积物

二、遥感解译及坡-残积填图找矿法的应用

笔者采用的 Geoeyes-1 遥感数据，包括蓝、绿、红和近红外 4 个波段图像和全色图像。其中蓝、绿、红三个波段的空间分辩率为 1.65m，全色图像空间分辩率为 0.41 m。为了提高地面分辨率和保持低分辨率图像的光谱信息，采用 ERMapper 遥感图像处理软件，对数据进行彩色合成处理和遥感影像融合。据此，首先对第四系伟晶岩矿脉露头及转石分布区，进行识别和初步圈定。

区内第四系成因类型主要有残坡积、残积，以及冲积、沼泽沉积等，据残积物及残坡积物中所合主要碎块、碎屑的岩性组合的差异，以及所处微地貌位置分析，可大致推断出残-坡积物中碎块、碎屑与原地和准原地浅表岩矿脉的亲源关系。据此，将其进一步划分为：锂辉石花岗伟晶岩残-坡积，花岗伟晶岩残-坡积，董青石化片岩残-坡积，和十字石、十字石、红柱石、红柱石二云母片岩残-坡积等四类非正式填图单元(表 7-1)。

表 7-1　研究区第四系残积物填图单元划分简表

前人第四系残积物划分	第四系转石划分	
	成因分类	岩性分类
第四系冰碛物	第四系残坡积、残积物	含锂辉石矿化伟晶岩
		伟晶岩
		堇青石化片岩
		十字石、红柱石、红柱石十字石片岩

　　经初步调查验证，上述呈断续带状集中分布的锂辉石花岗伟晶岩，和花岗伟晶岩碎石堆，大多为浅表伟晶岩矿脉原地或准原地堆积物；十字石、十字石-红柱石及红柱石二云母片岩残积物相对集中区，则主要为伟晶岩(矿)脉产布范围(图7-2)。通过遥感解译和

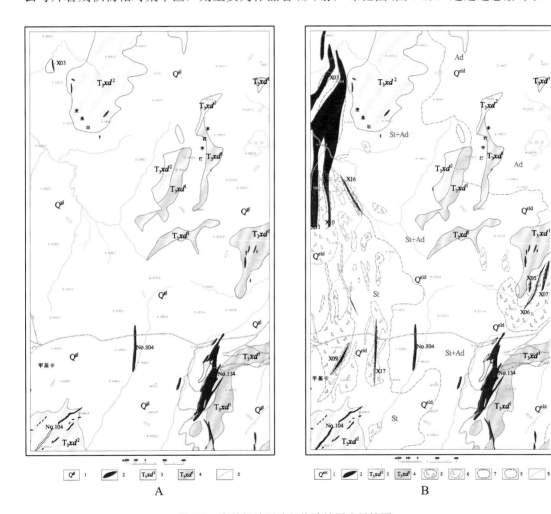

图 7-2　麦基坦地区残积物法填图成果简图

A. 找矿前地质简图：1.第四系冰碛物；2.伟晶岩矿(化)脉；3.新都桥组二段；4.新都桥组一段；5.水系

B. 残积物法填图地质简图：1.第四系坡残积；2.矿(化)伟晶岩脉，其中 X03 为 4300m 标高的投影；3.新都桥组二段；4.新都桥组一段；5.含锂辉石矿化伟晶岩转石密集区；6.伟晶岩转石密集区；7.堇青石蚀变片岩转石区；8.十字石(St)、十字石-红柱石(St＋Ad)、红柱石(Ad)片岩转石；9.水系

地质填图，对区内与成矿有关残-坡积进行圈定和图面表达。由于该区地形较为平缓，第四系堆积物搬运距离有限，构成以残积或残坡积物为特点，因此，可以根据十字石-红柱石二云母片岩、堇青石蚀变片岩以及钠长锂辉石伟晶岩残积物的分布特点，作为寻找浅部隐伏矿化伟晶岩的一种有用信息(潘蒙、唐屹、肖瑞卿等，2016)，借以指导物化探和钻探验证工程的布置与开展。

需说明的是，由于区内堇青石化片岩与伟晶岩残-坡积残积物常同时出现，且在沼泽地区也存在伟晶岩脉残积物，故在对其进行分类和物源推判时，尚需结合其具体产布特征、地质背景，以及物化探异常等具体情况综合判别。

第二节　重力和磁力测量

一、小比例尺解译区域地质成矿构造背景

四川省境内已开展完成了 1∶100 万～1∶50 万重力和航磁测量，并在部分地区完成了 1∶20 万重力测量。小比例尺重力和航磁异常主要解释的对象是规模较大的地质体和地质构造，如第一章第二节区域地球物理特征中，在四川西部重力异常和航磁上延拓 10km 垂向二次导数等值线异常图(图 7-2、图 7-3)显示的重磁异常特征，大致与川西宏观的构造格局和地质体相对应。如甘孜—理塘缝合带、阿尼玛卿缝合带与扬子陆块西缘所夹持的巴颜喀拉-雅江晚三叠世复理石沉积褶皱-推覆带内，有众多大小不等、岩性各异的中——酸性侵入岩，相对集中成群或成带的产布于黑水-理县、金川-道孚、雅江-九龙等地区。其平面形态多不规则，部分呈长条状近南北向展布，它们均位于低值异常带或梯度过渡带上。但对规模较小的地质体或是构造引起的异常常被弱化，反应不明显。

花岗伟晶岩型稀有金属矿床需要花岗岩提供岩浆来源。一定规模的低密度弱磁性的花岗岩基体会引起较大范围的低重低磁异常，因此在 1∶20 万或 1∶25 万比列尺重磁异常图上根据低重低磁异常圈闭来推断花岗岩(隐伏)穹窿体的延伸范围，为伟晶岩型稀有金属成矿远景区的圈定提供依据之一。产于川西花岗岩浆底辟穹窿中与陆壳重熔型花岗伟晶岩有关的稀有金属矿床，在国内具首要地位。

雅江北部区域剩余重力［图 7-3A］与航磁 Δt 化极垂向一阶导［图 7-3B］异常对比图，显示剩余重力局部异常突出，总体上低剩余重力异常(蓝色)被高剩余重力异常(红色)所包围。低剩余重力异常指示了具有较厚的低密度的花岗岩，甲基卡、容须卡、瓦多、长征穹窿变质体均位于异常的梯度带上，且大致与穹窿变质体出露的部位重合；剩余重力异常推断花岗岩埋深较深，具有较厚的围岩。

航磁 Δt 化极垂向一阶导数等值线分布特征显示，异常带主体呈南北向带状展布，其中呈现出了更多的局部异常。剩余重力异常(和航磁 Δt 化极垂向一阶导低异常区图7-3(B))分布基本一致，低重低磁异常圈闭异常大致对应于甲基卡、容须卡、长征、瓦多、木绒等地为中心，分布有 5 个椭圆和圆形构穹状变质体，具有成群分布的特点。推测下面可能存在有大型的隐伏花岗岩基或热流体。

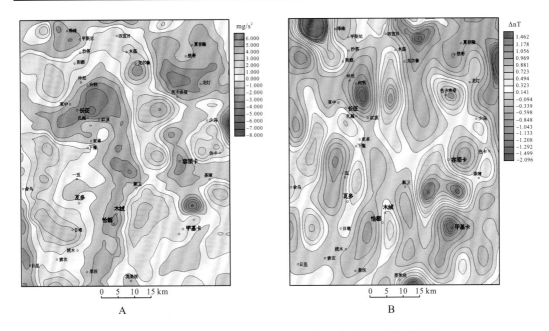

图 7-3 剩余重力(A)与航磁△t化极垂向一阶导(B)异常对比图

(据《四川省矿产资源潜力评价》四川省地质调查院, 2012, 修改)

二、大比例尺重力和磁法异常推断岩体和伟晶岩就位空间

(一)应用条件

1.重力测量开展应用的条件

经采样分析, 甲基卡地区, 常见岩(矿)石的密度变化及平均值, 如表 7-2 所示。

表 7-2 岩石密度统计表

名称	标本数	密度范围(g/cm³)	统计平均值(g/cm³)
锂辉石矿物	30	3.03~3.22	3.10
含锂辉石伟晶岩	110	2.53~2.86	2.70
花岗伟晶岩	30	2.62~2.69	2.65
伟晶岩细晶岩带	30	2.59~2.70	2.63
二云母花岗岩	80	2.55~2.77	2.62
片岩	270	2.67~2.80	2.73

注: (1)第四系覆盖物密度为 1.54 g/cm³, 因一般厚仅 1~20m, 对重力异常影响较小, 故未列入表中。(2)甲基卡外围有少量的浅变质砂岩和砂质板岩, 密度平均值为 2.75g/cm³, 亦未列入表中。

锂辉石矿物密度最高。致使含锂辉石伟晶岩密度平均值, 比花岗伟晶岩和细晶岩带密度平均值要大 0.5~0.7g/cm³; 比二云母花岗岩密度平均值大 0.8g/cm³。片岩密度平均值比含锂辉石伟晶岩密度平均值大 0.3g/cm³; 比花岗伟晶岩和细晶岩带密度平均值要大

$0.8 \sim 1.0 g/cm^3$；比二云母花岗岩密度大 $1.1 g/cm^3$。

上述表明，不同岩矿石所显示的密度差异，为重力测量提供了前提。经定性解释和推断，重力异常较低的区域可能存在较大规模低密度的酸性侵入岩；重力异常较高的区域可能存在较厚高密度的各类片岩或变质砂板岩。

2. 磁力测量开展应用的条件

甲基卡属于弱磁性地区，以往开展的磁法测量工作效果不甚明显。近年来，由于磁法测量精度的提高(0.1nT 左右)，且具有操作简便、工作效率高、弱异常特征可靠性高等特点，故在弱磁性地区开展磁测工作再次受到重视。

据甲基卡地区岩石磁参数测定结果(表7-3，图7-4)，区内岩石磁性显示具如下特征：

(1)磁化率(κ)：花岗岩和伟晶岩磁化率较高，均值基本一致(花岗岩均值 κ＝57.87，伟晶岩均值 κ＝57.53)；片岩的磁化率和变化幅度则较花岗岩和伟晶岩低(片岩均值 κ＝27.81，变化幅度为 4～202)；变质砂岩的磁化率最大(均值 κ＝146.6，变化幅度为 59～295)。

表 7-3　甲基卡岩石磁参数测试统计表

岩性	$\kappa\,(10^{-5} \times SI)$				$Ir(10^{-3}A/m)$			
	样本数	最小值	平均值	最大值	样本数	最小值	平均值	最大值
花岗岩	32	10	57.87	549	18	1.36	22.41	51.62
伟晶岩	27	15	57.53	215	20	2.29	11.26	38.86
片岩	44	4	27.81	202	18	10.55	35.49	56.94
砂岩	23	24	146.60	295	16	3.37	101.13	1171

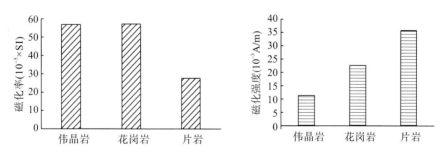

图 7-4　甲基卡不同岩性磁化率($10^{-5} \times SI$)平均值和磁化强度($10^{-3}A/m$)平均值

(2)剩余磁化强度(Ir)：花岗岩、伟晶岩的平均剩余磁化强度基本一致(花岗岩 Ir＝22.41，伟晶岩 Ir＝11.26，)，其变化幅度也基本一致；片岩平均剩余磁化强度较高，为 Ir＝35.49，变化幅度为 10.55～56.94；变质砂岩的平均剩余磁化强度最高，达 Ir＝101.13，变化幅度为3.37～1171。

上述磁性参数显示，甲基卡为弱磁性地区，其磁性特征为低磁化率，低剩余磁化强度。但由于同类岩体和岩层还存在一定的磁性差异，低磁异常应主要由花岗岩、伟晶岩引起；正常场或相对高异常应是由片岩引起；高磁异常则主要由砂岩(变质砂岩)引起。故当其达到一定规模时，产生的总场仍会形成较大差异，故仍为在此弱磁性地区开展磁法测量提供了物性支撑。

(二)重力和磁力测量方法

1. 重力测量简述

笔者完成的 1：2.5 万重力测量严格按照《大比列尺重力勘察规范》-DZ/T 0171-1997 执行。在建立了 3E 级 GPS 控制网基础上，通过三维约束平差得出各控制点的相应坐标，以及 1985 国家高程基准高程，以控制点为基础，采用 GPS RTK 进行测点动态观测，计算测点平面位置与高程。测线按东西走向布测，测网采用线距250m，点距50m。然后进行重力仪检查与调节、重力仪格值(校正系数)标定、重力仪性能试验检，最后进行重力观测。取得原始数据之后，进行地形改正和布格改正得到布格重力异常。重力(磁力)测量范围如图 7-5，主要为矿田的中南部地区。

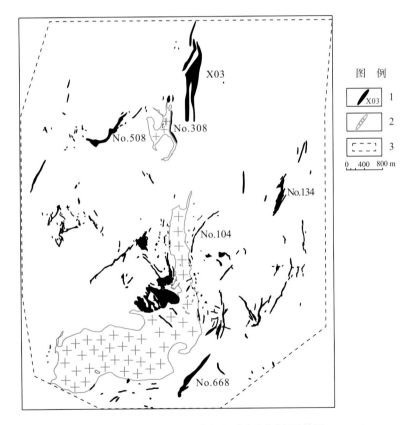

图 7-5　甲基卡矿田中南段重力(磁力)测量区

1.伟晶岩矿脉及编号；2.二云母花岗岩；3.重力(磁力)测量范围

2. 磁力测量简述

笔者为配合 1∶2.5 万重力测量和地质填图，在与重力测量同范围区内（图 7-5）以及麦基坦地区，分别开展 1∶2.5 万和 1∶5000 地面高精度磁测，在反映区内地质体的磁性变化，在推断隐伏的控矿岩体、围岩的分布等方面，均取得了较为显著的效果。

1∶2.5 万地面高精度磁测测网为 250m×50m，采用双星（GPS 和 GLONASS）手持 GPS 进行测网敷设，加拿大产 Envi-Pro 质子磁力仪进行磁法测量，磁测精度为 ±3.79nT。

1∶5000 地面高精度磁测测网为 50m×20m，采用中海达 RTK 进行测网敷设，加拿大产 Envi-Pro 质子磁力仪进行磁法测量，磁测精度为 ±4.94nT。

（三）重力异常的解释及推断

1. 布格重力异常

对甲基卡矿区重力测量成果显示，布格重力异常整体表现中部和南部为极低值和低值，四周被高值环绕。中部的布格重力为-2.09~6.44mGal，平均约为 1.47mGal，表现为圈闭的南北向展布的低异常；南部为-1.10~5.34mGal，平均值约为 1.50mGal。中南段的布格重力极低值是 2.09mGal，位于马颈子。北段西部布格重力为 0.55~11.07mGal，平均值约为 5.74mGal，表现为多个圈闭的高异常；北部为 1.79~8.14mGal，平均值为 5.57mGal，表现为大范围的未圈闭高异常；东部 1.24~5.36mGal，平均值为 3.25mGal，主要表现为变化较为平缓的未圈闭低异常。

上述布格重力异常的分布特征，与区内出露的不同岩性的岩石及侵入的岩体对应较好（图 7-6A）。北段及西部两区，布格重力异常值较高，与区内出露的上三叠统新都桥组，侏倭组变质砂岩、粉砂岩和砂质泥岩，以及各类片岩相对应，推测存在较厚的高密度岩层；中南部低值布格重力异常呈面型分布，推测隐伏有大规模的低密度酸性侵入岩，这与在矿田南部出露的马颈子二云母花岗岩株相对应；东部布格重力异常由西南向北东逐渐增高，其平均值接近于全区平均值，推测东部的酸性岩侵入体和上覆的片岩体积相当。另据布格重力异常形态推断，马颈子花岗岩主体总体呈近南北向展布，往西部延伸较小，往东部延伸较大，在马颈子花岗岩露头附近，布格重力异常呈极低值，显示其底部厚度最大。

2. 剩余重力异常解释及推断

区内的剩余重力异常，是通过移除该区的布格重力异常的双线性趋势面异常而得到的，这相当于消除了上地幔和下地壳产生的重力异常，剩下由中上地壳岩石所产生的重力异常。由于剩余重力异常能够反映隐伏花岗体的深部形态，在本书第二章第四节中的南北向和东西向剖面的重力拟合（图 2-11、图 2-12），使用的亦是剩余重力异常。

从剩余重力异常图（图 7-6B）中可见，该区中部存在一个呈南北向负异常。据此可推断，在中南部出露的马颈形状的二云母花岗岩，延伸至中北部甲基甲米（No.308）；中北部的多个负异常或低异常，可能指示有多个隐伏岩体的隆起，在其顶部和周缘，应为有利于锂辉石伟晶岩脉产出部位。

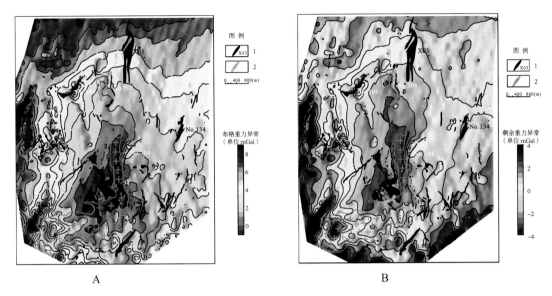

图 7-6 甲基卡重力异常

A.布格重力异常；B.剩余重力异常

1.伟晶岩矿(化)脉及编号(其中 X03 为 4300m 标高投影)；2.二云母花岗岩

3. 对穹窿构造隐伏花岗岩体的推断

甲基卡矿田受典型的岩浆底辟穹窿构造控制。笔者采用 1:2.5 万地面高精度磁测数据，通过上延处理或将磁异常变换得到磁源重力异常，进行磁源重力计算(等同于低通滤波，抑制地表高频信号，突出低频的背景信号)，并与布格重力异常进行对比(图7-6、图 7-7)，可为推断深部花岗岩穹窿体的形态，和伟晶岩发育占位空间提供线索。

(1)在甲基卡矿田中部两者异常高值相似，表明引起异常的源是一致的，即低异常区为花岗岩、伟晶岩等酸性岩体引起，而高异常区为晚三叠纪地层中的变质砂岩、片岩等引起。

(2)在矿田的东部有一个负异常或低异常，推测这里存在一个未出露于地表的花岗岩体的隆起，印证了隐伏花岗岩顶面起伏不平，并存在多个隆起中心的推断。

(3)在矿田西南角磁源重力显示为规模较大的高异常，而布格重力仅出现点状高异常，经实地勘查，该处主要为晚三叠纪变质地层分布区。

由于重磁与重力测量，均是一种体积测量法，重力反映的地质体规模更大更深，而地磁反映的地质体则相对重力较小、较浅，其分辨率也较重力测量高，故总的看来，磁源重力异常可反映中浅部地质结构更多的细节。

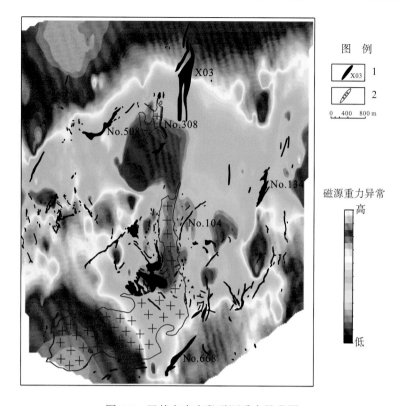

图 7-7　甲基卡中南段磁源重力异常图

1.伟晶岩矿(化)脉及编号(其中 X03 为 4300m 标高投影)；2.二云母花岗岩体

(四)磁力异常的解释及推断

1.对酸性岩体及有利成矿部位的推断

地磁垂向一阶导数是求磁场沿垂直方向变换率的数据转换处理。垂向一次导数处理对磁场高频成分有突出和放大作用，它侧重于压制深层区域背景场的影响，从而突出浅部地质体引起的局部异常。

区内 Δt 垂向一阶导异常分布特征(图 7-8)，整体背景为低异常，零星分布有点状、带状、面状的高异常。结合地质背景看，南部低异常区与马颈子和甲基甲米花岗岩株(枝)出露情况对应较好，推断低异常是由花岗岩等酸性岩体引起；马颈子花岗岩北部偏东区域大面积低异常，地表为第四系覆盖区，推断分布有隐伏的花岗岩，为马颈子花岗岩往北向深部倾伏的部分。

产于花岗岩外接触带的电气石角岩、堇青石化十字石红柱石二云母片岩，由于受岩浆热液作用的影响，将可能因退磁或局部磁异常，从而导致区内花岗伟晶岩脉多分布在高低异常之间的梯度带上，显示花岗岩体边缘为成矿有利部位。

2.对西康群变质片岩推断

据笔者 2016 年对麦基坦矿区 1∶5000 磁力测量所获得地磁化极等值线图显示，磁

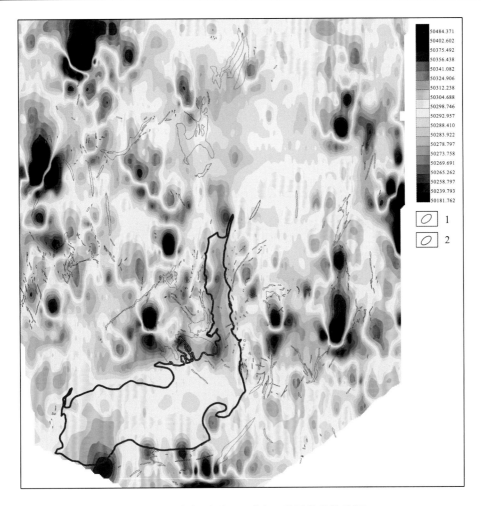

图 7-8 甲基卡 地磁 ΔT 垂向一阶导数等值线图

1.马颈子花岗岩；2.伟晶岩脉

场整体以低中异常为主，高磁异常分布较为零散(图 7-9)。经同步开展的 1∶5000 地质填图验证，高磁及中磁异常基本与动热变质片岩或变质砂板岩基岩露头对应，但由于该区广为第四系覆盖，致使动热变质片岩基岩露头亦较为零散。上述推断显示，地磁成果可作为第四系覆盖区内推断隐伏动热变质片岩或变质砂板岩体的辅助依据。

第三节 电法测量

一、应用的前提条件(岩石电阻率)

(一)前人电法测量基础

四川省地质局物探大队 1971 年在甲基卡矿田南部，曾开展对称四极法、联合剖面法电法测量试验。结果表明，对称四极法效果较好，90%以上的已知伟晶岩脉有明显的 ρ_K 连续高阻，脉体与峰值对反应，在走向上可连续对比，经前人少量槽探、钻深工程检查验证，在浮土掩盖区已发现了隐伏(盲)伟晶岩矿体(如 No.804 等矿脉)。联合剖面法分辨力较强，A 极为正极时视电阻率 ρ_A^K 和 B 极为正极时视电阻率 ρ_B^K 均升高，由于矿区内伟晶岩脉多数向西倾，常见 $\rho_A^K \geqslant \rho_B^K$，部分有高阻交点和反交点，可用来检查四极法异常。

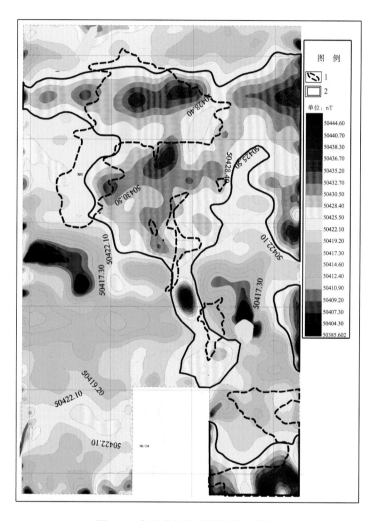

图 7-9　拿西学打地磁化极等值线图

1.片岩或变质砂岩分布区；2.磁法推断片岩或变质砂岩分布区

　　笔者选择的中间梯度幅频激电或大功率激电法，与对称四极装置相比有较大进步和优点。幅频激电法是近年来较新的方法，所用仪器轻便、性能稳定、探测效率高、便于高原地区使用；大功率激电测深探测深度大，能有效探测埋深 0～150m 范围内的目标体(对称四极法和联合剖面法的探测深度为 50m)。

(二)各类岩石的物性差异

区内岩石主要有含锂辉石伟晶岩，花岗伟晶岩、花岗岩和各类片岩。

本次试验，对矿区内含锂辉石伟晶岩，花岗伟晶岩、花岗岩和片岩等共 61 块标本和 16 个露头进行了物性测量。标本采用标本架泥团法，露头采用对称小四极法，共测定视电阻率、视幅频率两个参数。测定结果如下(表 7-4，图 7-10)。

表 7-4 2013 年、2015 年度激电中梯电性参数测定统计表

岩性	标本或露头数	范围(Ω·m)	平均值(Ω·m)	备注
含锂辉石伟晶岩	30	7390～13290	10205	11 个露头、19 块标本
花岗伟晶岩	7	5460～21380	14780	3 个露头、4 块标本
花岗岩	3	17440～22620	20005	3 块标本
片岩	37	1780～5120	3068.9	2 个露头、35 块标本

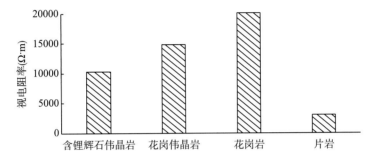

图 7-10 甲基卡矿田不同岩性电阻率(Ω·m)平均值

电性参数测量显示，含锂辉石伟晶岩，花岗伟晶岩和花岗岩等酸性侵入岩的视电阻率明显比围岩(片岩)要大 3～6 倍，因此可根据视电阻率有效区分地质体是否为酸性侵入岩体或是片岩。但是，由于含锂辉石伟晶岩、花岗伟晶岩和花岗岩这三者都会引起视电阻率高异常，且三者视幅频率差别不大，故单凭电法测量结果难以具体判别确定是哪种酸性侵入岩引起的视电阻率高异常，尚需结合化探和地质填图等资料综合分析，进一步判断是否存在锂辉石伟晶岩(矿化)脉。

二、电法测量方法

电法测量所用仪器为重庆奔腾数控技术研究所研制的时间域激发极化法测量系统。所使用仪器为：激电发射机为 WDFZ-5，接收机为 WDJS-2。电法测量参照《时间域激发极化法技术规定》(DZ／T0070-93)的要求执行。勘探网度为 50 m×20 m。

(一)已知岩(矿)体的试验

遵循从已知到未知的原则，笔者首先在麦基坦 No. 309 矿(体)脉上进行频点选择试验，分别对仪器的四个频点各采集多组数据进行了参数测试和对比，选取最能突出效果的频点作为工作频点。通过试验，仪器在高频 4Hz，低频 4/13Hz 时其读数较大、稳定，且工作时间适中，由此确定了电法仪器观测频点。仪器一致性检验结果为：视电阻率均方相对误差为 2.5%；视幅频率均方相对误差为 4.7%。符合技术规定的要求。

采用激电中梯方法分别对地质体进行视电阻率 ρs 和视幅频率 Fs 两个参数的测量。

为了较好地了解矿体上的物探异常特征，笔者选择在已知的 No.309 矿体上进行极距选择试验，试验装置采用对称四极非等比装置激电测深法。从试验的结果看(图7-11、图 7-12)：①其视幅频率整体较平稳，没有明显的激电反应，与物性测量的结果相符，表明视幅频率不能有效地反应矿体的信息；②视电阻率曲线整体呈上升趋势，表层视电阻率低的原因是第四系内含水低阻层所致；③因为物性参数显示矿体为高阻，往深部视电阻率不断升高，说明 No.309 矿(体)脉向下延深。这与钻孔资料对比是相符的，说明视电阻率能够有效地反应伟晶岩矿体信息。

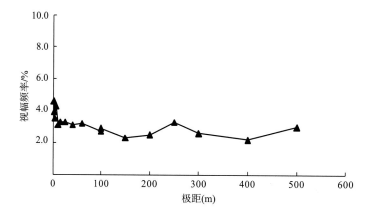

图 7-11　甲基卡麦基坦矿区极视幅频率距试验曲线

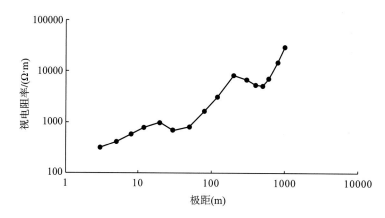

图 7-12　甲基卡麦基坦矿区极视电阻率距试验曲线

No. 309 矿（体）脉下部为花岗岩体，深度延伸 300～500m。在极距为 1000m 时，视电阻率仍然具有升高的趋势，且最高可达 29270Ω·m。据以上极距试验结果，并结合该区较开阔的地形条件、剖面长短、一次电位的信号大小、数据的稳定性等因素，以及已有的钻孔资料综合分析，激电中梯装置的供电极距选择为 AB= 800m，测量极距 MN=40m。

在数据采集时，供电电极 A、B 固定在观测剖面段的两端，测量电极 MN 在中间或平行沿剖面方向移动进行参数观测，其观测段按技术规定要求在该区选择的是 $\frac{2}{3}AB$。为了使物探测量参数尽量统一和提高工作效率，电性参数 ρs、Fs 的观测是采用主、旁测线多线段观测方式进行测定，为了满足激电中梯工作最大旁测距 $Y \leqslant AB/6$ 的技术规定，野外观测选择的是 100m。

（二）电法测量概述

经过仪器频点试验、一致性试验、观测方法试验，确定了极距大小和观测参数。但在开展测试数据采集和观测过程中，仍需逐点绘出剖面曲线草图，当出现突变点、畸变点时，及时进行检查和重复观测，并按 3：1 原则进行数据取舍记录。

在对野外观测原始资料进行验收后，将数据全部录入电脑，进行数据处理。对重复观测点、接头点的数据主要采用取平均值的方法进行处理。视电阻率 ρs、视幅频率 Fs 等值线图的绘制是使用 Genetic Mapping Tool 软件进行数据插值和等值线的勾绘。

三、电法异常解释与推断

电法测量结果显示，视电阻率平面图中，高阻异常的形态和 X03 伟晶岩脉的平面展布具有良好的对应关系，且测深反演图中高阻体的形态和 X03 等伟晶岩脉的剖面形态具有良好的对应关系，运用这一对应关系，可达到面中求点、圈定异常、定位预测的目的，并可大致推断矿化伟晶岩的规模，走向和深部形态，为钻探验证提供依据。但仅就电法异常尚难具体确定伟晶岩类型以及含矿性。

（一）视电阻率平面异常的解释与推断

1. 伟晶岩矿脉视电阻率异常

甲基卡麦基坦矿区视电阻率平面图（图 7-13）显示，视电阻率高异常与伟晶岩（矿）脉对应较好。最具特征的 X03 矿脉视电阻率平均值超过 8000Ω·m，最高值超过 27000Ω·m，高异常整体呈具有分支复合的特点，长约 3000m，东西向宽约 600m。北段由多条南北向—北北东向异常条带组合而成；中段异常合为一体；南段，由两条较窄的相互平行的南北向异常条带组合而成，与钻探验证结果吻合。其余的 X16、X17、X09、No.104、No.804 等伟晶岩脉，亦与视电阻率高异常有良好的对应，视电阻率平均值为 4000～12000Ω·m。

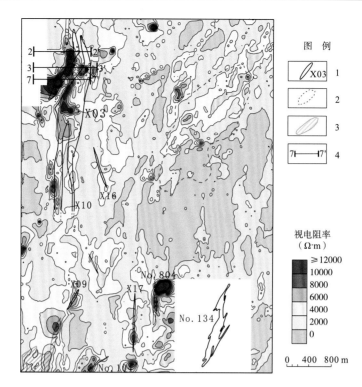

图 7-13　X03 等伟晶岩脉视电阻率平面图

1.锂辉石伟晶岩矿脉及编号 X03 为 4300m 标高的投影；2.片岩出露区；3.马颈子花岗岩；4.测深剖面

2. 花岗岩视电阻率异常

在南西向马颈子花岗岩北段，视电阻率呈面状高异常，平均值为 6000Ω·m，最高值超过 10000Ω·m。其形态与马颈子花岗岩的出露范围吻合较好。

3. 片岩出露区电阻率异常

在北东部片岩出露区，视电阻率平均值约 4000Ω·m，最高值约 8000Ω·m；南部片岩出露区，视电阻率平均值约 2000Ω·m，均为面状异常，整体呈北东向延展。

4. 沼泽区视电阻率异常

矿区南东部日西柯一带为沼泽区，受水体（湿地）影响，视电阻率降低，平均值约 1000Ω·m，最高值不超过 2000Ω·m。这一视电阻率异常为面状异常，范围较大，呈面状分布。

(二)视电阻率异常剖面特征和推断

测量获得的视电阻率数据，是一定范围内所有地质体电阻率的综合反应，其形态并不完全指示地质体的真实形态，为便于解释，需通过物性分析、激电剖面测深、反演、正演，将视电阻率转化为原位电阻率，并根据视电阻率平面图上的高阻异常，结合地质调查和钻探资料给予推断和解释(图 7-14)。

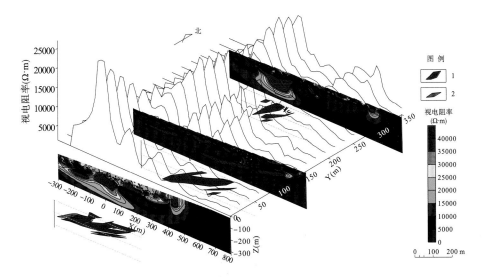

图 7-14　X03 锂矿脉视电阻率曲线，激电测深反演图像和勘探线剖面图

1.锂辉石矿脉；2.钠长细晶岩

为此，在区内 X03 矿脉产布范围，选定了有钻探验证的东西向 02、03 和 07 三条勘探线，开展了激电剖面测深测量和反演，并对反演完成后得到的模型进行正演。正演结果和测量数据之间的差值在 5%左右，说明反演模型符合数据，且没有过渡拟合而引起的假象。反演图像显示的特征描述如下。

1.02 号勘探线

高阻体的形态和通过实际钻孔数据计算得到的伟晶岩脉形态吻合较好。在剖面-50～50m 位置处高阻体总厚度最大，往西在浅部和深部都有分支，往东则向浅部延伸。这与勘探线剖面所反映伟晶岩矿脉形态和产状基本相近(图 7-15)。

2.03 号勘探线

在浅表有一个高阻层，推断是浅表的冻土高阻层。在反演剖面 400m 处，高阻体从浅部往深部向西延伸至剖面 100m，与 03 勘探线剖面主伟晶岩矿脉相近的位置，从浅部向深部往西延伸一致，且高阻体厚度与主伟晶岩脉厚度相近。在反演图像东侧，另一高阻体从浅部向深部往西延伸，与在勘探线剖面上另一支厚度较小的伟晶岩脉对应。从总体上看，高阻体与通过实际钻孔数据计算得到的伟晶岩脉形态吻合较好(图 7-16)。

3.07 号勘探线

在浅表有一个高阻层，推断是浅表的冻土高阻层。在浅表高阻层之下，高阻体的形态和通过实际钻孔数据计算得到的伟晶岩脉形态吻合较好。在反演剖面-100～0m 位置处有高阻体总厚度最大，往西向深部延伸并尖灭，这与勘探线剖面伟晶岩脉在剖面-100～0m 位置累积厚度最大，并往西向深部缓倾延伸、尖灭一致(图 7-17)。

据上述 X03 号伟晶岩脉的电法勘探剖面推断：视电阻率大于 4000Ω·m 条带状延伸

异常，可能为伟晶岩或花岗岩脉；视电阻率曲线的缓坡方向与测深反演图像高异常体向深部延伸方向一致，指示伟晶岩或花岗岩脉倾向；视电阻率曲线波峰位置与测深反演图像高异常体向地表延伸位置一致，推断此位置是伟晶岩或花岗岩脉顶部；视电阻率曲线值越大，测深反演图像高异常体厚度越大，推断伟晶岩或花岗岩脉厚度越大。

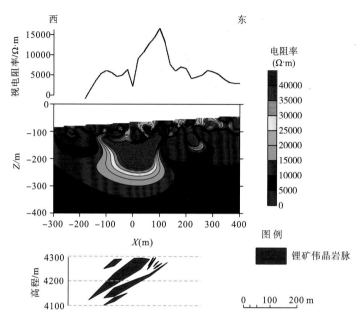

图 7-15 02 勘探线测深数据反演剖面。

上.激电中梯视电阻率曲线；中.反演结果；下.勘探线剖面(空白处为片岩)

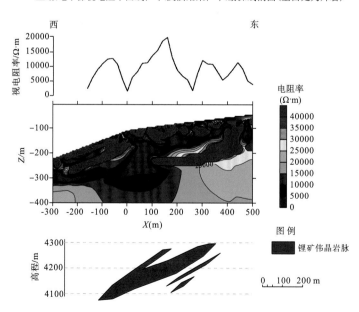

图 7-16 03 勘探线测深数据反演剖面

上.激电中梯视电阻率曲线；中.反演结果；下.勘探线剖面(空白处为片岩)。

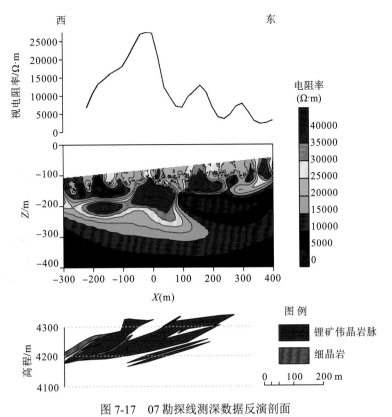

图 7-17　07 勘探线测深数据反演剖面

上.激电中梯视电阻率曲线；中.反演结果；下.勘探线剖面(空白处为片岩)。

四、电法测量成果的验证与应用

通过在甲基卡、麦基坦区和邻区电法测量结合验证结果表明：在第四系覆盖较浅(小于 150m)、伟晶岩矿脉规模较大、埋深较浅，且围岩岩性较为简单，不同岩石物性差异较大的前题下，电法物探应是有效的找矿手段之一。

需在此指出，虽视电阻率高阻异常可作为寻找伟晶岩及花岗岩的重要标志，但尚不能判别其是否含稀有元素及其具体含量。在不同地区，也可能因地形地貌及成矿地质条件的变化，而出现异常假象或遭受干扰，故在推广应用中，必须根据电法测量区的具体情况，配合开展地质填图和地球化学测量等方法，借以判别成矿元素的种类，"去伪存真"，尽力排除干扰因素的影响。

(一)地形地貌问题

在陡坡的底部常出现视电阻率高值异常，但此类异常并非由酸性侵入岩引起，而是由地形引起。在判别解释时，应通过现场调查判别是否为找矿异常区。

区内第四系类型主要有残-坡积、残积、冲积、沼泽沉积等，其物质组分不均一，温度不同，厚度一般小于 8m，对极距为 800～1000m 的电法测量影响较小，引起的异常不明显。但当第四系含水量较高，导致电流集中在浅部时，可引起极低的视电阻率异常。

伟晶岩巨大转块、围岩倒石堆也可形成局部异常，但曲线多至锯齿形跳跃，不能连续对比，可通过地质踏勘和增大 AB 极距后所获曲线的形态加以判别。

(二)岩层厚度对异常的影响

在动热变质片岩分布区，其视电阻率值较低，均值一般为 3000Ω·m。但在甲基卡麦基坦东北部拿西学打一带的片岩出露区，出现有一整体走向为北东—南西向的面状高电阻率异常区，均值为 4000Ω·m，经 AXZK002 钻孔的验证，这一地区的十字石红柱石二云母片岩厚度超过 150m，据此分析判断，厚度较大的片岩亦可引起该异常。

(三)岩层或片理产状电阻率的各向异性问题

因岩层或片理产状不同，电阻率也存在各向异性。一般垂直于片理的电阻率值明显要高于平行于片理的电阻率值，岩层或片理倾角变陡的区域会出现高电阻率异常。

甲基卡地区总体处于穹窿的顶部，片理的倾角一般不超过 18°，围岩片岩地区的电阻率异常一般呈面状，而非条带状，并局部出现异常值变化。通过地质调查，排除了这类异常是由酸性侵入岩引起的推断，而主要为由岩层或片理产状各向异性，或产状变化引起的异常。

(四)含透辉石/透闪石变粒岩及顺层长英质脉引起的异常

据甲基卡中北段北西甲基甲米一带所见，电阻率异常呈狭窄尖峰状。据地质填图见晚三叠纪侏倭组变质钙质砂岩，与异常对应的是经动热变质后形成的含透辉石/透闪石变粒岩，排除可能为伟晶岩大脉的推断。

甲基卡北段长梁子一带，处于穹窿变质体的顶部，沿层间滑脱空间，发育顺层的伟晶岩脉或长英质脉体。电法测量的结果显示，也出现视电阻率高异常，但这样高异常的特点一般呈面状，或点状断续分布条带状，规模不大，经 2016 年验证孔 SZK201、ZK401、ZK401 所证实，排除了可能为伟晶岩大脉异常的推断。

第四节　探地雷达测量

一、应用条件

在对第四系浮土掩盖区进行找矿勘查时，传统勘查手段主要为槽探、井探和坑探等进行地表揭露，这就难免使生态环境和草场遭受严重破坏。为将其破坏和影响程度降低到最低点，笔者在甲基卡麦基坦矿区开展了探地雷达试验。

探地雷达应用的原理和条件是，第四系浮土、片岩和伟晶岩(或花岗岩)之间的电磁波速度和介电常数存在明显不同，在其界面上有较强的电磁波反射，故根据比较特征的反射信号，可在一定深度范围内判别和圈定不同物性地质体间的边界。

　　为了验证探地雷达的有效性，并总结矿区探地雷达的成像特征和规律，首先麦基坦在已有钻孔控制的 GPR02、GPR03、GPR7 和 GPR15(图 7-18)4 条勘探线剖面上进行试验以获得经验数据。雷达天线采用低频的 50MHz，有效深度一般在 30m 左右；由于工作区地面不平，有较多植被，在探测时难以保持匀速行走，因此采用点测方式，点距为 1m。探地雷达数据获得后，去除了空气回波和地面波，去除了高频噪声。

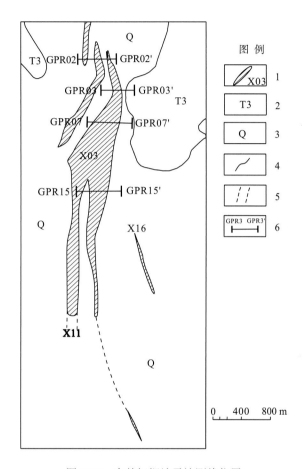

图 7-18　麦基坦探地雷达测线位置

1.伟晶岩脉及编号；2.三叠系片岩；3.马颈子花岗岩；4.海子；5.推测 X03 伟晶岩脉 4300m 标高延伸；6.探地雷达测线

二、探地雷达图像、能量强度和勘探线剖面对比试验

1. GPR02 探地雷达图像

　　在探地雷达图像上，第四系浮土中没有明显的界面，探地雷达信号强度弱。第四系浮土和伟晶岩之间或片岩与伟晶岩之间的不规则界面形成能量强度较大的界面反射，如图 7-19 探地雷达剖面图像界面 01、界面 02 和界面 03 所示，且根据这一界面的深度，可以推断伟晶岩脉在 ZK201 处顶板产出深度约 5m，在 ZK203 处顶板产出深度约 8m，这与钻孔 ZK201 和 ZK203 实地验证的矿脉顶板深度 4.21m 和 7.21m 相近(图 7-19)。

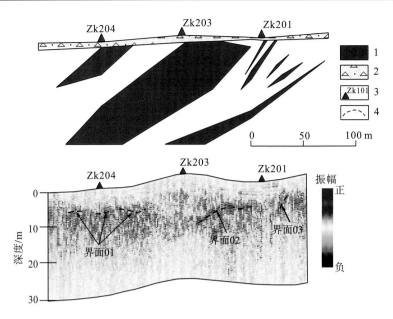

图 7-19　GPR02 勘探线剖面和探地雷达剖面对比图

上：勘探线剖面；下：探地雷达剖面图像

1.钠长锂辉石伟晶岩脉；2.第四系浮土；3.钻空位置及编号；4.岩性界面探地雷达信号

2. GPR03 探地雷达图像

在探地雷达图像上，第四系浮土中仍没有明显的界面，探地雷达信号强度弱。第四系浮土和伟晶岩之间或片岩与伟晶岩之间的不规则界面形成能量强度较大的界面反射，如图 7-20 中探地雷达剖面图像界面 01 所示，且根据这一界面的深度，推断第四系浮土厚度约 5 至 6m，与钻孔 ZK302 第四系浮土厚度 5.42m 相近。值得注意的是，对比探地雷达界面反射信号界面 01，其形态和勘探线剖面浅部伟晶岩顶界面形态基本一致（图 7-20）。

3.GPR07 探地雷达图像

在探地雷达图像上，第四系浮土中没有明显的界面，探地雷达信号强度弱。第四系浮土和伟晶岩之间或片岩与伟晶岩之间的不规则界面形成能量强度较大的界面反射，如图 7-21 中探地雷达剖面图像界面 01、界面 02 和界面 03 所示。探地雷达剖面和勘探线剖面对比，界面 01 是勘探线剖面钻孔 ZK702 处伟晶岩顶界面的反射，界面 02 是钻孔 ZK701 处缓倾伟晶岩顶界面的反射，而界面 03 则是钻孔 ZK701 右侧向浅部尖灭的伟晶岩脉底面的反射，这 3 个探地雷达信号横向连续形态和 07 号勘探线剖面中部伟晶岩顶界面或底界面形态一致（图 7-21）。

4.GPR15 探地雷达图像

对比 GPR15 探地雷达图像和钻探验证结果显示，在隐伏伟晶岩脉上覆第四系浮土厚度平均约 5m，这一推断与钻孔 1501 揭露的第四系厚度 4.1m 相近。在隐伏伟晶岩脉处，第四系浮土和伟晶岩脉的界面形成强度较大的反射信号，如图 7-22 界面 01 和界面 02 所示(图 7-22)。

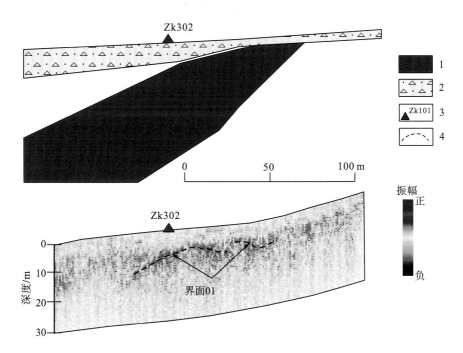

图 7-20　GPR03 勘探线剖面和探地雷达剖面对比图

上：勘探线剖面；下：探地雷达剖面图像

1.钠长锂辉石伟晶岩脉；2.第四系浮土；3.钻空位置及编号；4.岩性界面探地雷达反射信号

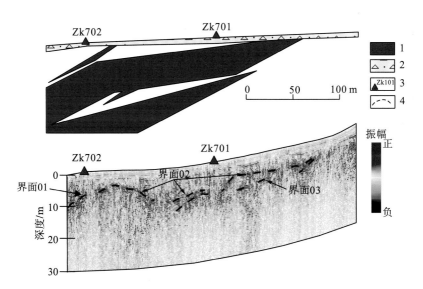

图 7-21　GPR07 勘探线剖面和探地雷达剖面对比图

上：勘探线剖面；下：探地雷达剖面图像

1.钠长锂辉石伟晶岩脉；2.第四系浮土；3.钻空位置及编号；4.岩性界面探地雷达反射信号

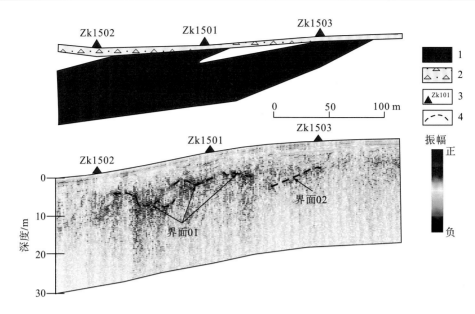

图 7-22 GPR015 勘探线剖面和探地雷达剖面对比图

上：勘探线剖面；下：探地雷达剖面图像

1.钠长锂辉石伟晶岩脉；2.第四系浮土；3.钻空位置及编号；4.岩性界面探地雷达反射信号

三、试验结论

通过 4 条探地雷达剖面的测量、成果图像、钻探验证以及勘探线对比分析，结果显示：

(1)第四系浮土内无明显界面，探地雷达信号弱；但当有冻土层发育时，出现连续的较弱的层状信号。

(2)花岗岩或伟晶岩与第四系和片岩之间的介电常数相差较大。花岗岩或伟晶岩脉的顶界面反射波强度大，能使探地雷达探测其埋深；花岗岩或伟晶岩转石区探地雷达信号呈杂乱反射，也能明显区分。

(3)片岩内部沿着片理发育的裂隙具呈层状的反射波，据此能推断第四系浮土层之下的片岩埋深。

上述表明， X03 矿脉所在的麦基坦矿区，使用探地雷达可以较为有效地确定隐伏伟晶岩脉顶界的位置，推断第四系浮土层厚度，以及隐伏伟晶岩脉横向延伸范围。总的看来，探地雷达可代替槽探、井探等地表山地工程，对地表勘探工程的布置具有指导作用，可大大减少对生态环境的破坏，应为绿色勘探可选用的手段之一。

需在此指出，探地雷达的应用也存在一些不足，在沼泽区，由于电导率较大，电磁波信号衰减较大，探地雷达剖面噪声较强，因此开展探地雷达工作应避免沼泽区。

第五节　地球化学找矿法的研究与应用

一、区域地球化学优选稀有金属找矿远景区

在四川西部及雅江-康定地区，以往曾先后开展完成 1∶50 万和 1∶20 万区域水系沉积物地球化学测量，并在甲基卡地区进行了 1∶5 万水系沉积物地球化学测量。

（一）1∶50 万区域水系沉积物异常特征

区域水系沉积物参数统计结果（表 7-5）显示，Li 元素的含量为 $0.52 \times 10^{-6} \sim 717 \times 10^{-6}$，平均为 42.45×10^{-6}；Be 元素的含量为 $0.067 \times 10^{-6} \sim 77.4 \times 10^{-6}$，平均为 2.53×10^{-6}，略高于全国水系沉积物背景平均值（2.19×10^{-6}）；Nb 元素的含量为 $0.1 \times 10^{-6} \sim 447 \times 10^{-6}$，平均为 17×10^{-6}。反映出 Li、Be、Nb 等稀有金属元素具有较高的区域丰度，平均值大于中位数、众数，且变异系数均较高，表明 3 种元素都存在局部富集或者叠加富集的可能性，反映出局部异常特别发育，容易集中成矿。

表 7-5　区域水系沉积物参数统计　　　　　　（单位：$\times 10^{-6}$）

元素	样本数	最大值	最小值	中位数*	平均值	标准差	变异系数	众数**	异常下限
Be	106165	77.4	0.067	2.39	2.53	1.20	0.48	2.4	5
Li	106165	717	0.52	40.3	42.45	17.95	0.42	40	78
Nb	106165	447	0.1	15.385	17.00	7.77	0.45	15	32

*：按顺序排列在一起的自然数据中居于中间位置的数，即右边组数据中，有一半数据比它大，有一半数据比它小
**：一组数据中，出现次数最多的数

据区域 Li 元素地球化学等值线图（图 7-23A），结合成矿地质背景和上述锂元素地球化学成果，优选出了雅江北部、马尔康-金川可尔因、石渠扎乌龙和九龙赫德-三岔河等 4 个稀有金属找矿远景区（图 7-23B）。其主要稀有元素地球化学特征如下。

1. 雅江北部稀有金属成矿远景区

综合分析成果显示，水系沉积物 Li 的含量为 $10.37 \times 10^{-6} \sim 717 \times 10^{-6}$，Li、B、Be、La、U、W 等呈高背景，正异常浓集趋势显著，三级分带清晰。全区共圈出 9 个 Li 异常区，主要分布在甲基卡、容须卡、仲尼、克尔鲁、红顶、木绒等地，是川西重要的锂、铍等稀有金属富集区，已发现多处大型-特大型稀有金属矿体。

2. 马尔康-金川可尔因稀有金属成矿远景区

区内水系沉积物 Li 含量为 $29.24 \times 10^{-6} \sim 344.25 \times 10^{-6}$，平均为 76.24×10^{-6}，高出全国 Li 背景值的 2 倍。全区共圈定 Li 异常 5 个，与该成矿远景区内的可尔因花岗岩体及稀

有伟晶岩脉体的分布范围一致。其中重点分布在松岗、集木、观音桥等地，区内已发现李家沟、党坝等多处中-大型花岗伟晶岩型稀有金属矿床。

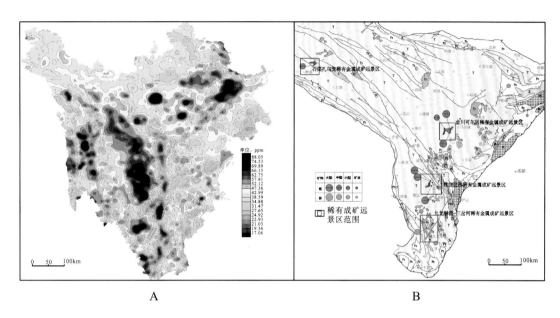

图 7-23　区域 Li 元素地球化学等值线图(A)及稀有成矿远景区图(B)

3. 石渠扎乌龙稀有金属成矿远景区

区内水系沉积物 Li 含量为 $25.4 \times 10^{-6} \sim 75.19 \times 10^{-6}$，平均为 45.9×10^{-6}。全区共圈定 Li 异常 4 个，主要高值区分布在西部和中部。西部高值区呈南北向展布，与花岗岩体和伟晶岩脉的出露区基本吻合，区内已发现扎乌龙中型花岗伟晶岩型锂矿体。

4. 九龙赫德-三岔河稀有金属成矿远景区

区内水系沉积物 Li 含量为 $26 \times 10^{-6} \sim 587 \times 10^{-6}$，平均为 67×10^{-6}。主要高值分布在日阿德(赫德、合德)，异常呈北西向展布，与九龙赫德岩体的分布范围一致。区内已发现埃今、打抢沟、洛莫等中小型锂、铍等稀有矿体及多个矿(化)点。

(二)1∶20 万区域水系沉积物异常特征圈定稀有金属富集区

康定-雅江地区 1∶20 万水系沉积物 Li 元素等值线图(图 7-24A)显示综合异常图(图7-24B)中，异常主要集中在甲基卡、容须卡、木绒、仲尼、红顶等地。其中，甲基卡异常强度和规模最大，浓集中心突出，富集趋势明显，面积约 $100km^2$；容须卡、木绒、仲尼、红顶等地有较弱的二级浓集带，异常强度略低。在甲基卡、容须卡、长征等异常范围，均见有花岗岩和(或)伟晶岩矿脉出露，并显示异常的大小和强度，与岩体、岩脉的分布、规模大小和剥蚀深度密切相关。

甲基卡矿田水系沉积物地球化学异常剖析图(图7-25)显示，寻找该类型锂矿资源，Li、Be、B 等指标的高度重叠，异常具有很好的指示作用。

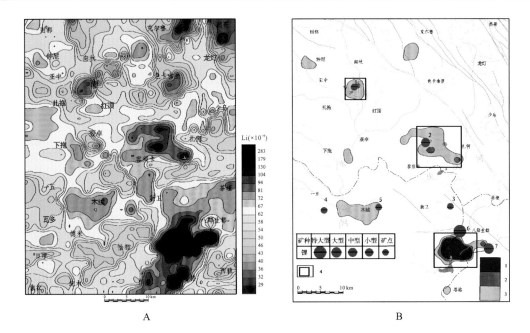

图 7-24　甲基卡及外国区域 Li 元素等值线图(A)及综合异常图(B)

(据 1∶20 万康定幅第二轮区域水系沉积物调查报告，1993 年，修改)

1.内带；2.中带；3.外带；4.稀有远景成矿区

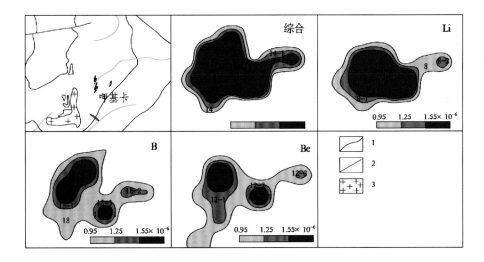

图 7-25　甲基卡 1∶20 万水系化探异常剖析图

(据 1∶20 万康定幅第二轮水系沉积物调查报告，1993 年，修改)

1.地质界线；2.断层；3.二云母花岗岩

(三)1∶5 万水系沉积物水系沉积物异常特征

甲基卡地区 1∶5 万水系沉积物 Li 元素异常图(图 7-26)显示，异常整体上呈北东向展布，同时交织有近东西向的异常条带，浓集中心主要集中在甲基卡，三级浓集带清晰。X03 脉与 No.134 脉等大型锂工业矿化伟晶岩脉均分布于异常区内，清楚显示具有很好的指示作用。

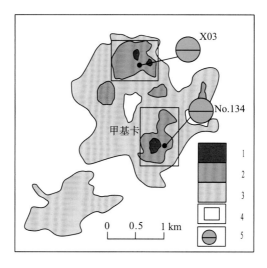

图 7-26　甲基卡地区 1∶5 万水系沉积物 Li 元素异常图
1.内带；2.中带；3.外带；4.靶区；5.大型特大型锂矿床

二、甲基卡地球化学找矿法的研究与应用

笔者本次在甲基卡除了开展原生晕、水化学找矿试点外，还开展了土壤地球化学测量试验与应用，为预测和找到新稀有金属矿脉发挥了比较重要的作用。

（一）成矿源岩和近矿围岩元素地球化学特征

1.区内各类岩石的地球化学特征

在甲基卡矿田南北向地球化学综合剖面调查显示（图 7-27），以伟晶岩脉为中心，发育以 Li、Be、Rb、Cs 异常为主的晕圈，元素含量较高，具步调一致的相似性变化；变质岩地段，局部出现的元素含量峰值，属于近脉电气石、堇青石化围岩蚀变所致。据表 7-6，区内花岗岩、伟晶岩、变质岩、蚀变岩中的 Li、Be、Rb、Cs、F、B、Nb 均具有较高的丰度，其中伟晶岩脉中 Li、Be、Rb、Cs、Nb 稀有元素含量最高，B、F 含量略低。就 Li 元素的平均含量而言，钠长锂辉石伟晶岩＞堇青石化片岩＞片岩＞砂板岩；砂板岩中 Li 的平均含量为 71.89×10^{-6}，明显高于地壳丰度；二云母花岗岩中 Li 的平均含量为 342.98×10^{-6}，整体上由南向北，有 Li 含量逐渐降低，而 F、B 等含量逐渐增高的趋势。

2.伟晶岩矿脉地球化学特征

从 X03 号钠长锂辉石脉 ZK102 岩心柱状图（图 7-28）中稀有元素变化曲线显示，Li、Be、Rb、Nb、Ta 稀有元素高值段均与伟晶岩矿脉对应。其中，Li、Be、Rb 含量相对较高，有晕存在，相关系数为 0.48～0.798；Nb、Ta 及 B、F 等基本无晕形成，背景值低，与锂等成晕元素相关系数<0.1。

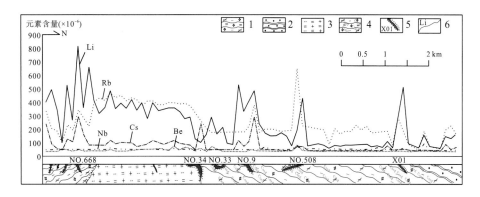

图 7-27　甲基卡南北剖面稀有元素含量变化曲线图

1.红柱石十字石片岩；2.变质砂板岩；3.二云母花岗岩；4.堇青石化红柱石十字石片岩；5.伟晶岩脉体及角岩化；6.稀有元素含量曲线

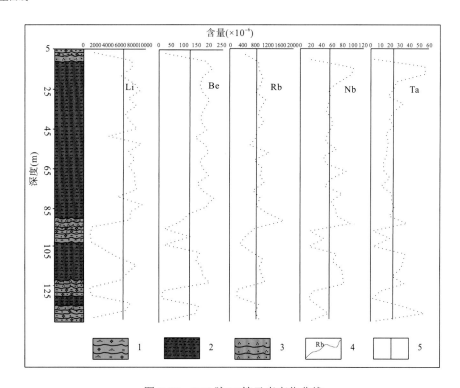

图 7-28　X03 脉 Li 等元素变化曲线

1. 堇青石化十字石二云母片岩；2.锂辉石伟晶岩；3.云英岩化；4.稀有元素曲线；5.稀有元素含量均值

另据 X03 号钠长锂辉石脉 01 号勘探线各个钻孔取样分析结果，于各矿脉顶、底部界面向外的近矿围岩中，可圈定出三级原生晕等值图(图 7-29)。图中显示，Li$_2$O>0.2%晕发育完整，但是宽度不大；0.1%<Li$_2$O<0.2%晕在矿体厚大部位发育较好；Li$_2$O<0.1%晕，在矿体上下盘较为发育。反映出远离矿体 Li 元素富集程度明显降低的特征。另 Li

等6种稀有元素含量变化基本一致，均呈跳跃式变化。

表 7-6　甲基卡南北剖面岩石相关指示元素平均值　　　　　　　（单位：$\times 10^{-6}$）

元素	南侧片岩	二云母花岗岩	钠长锂辉石伟晶岩	堇青石化片岩	北侧片岩	北侧砂板岩
Li	430.01	342.98	1332.82	457.25	145.43	71.89
Be	8.4	16.42	122.6	8.03	7.98	2.94
Rb	208.41	389.97	714.49	174.62	180.51	89.95
Cs	104.96	63.23	73.76	84.18	29.9	16.87
Nb	16.45	19.33	85.67	16.22	17.74	16.18
F	1122.32	526.36	659.52	987.72	795.76	649.01
B	1874	533.85	400.26	1868.94	319.07	763.7

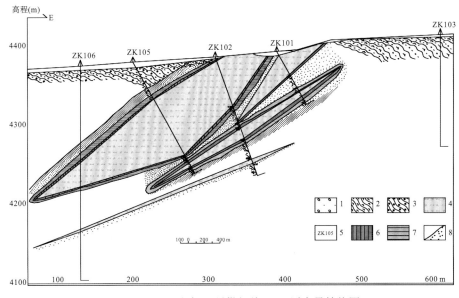

图 7-29　X03 号脉 01 号勘探线 Li_2O 原生晕等值图

1.第四系残破积物；2.堇青石化片岩；3.十字石片岩；4.伟晶岩矿脉；5.钻孔编号；6.$Li_2O>0.2\%$；7.$Li_2O<0.2\%>0.1\%$；8.$Li_2O<0.11\%$

(二)土壤地球化学找矿法的研究与应用

1.开展土壤地球化学找矿的条件

甲基卡地区海拔在 4000～4500m，地势较为平缓，气温低，属于高寒丘状高原地球化学景观区，有 80% 以上面积为第四系残（坡）积物覆盖，虽风化以物理风化作用为主，但因 Li、Be、Rb 等元素化学活性较强，易被黏土矿物吸附，具有在土壤中常形成元素异常的条件。本次实践表明，通过对土壤异常并结合地形地貌特征分析，能借以定性所圈定的物探异常是否为致矿物异常。

2. 土壤地球化学测量的方法

(1)测量元素的选择。

甲基卡为稀有金属矿床富集区,据以往地质勘查、水系沉积物和近土壤地球化学测量分析资料,选择了 Li、Be、Cs、Rb、Nb、Ta、Sn、F、B 等 9 个与成矿作用密切相关的指示元素。

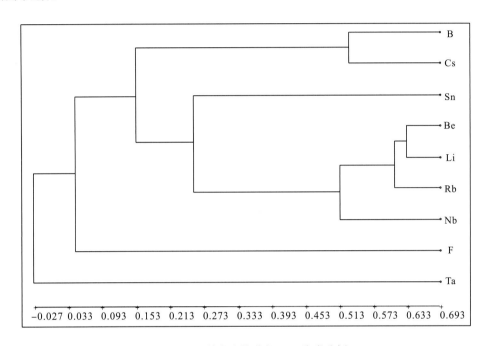

图 7-30 甲基卡土壤化探口 R 聚类分析

据元素相关性分析(图 7-30),Li 与 Be、Rb 具有正相关关系,相关系数为 0.645、0.603;Li 与 Ta、Cs、Sn、Be 之间相关性系数亦均在 0.5 以上。表明上述元素的土壤异常或组合异常,能较好地指示稀有金属矿体和矿化体的存在。

(2)取样深度、粒度及网度。

甲基卡残(坡)积物顶部为褐色、黑褐色的腐殖层,厚 10~20cm;之下为青灰、褐色含基岩风化碎块的亚砂土。经采样深度及粒度试验,采样深度确定为 30~50cm、粒度为 -20~+60 目时,Li、Be、Rb、Cs 等元素含量较高(图 7-31),可作为土壤化探样品的采样深度和加工粒度。

(3)异常下限的确定。

从本次土壤地球化学测量结果(表7-7)可以看出,B、Be、Cs、F、Li、Nb、Rb、Sn、Ta 9 元素均具有很高的区域丰度,具有较大的变异系数,在土壤中分布极不均匀,且富集趋势显著。

为了更好地确定异常的下限值,从而有效地圈定和缩小找矿靶区,笔者采用了三种方法计算异常下限值:①原始数据(加密数据)直接计算异常下限;②将原始数据(加密数

据)进行对数转换后按照 $\overline{X}+1.5S$ 计算，结果转换成真值得到异常下限；③采用原始数据
(加密数据)累积频率 85% 的数据直接作为异常下限。然后将三种方法获得的 5 组异常下
限值进行累加平均，以此平均值作为异常下限值来进行异常圈定(表 7-8)。

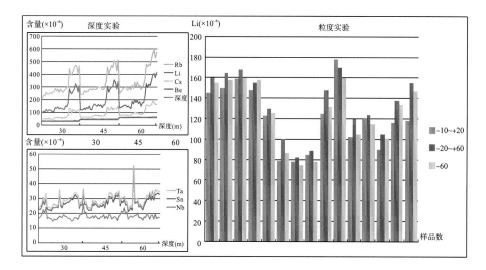

图 7-31　土壤采样深度与粒度试验

表 7-7　甲基卡矿田土壤元素地球化学特征参数统计

元素	平均值(X)	最大值(X_{max})	标准差(So)	变异系数(Cv)	富集系数(K)	叠加强度(D)
B	319.8	1660	173.3	0.542	6.691	1.416
Be	4.426	74.00	3.858	0.872	2.270	4.417
Cs	31.15	193.0	15.68	0.503	3.78	1.320
F	621.3	71532	1134	1.826	1.300	9.941
Li	132.4	2305	117.6	0.888	4.074	2.633
Nb	22.14	62.50	3.064	0.138	-	1.412
Rb	152.5	437.0	28.55	0.187	1.373	1.476
Sn	9.583	317.0	14.28	1.490	3.686	7.224
Ta	2.836	19.00	1.624	0.573	2.928	1.270

注：1.单位：$\times 10^{-6}$；2.全国平均值(C)取自《中国土壤》。

3. 土壤地球化学异常的圈定

(1)异常的圈定。

通过甲基卡地区 1∶1 万土壤地球化学测量，圈定出的 Li 元素异常，具多个浓集中
心，三级浓集带明显，与已发现矿(体)脉基本对应，并与 Be、Rb、Nb、Ta 等单元素异
常和部分电法物探异常套合。据单元素异常的套合关系，在甲基卡麦基坦土壤地球化学
测量区，共圈定出 14 处综合异常(图 7-32)。

(2)土壤化探致矿异常的判别与验证。

表 7-8　甲基卡土壤地球化学测量元素异常下限值计算结果表　　　（单位：×10⁻⁶）

元素	加密数据三种方法计算异常下限			原始数据三种方法计算异常下限			min	max	平均值	异常下限
	$(\log\overline{X}+1.5*\log S_o)$ 返还成真值	$\overline{X}+1.5\times S_o$	累频85%	$(\log\overline{X}+1.5*\log S_o)$ 返还成真值	$\overline{X}+1.5\times S_o$	累频85%				
B	547.3	529.0	500.9	585.7	538.6	500.9	500.9	585.7	533.7	500
Be	6.607	5.661	5.750	6.736	5.082	5.750	5.082	6.736	5.93	6.5
Cs	54.01	49.00	50.55	55.05	48.32	50.55	48.32	55.05	51.25	50
F	767.0	888.1	734.2	807.7	900.2	734.2	734.2	900.2	805.23	750
Li	237.4	195.1	169.1	242.3	190.9	169.1	169.1	242.3	200.65	200
Nb	23.74	23.57	23.18	25.40	25.10	23.18	23.18	25.40	24.03	24
Rb	180.1	175.8	170.7	183.8	178.5	170.7	170.7	183.8	176.6	180
Sn	16.02	12.62	11.96	14.31	10.90	11.96	10.90	16.02	12.96	13
Ta	4.738	4.210	3.450	5.780	4.714	3.450	3.450	5.780	4.39	4.2

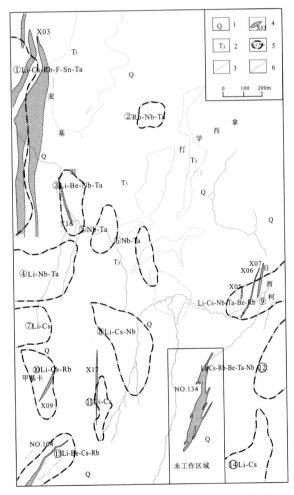

图 7-32　麦基坦土壤地球化学工作区综合异常图

1.第四系；2.上三叠统；3.水系；4.伟晶岩锂矿（化）体及编号（X03 为 4300m 以上投影）；5.综合异常范围及元素；6.地质界线

经对 14 处综合异常地面调查、电法物探定位和钻探验证，其中：

①号综合异常。位于北部第四系覆盖地区，具有 Li-Be-Rb-Cs-Nb-Ta-Sn-F 的综合异常，面积为 0.364km²，主成矿元素 Li 浓集中心明显，浓度分带发育，衬度 1～5，具有较大的异常规模，异常高值 1190×10⁻⁶，其他元素叠加强度均在 1.0 以上，平均衬度均为 1.0～5.0，富集趋势显著，经 20 个钻探工程验证控制，发现了 X03 超大型规模的稀有金属矿体(图 7-33)。

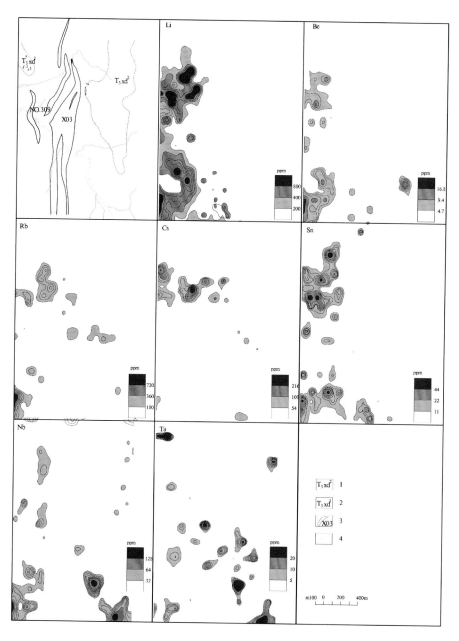

图 7-33　麦基坦①号综合异常剖析图

1.上三叠统新都桥组 2 段；2.上三叠统新都桥组 1 段；3.锂辉石伟晶岩矿脉(X03 为 4300m 标高投影)；4.推测地质界线

⑨号综合异常处于日西柯，异常面积为 0.17km²，Li-Be-Rb-Cs-Nb-Ta 综合异常，而主成矿元素 Li 异常具浓度分带发育特征，衬度 1~4，异常高值 985×10⁻⁶，其他元素平均衬度均为 1~3，表见有零星锂辉石伟晶岩露头，经探槽及钻孔揭露，新发现了 X05、X06、X07 三条锂辉石伟晶岩矿脉。

⑬号综合异位于西南甲基卡海子东，异常面积约 0.15km²，有锂元素及与之套合性较好的铍、铷、铯等异常显示，已发现有 No.104 号锂铍伟晶岩矿脉。

电法测量所圈定高阻异常，虽可指示花岗伟晶岩脉的存在，但难以判断是否含矿和具体含哪些矿种，故结合与之相对应的土壤化探异常元素组合和丰度分析，可对伟晶岩含矿性进行较为可靠的定性判别。

为了初步查明风化作用过程中，各相关成岩成矿元素的溶解、迁移状态，以及水质情况，笔者在开展甲基卡地区土壤化探时，还在部分河流、湖泊地表水体中，共采样 10 件。据样品分析结果统计，其中 K^+、Na^+、Li、SO_4^{2-}较高，Li 的平均含量为 3.38×10⁻⁹，pH 为 6.26~7.07，无色无味，属硫酸钠型弱酸-中性淡水。

第六节　多元找矿信息分析与钻探验证

一、成矿有利条件分析

该区地表第四系覆盖严重，伟晶岩脉分布非常稀少，露头零星出露，北部仅有锂辉石，目估品位 0.8%的疑是露头(No.445 脉)，出露宽度约 20m，长 100 余 m，前人推测脉体规模小，未进一步开展工作。基于笔者这几年的调查和找矿实践，对成矿规律总结并结合本区地质背景、类预测综合分析，得到以下结论：

(1)该区位于甲基卡穹窿体中段的东缘，整体属于钠长锂辉石(Ⅳ型)伟晶岩带范围，变质带为十字石-红柱石带。西侧邻区前人已发现 No.309 钠长锂辉石矿脉，受控于剪张裂隙，矿权人详勘氧化锂规模已达到大型，具有锂辉石伟晶岩赋存的有利地质背景。

(2)前人认为该区第四系是冰碛沉积，伟晶岩、锂辉石矿化伟晶岩转石为冰川漂砾，找矿前景不好。通过大比例尺遥感图像解译和第四系坡-残积寻根溯源转石填图追索，认为该区不具有冰川地貌特征，坡-残积物中锂辉石矿化伟晶岩的分布量、分布范围与地面伟晶岩露头出露是不相称的，稀少的伟晶岩零星露头难以提供如此多的伟晶岩转石。由此可以推测，在第四系掩盖层之下可能存在大规模锂辉石矿化伟晶岩脉，故推断为原地或准原地风化坡残积物。

(3)锂辉石矿化伟晶岩转石与相关十字石-红柱石动热变岩和近脉堇青石化角岩蚀变岩的转石有大致共存的分布关系，喻示该区地处成矿有利区。

(4)综合地质背景、大比例尺遥感解译及坡-残积填图成果，在麦基坦的北西圈定出南北长 4200m、宽 2500m 的区域作为重点评价区。

二、化探信息分析

高寒浅丘地球化学景观表明该地区应以机械物理风化为主，锂辉石以矿物碎屑形式存在于残坡积土壤中。1∶1 万土壤地球化学测量采样试验结果表明，−60 目至+20 目的截取粒度可以得到较好的效果，且不同地域的采样表明：作为主要围岩的二云母片岩分布区其 Li 元素值常低于 100×10^{-6}，平均值为 $\pm 65 \times 10^{-6}$；而矿化的花岗伟晶岩区，其 Li 含量多数大于 100×10^{-6}，甚至更高。

根据土壤地球化学测量，麦基坦北西的重点评价区圈出一个南北向面积大、强度高的①号 Li-Be-Rb-Cs-Nb-Ta-Sn-F 的综合异常区(图 7-33)。其中 Li 异常浓集中心明显，三级浓集带发育，异常峰值 1190×10^{-6}。推断在麦基坦地区第四系掩盖层下存在较大规模的矿化锂辉石伟晶岩脉或脉群，为广泛分布的含矿锂辉石伟晶岩转石和大面积的土壤地球化学异常提供物资来源。

三、物探电法信息分析

1∶5000 电法测量以高阻体为目标，其高阻异常可推断高阻体的空间分布、规模和产状参数等，起到对伟晶岩定位作用。电法测量成果表明，该区的锂辉石花岗伟晶岩有较高的视电阻率 $7390 \sim 13290\,\Omega \cdot m$，平均为 $10205\,\Omega \cdot m$；片岩围岩的视电阻率为 $1780 \sim 5120\,\Omega \cdot m$，平均为 $3068.9\,\Omega \cdot m$，两者间有较大的物性差异，这为电法测量手段的开展提供可行依据。

电法中梯扫面揭示该区有一系列条带状高电阻率异常体，空间上形成南北向的高电阻率异常带，异常带南北延长超过2000m，宽约300m，含锂辉石矿化伟晶岩露头，与高电阻率异常分布位置重合，这与伟晶岩为高视电阻率的物性特征相符。该处也与甲基卡地区大多数伟晶岩占脉构造均为南北走向展布的特征一致。该处视电阻率高异常带呈南北向展布，异常长 3000 余米，东西向宽约300~400m。异常带由长400~600m、宽80~120m 的高阻异常体集合而成，异常带北段，异常体分布较密集，呈北北东、北北西分支复合组合形态；南段异常体分布相对稀疏，近南北向分布。异常体视电阻率普遍高于$8000\,\Omega \cdot m$，峰值$27000\,\Omega \cdot m$，与物性测量里的视电阻率值接近。

土壤地球化学和电法两种测量成果相互印证显示，1∶1 万土壤地球化学测量圈定 Li 元素富集区，以区别于非矿化花岗和伟晶岩，起到了伟晶是否含矿的定性作用。虽然土壤地球化学异常与电法异常分布并未完全套合，土壤地球化学异常紧邻视电阻率高阻异常带分布于异常带西侧(图 7-34)。这一现象与地形相符，土壤地球化学异常分布于地势较低的坡地残积区，而高电阻率异常出现在相对较高的剥蚀区，X03 号 01 勘探线上疑是"露头"附近的 ZK01 孔恰好对应着高阻体异常。地表探槽刻槽采样分析结果表明，Li_2O 品位为 0.89%~2.54%，平均为 1.86%。因此，推测高视电阻率异常体是锂矿化伟晶岩脉所致。

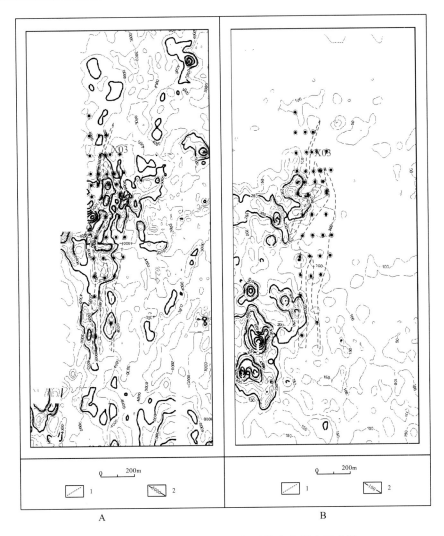

图 7-34 麦基坦 X03 脉物化探异常吻合程度示意图

A 图中：1.X03 脉为 4300m 标高投影；2.激电中梯测量值[ρs/(Ω·m)]。B 图中：1.X03 脉；2.Li 土壤地球化学测量值(×10⁻⁶)

四、钻探验证

钻探验证的目的用于浮土掩盖区解剖异常、追索矿脉边界、控制矿脉延伸，是最有效的找矿手段。如上所述，地质、化探、物探测量成果在麦基卡地区圈定了综合异常验证找矿靶区。经过综合多元信息分析，初步推断，以高视电阻率异常为目标，在麦基坦北西地区第四系掩盖层下存在较大规模的矿化锂辉石伟晶岩脉或脉群，伟晶岩脉体(群)呈分支复合，空间上南北向展布。因此，具备了钻探验证前提条件。遵循从已知到未知探索的原则，分两步实施。先期通过钻探验证确定高视电阻异常是否为伟晶岩，并获取实物性资料确定矿化指标，沿倾向上的矿化伟晶岩延伸规模；在此基础上，沿高视电阻率异常走向布设实施钻探，追索矿化伟晶岩脉体走向延长情况。

经 200m×100m 网距岩心钻探验证控制结果表明，X03 复合矿脉（体）规模巨大，估算氧化锂资源量为 88.55 万吨，达到超大型规模，并预测沿主矿体延长和延深方向的氧化锂资源总量可望达 100 万吨以上。并与西侧邻区的 No.309 矿脉在深部相连成一体（图 7-35），走向为南北向，矿（体）脉向西缓倾。

图 7-35　X03 与 No.309 矿脉

1.锂矿伟晶岩脉及编号（X03 矿脉为 4300m 标高投影）；2.X03 与 No.309 脉界线

第七节　甲基卡式矿床综合找矿模型

一、地质综合找矿模型基本准则

综合找矿模型的定义目前尚不统一，有人强调使用"模式"而慎用"模型"，也有人（肖克炎等，1994）认为，"模式"主要是对客观事物内在联系、内在机制的深入研究，具有高度理论概括意义；"模型"则强调应用，是对事物具体属性的刻划与描述。综合找矿模型是指对地质、地球物理、地球化学等多源信息的有机综合与研究，从中抽象出矿产资源体可能存在的控矿因素、找矿标志、找矿准则和矿化信息的概念或图表模型（施俊法，唐金荣，周平等，2010）。本次建立找矿模型遵循的基本准则如下。

1. 客观性

综合找矿模型是对具体的找矿标志及矿化信息综合研究，不涉及成矿作用的内在机理。一般来说，内生矿床的主要控矿因素、矿化蚀变类型、地球化学元素分布特征，以及地球物理场特征，相对是能够直接被人们所观察认识的，因此，找矿模型的对象是一种对客观信息的反映。例如，对某矿床具有一定重磁吻合异常及高阻高极化等找矿物性特征的总结，就是具体矿床地球物理场的客观反映。从建模方法来说，应保持模型信息的客观性，对一些成因不清或争议较大的因素，应予慎重考虑。

2. 信息的完整性

建立模型应包括尽量多的找矿信息。根据其信息来源，可分地质、地球物理、地球化学及其关联找矿信息，每一类又可根据信息获取手段和内容的不同，分成一些亚类，对其进行去粗取精、去伪存真的分析，借以提高模型的找矿效能。

3. 层次性和程序性

众所周知，矿田、矿床、矿体的找矿标志或准则，以及不同勘查阶段，所采用的勘查技术方法和勘查手段是不一样的。因此，不同勘查对象、不同勘查阶段及勘查手段的层次性和流程性，决定了所建模型的内容也不相同。一般较大规模的成矿地质背景和条件，通常可以作为矿带、矿田的找矿准则，而较小规模的控矿地质件则可以作为矿床、矿体的找矿标志。

地球物理、地球化学找矿信息，对于不同层次勘查对象是不一样的。按勘查比例尺可大致分为一般性总结模型，矿带、矿田找矿模型及详细矿床、矿体找矿模型。在区域上以发现矿带、矿田、矿床为目的的找矿预测中，建模主要是研究航磁、重力、遥感、分散流、土壤化探等找矿信息；模型层次性还体现在模型信息是可以相互交换的，不同层次模型可以相互关联。

4. 综合性

综合找矿模型，是在成矿规律研究基础上，通过对各种单一找矿模型（如：地质找矿模型、地球物理找矿模型、地球化学找矿模型、遥感找矿模型等）的综合分析，概括总结确定的各种控矿因素、找矿标志、找矿方法及其最佳组合。

由于不同勘查阶段，信息获取的方法手段和内容有所不同，加之各单一的模型信息不可避免地都有一定的局限性，故综合找矿模型的建立，必须以成矿模式为基础。甲基卡矿田中北部第四系覆盖严重，找矿难度大，笔者在总结区域成矿背景和成矿规律的基础上，有针对性地开展地、物（重力、磁法、电法、探地雷达）、化、遥和钻探等立体地质综合勘查试验，获得翔实的第一手地质基础资料。以发现 X03 超大型锂矿床的实践，通过对矿床(体)的地、物、化、遥诸方面信息显示特征的充分发掘及综合分析，并结合前人的地质研究成果性资料，从中优先选出有效的、具单解性的信息作为找矿标志，并确定了找矿标志和找矿方法的最佳组合，尝试建立了甲基卡式花岗伟晶岩型稀有金属矿的找矿模型，主要包括地质找矿模型、物理找矿模型、地球化学找矿模型、综合找矿模型，为快速找矿与快速评价提供了成功的借鉴。

二、地质找矿模型

这是地质勘查工作中普遍使用的找矿模型，是在地质概念的基础上通过进一步加强对找矿标志及找矿方法的经验总结而建立的。

1. 区域地质找矿标志

(1)成矿地质背景为松潘-甘孜碰撞造山带东部被动陆缘残余海盆滑脱-推覆褶皱带。中生代晚期，松潘-甘孜造山多层次推覆-滑脱，特别是深部的滑脱作用过程伴随着地壳局部熔融，曾先后经历南北向和东西向非共轴挤压收缩，形成了浅部构造层次"花岗岩浆底辟穹窿群"，控制稀有成矿远景区。与之有关花岗伟晶岩型稀有金属矿产，多成群产出。于四川西部形成了石渠成矿远景区、马尔康-金川可尔因成矿远景区、雅江北部成矿远景区以及康定-九龙成矿远景区。含矿地层均为晚三叠纪西康群复理石浅变质碎屑岩。

(2)三叠系西康群复理石浅变沉积岩区，双向挤压收缩背形构造横跨叠加部位。在甲基卡等穹窿为代表的双向挤压收缩背形构造横跨叠加部位，产生的花岗岩浆底辟穹窿花岗岩体之岩舌、岩枝及缓倾地段，常是伟晶岩脉产出的密集部位；穹窿周缘节理裂隙，给伟晶岩熔体溶液的上升提供了良好的通道和聚集场所。控制了稀有伟晶岩矿(床)田的产出。

(3)中生代壳熔型花岗岩浆浅层次底辟穹窿，及其黑云母—铁铝榴石—十字石(红柱石)—蓝晶石和夕线石渐进动力热流变质片岩带和热接触角岩带，伟晶岩脉均产于十字石至红柱石带围限的范围内。动热变质带大致指示了稀有伟晶岩就位的空间。

2. 矿床、矿体局部地质找矿标志

(1)花岗岩浆底辟穹窿体顶部及周缘，距岩体 0～1000m。

(2)穹窿体顶部及周缘，受冷缩性为主的层间剥离空间(缓倾)及纵、横构造裂隙(陡倾)构造裂隙，尤其是剪张切裂隙，主要是伟晶岩占脉构造。这些同力学性质、不同方向以及不同系统的裂隙构造控制着花岗伟晶岩脉。

(3)不同的(相对开放和封闭系统)裂隙系统，对伟晶岩的结构构造以及矿床的规模起着最重要的控制作用。相对的开放系统，可获得后期矿液多次脉动式贯入(物质的补给)，形成了 X03 号、No.134 等品位富、规模大的锂辉石矿床。

(4)含矿花岗伟晶岩转石残坡积及露头，准原地的含矿伟晶岩残(坡)积物堆是寻找隐伏矿体的重要找矿标志之一。

(5)具岩浆液态不混溶脉动式充填-交代型和岩浆结晶分异-自交代型成因特征的伟晶岩。钠长锂辉石型花岗伟晶岩脉是锂辉石矿床的直接标志。

(6)近脉(矿)内具云英岩化、电气石化气液蚀变，伟晶岩脉周缘不同程度地发育董青石化、电气石化等近脉接触变质带，特别是董青石化带宏观标志明显，易于识别。董青石化带的宽度、大小和形态与伟晶岩的类型、产状、规模、埋深及矿化具有密切的关系，是寻找、追索伟晶岩脉的易识别宏观标志。

3. 遥感影像及地貌标志

(1)与穹窿体核部花岗岩、伟晶岩、细晶岩、断裂带有关的遥感环形和线形影像。尤其是伟晶岩在遥感影像上呈灰色或灰白色，一般具有色调浅、高反射率与线性分布特点。高分辨率的遥感影像上可分辨出呈带状分布、一定规模的伟晶岩风化碎块的集中区，指示了可能存在隐伏的伟晶岩脉。

(2)伟晶岩脉体抗风化能力强，常突出地面呈正地形，可形成小山岗、岩墙、陡壁等地貌，且岩石色调较浅，形成野外寻找岩脉及矿脉的地貌及颜色标志。

三、地球物理找矿模型

(1)区域地球物理成矿背景。小比例尺区域重力低剩余异常区和区域航磁 $\triangle T$ 弱磁异常区可以反映有利的大地构造-岩浆部位区；中比例尺区域低重低磁异常特点推测雅江北部多中心的岩浆底辟穹窿群下面可能存在有埋深较大的大型隐伏花岗岩基或热流体，为成矿提供大量热源和流体。

(2)大比例尺重力和磁源重力资料反演得到的隐伏花岗岩顶界面信息，可推断花岗岩体和伟晶岩就位空间。

(3)大比例尺电法视电阻率高阻异常呈南北向带状延伸并经土壤化探异常定性，推断可能存在伟晶岩或花岗岩脉；视电阻率曲线的缓坡方向与测深反演图像高异常体向深部延伸方向一致，推断这一方向为伟晶岩或花岗岩脉倾向；视电阻率曲线波峰位置与测深反演图像高异常体向地表延伸位置一致，推断此位置是伟晶岩或花岗岩脉顶部；视电阻率曲线值越大，测深反演图像高异常体厚度越大，推断伟晶岩或花岗岩脉厚度越大。

四、地球化学找矿模型

(1)小比例尺水系沉积 Li、Be、Rb、Cs 等综合异常增高区。

区域上 Li 元素的富集与花岗岩岩体的分布、大小密切相关，同时出现 Li、Be、Rb、Cs 等稀有金属元素地球化学背景值增高的地区，可作为找矿远景预测区。

(2)中大比例尺土壤化探显示，Li、Be 异常规模大、浓度分带好、浓集中心突出的地段，并与 Be、Rb、Cs 异常套合较好区。

(3)地质剖面及钻孔中，Li、Rb、Cs 高值区段；与原生矿脉具成因联系的花岗岩 Li、F、B 含量较高。

(4)经大比例尺激电高阻异常定位和土壤化探异常定性，并经钻探验证见矿脉的地区。

五、甲基卡式稀有金属矿床综合找矿模型

通过对上述单一找矿模型的综合和概括，现将甲基卡式稀有金属矿床的层次性和程序性综合找矿模型，简要列表表达(表7-9)。

表7-9　甲基卡式花岗伟晶岩型稀有金属床综合找矿预测要素与流程模型简表

层次与流程		地质找矿预查—初步普查阶段找矿标志及找矿准则	资料来源及勘查方法组合
找矿靶区确定	地质标志	①构造单元：松潘-甘孜造山带被动陆缘残余海盆滑脱-推覆褶皱带	以往1：20万、1：25万区域地质调查报告及区域地质构造专著综合分析研究；野外重点调查
		②双向挤压收缩背形构造横跨叠加部位	
		③中生代壳熔型花岗岩浆浅层次底辟穹窿顶部及周缘	
		④含矿地层为晚三叠世西康群复理石浅变质碎屑岩	
		⑤环绕穹窿体发育黑云母—铁铝榴石—十字石(红柱石)—蓝晶石和夕线石渐进动力热流变质特点的片岩带、和热接触角岩带	
	物化遥标志	①小比例尺区域重力低剩余重常区	以往1：100万、1：50万重力异常图和1：100万、1：50万磁异常图
		②小比例尺区域航磁△T弱磁异常区	
		③小比例民水系沉积Li、Be、Rb、Cs异常增高区	以往1：20万Li元素地球化学异图
		④与穹窿体核部花岗岩、伟晶岩、细晶岩、断裂带有关的环形和线形影像，以及重力和磁源重力资料反演得到的花岗岩顶界面信息	2015～2016年：高分遥感解译；甲基卡1：2.5万重力测量；甲基卡1：2.5万高精度磁法测量资料
矿床预测	地质标志	①距穹窿体核部花岗岩体顶部及外接触带0～1000m	2015～2016年：甲基卡1：1万地质填图
		②穹窿体顶部及周缘层间剥离空间，以及纵、横控矿控岩裂隙系统，尤其是与花岗岩连接的开放型裂隙系统	
		③近岩(矿)围岩具云英岩化、电气石化气液蚀变	
	物化探标志	①土壤化探Li、Be异常浓集中心突出，与Be、Rb、Cs异常套合较好	2015～2016年：甲基卡1：1万土壤化探
		②综合地质剖面及钻孔中，原生岩(矿)脉对应Li、Rb、Cs高值区段，与成矿具成因联系的花岗岩Li、F、B含量较高	2015～2016年：甲基卡地区综合地质剖面及验证钻孔岩心取样分析资料
		③大比例尺视电阻率大于8000Ω·m的南北向条状异常带，指示存在伟晶岩、细晶岩和花岗岩，电阻率曲线波峰对应高阻异常体顶部，电阻率越大异常体厚度越大	2015～2016年：甲基卡1：5000激电测量
矿体预测	地质标志	①含矿伟晶岩转石残坡积及基岩露头	2015～2016年：1：2000地质填图；坡残积锂矿石"追根溯源"；探地雷达(超高频电磁波)探测；便携式取样钻
		②具岩浆液态不混溶脉动式充填-交代型、和岩浆结晶分异-自交代成因特征花岗伟晶岩	
		③钠长锂辉石型花岗伟晶岩脉的出现	
	物化探标志	经大比例尺激电高阻异常定位，和土壤化探异常定性，预测有资源体存在，并经钻探验证见矿的地区	地质、物探、化探等单一找矿模型综合研究，与钻探验证

结　　语

　　本书笔者以发现超大型 X03 锂辉石矿脉的历程，通过区域构造和穹窿构造研究分析，对矿田穹窿、典型矿床(脉)系统地质填图、地球物理、地球化学及遥感解译等进行一系列详细的调查和科学研究，分析研究岩体和伟晶岩脉蚀变岩地质特征、地球化学、同位素、成矿作用、控矿条件等，总结了成矿规律，提出了 Li-F 花岗质岩石及液态不混溶的多期充填-交代的脉动式成因认识，建立了甲基卡式矿床的成矿模式。通过综合找矿方法集成与应用，建立了稀有金属三维综合勘查和地质综合找矿模型，为实现快速找矿与快速勘查评价提供了技术支撑。笔者所取得的示范，是科研与实践相结合、科学理论认识与地质综合找矿技术的创新的结果。

　　但对 Li 元素富集的温压条件和地球化学背景，尤其是矿田深部地质结构、花岗岩基的深部的延伸及岩石组合特征、伟晶岩(矿)脉的垂直分异、分布等科学的问题还需要继续进行探深探索研究，以期深部资源预测。

　　甲基卡矿田总体处于穹窿体的顶部，两翼未完全出露，第四系掩盖面积大。从已发现的脉群和分布范围看，大多数为仅就脉找矿，寻找出露地表的伟晶岩(矿)脉前景仍然是有限的。为此，提出下一步找矿的方向：

　　(1)主要关注重力异常推断的隐伏花岗岩株形成的多中心小穹窿和伟晶岩脉的微地貌特征，寻岩株(枝)，发现伟晶岩(矿)脉侧伏。

　　(2)根据甲基卡穹窿隐伏花岗岩基向北北西倾伏向的推断，建议继续向甲基卡穹窿中南段的东缘、南东缘以及北东缘寻找浅部隐伏伟晶岩(矿)脉，在矿田的北部开展深部隐伏稀有金属矿脉的探深科学实验，摸清深部岩体展布和锂矿资源潜力。

　　(3)在雅江北部的容须卡、长征等其他的花岗岩底辟穹窿也发育夕线石—十字石—红柱石—石榴子石—黑云母动热渐进变质带，表明仍有规模不等的隐伏花岗岩岩基，变形机制均以伸展作用为主，在穹窿的周缘或翼部的剪张裂隙中，有利于伟晶岩脉的贯入形成稀有金属矿脉。该区区域化探显示了很好的锂等稀有元素异常，如笔者在长征穹窿北缘已发现了钠长锂辉石伟晶矿化脉，氧化锂的含量为 1.46%，这些穹窿的分布地区均是进一步寻找锂等稀有金属的找矿远景区。

主要参考文献

曹树恒，1994.石渠-甘孜-雅江重力正异常带的特征及其地质意义[J].四川地质学报，(01)：8-16.

陈毓川，薛春纪，王登红等，2003.华北陆块北缘区域矿床成矿谱系探讨[J].高校地质学报，(04)：520-535.

杜乐天，1986.碱交代作用地球化学原理[J].中国科学(D辑)，(1)：83-92.

杜绍华，黄蕴慧，1984.香花岭岩的研究[J].中国科学(B辑)，14(11)：1039-1047.

冯佐海，王春增，王葆华，2009.花岗岩侵位机制与成矿作用[J].桂林理工大学学报，29(2)：183-194.

付小方，郝雪峰，2016.中国地质调查成果快讯. 第二卷第41～42期.

付小方，侯立玮，许志琴等，1991.雅江北部热隆扩展系的变形-变质作用[J].四川地质学报，11(2)：79-86.

付小方，侯立玮，王登红等，2014.四川甘孜甲基卡锂辉石矿矿产调查评价成果[J].中国地质调查，1(3)：37-43.

付小方，袁蔺平，王登红等，2015. 四川甲基卡矿田新三号稀有金属矿脉的成矿特征与勘查模型[J].矿床地质，34(6)：1172-1186.

付小方，郝雪峰，袁蔺平等，2016.四川甲基卡稀有金属矿田中南段中南段重点调查评价报告(内部资料).

付小方，侯立玮，郝雪峰，梁斌等，2016.四川三稀资源综合研究与重点评价(内部资料).

干国梁，1993.熔体-溶液体系中元素分配系数：新资料及其研究方向[J].地质科技情报，(2)：55-65.

郭承基，1963.与花岗岩有关的稀有元素地球化学演化的继承发展关系[J].地质科学，4(3)：109-127.

郝雪峰，付小方，梁斌等，2015.川西甲基卡花岗岩和新三号矿脉的形成时代及意义[J].矿床地质，34(6)：1199-1208.

侯立玮，付小方，2002.松潘-甘孜造山带东缘穿隆状变质地质体[M].成都:四川大学出版社.

胡受奚，孙明志，严正富等，1984.与交代蚀变花岗岩有成因联系的钨、锡和稀有亲花岗岩元素矿床有关的一种重要的成矿模式[A].//徐克勤，涂光炽.花岗岩地质和成矿关系.南京:江苏科技出版社:346-356.

胡受奚，周顺元，任启江等，1982.碱交代成矿模式及其成矿机制的理论基础[J].地质与勘探，(1)：2-6.

华仁民，2011. 关于花岗岩成因分类与花岗岩成矿作用若干基本问题的思考——与张旗先生等商榷[J].矿床地质，(01)：163-170.

黎彤，1994.中国陆壳及其沉积层和上陆壳的化学元素丰度[J].地球化学，(2)：140-145.

李建康，王登红，张德会等，2007.川西典型伟晶岩型矿床的形成机理及其大陆动力学背景[M].北京：中国原子能出版社.

廖远安，姚学良，1992.金川过铝多阶段花岗岩体演化特征及其与成矿关系[J].矿物岩石，12(1)：12-22.

卢焕章，2011.流体不混溶性和流体包裹体[J].岩石学报，27(5)：1253-1261.

罗照华，等，2013.火成岩的晶体群与成因矿物学展望[J].中国地质，40(1)：176-181.

马昌前，1988.北京周口店岩株侵位和成分分带的岩浆动力学机理[J].地质科学，(4)：53-65，97-98.

潘桂棠，朱弟成，王立全，等，2004. 班公湖-怒江缝合带作为冈瓦纳大陆北界的地质地球物理证据[J]. 地学前缘，11(4):371-382.

潘蒙，唐屹，肖瑞卿等，2016.甲基卡新3号超大型锂矿脉找矿方法[J].四川地质学报，(03):422-425.

邱家骧，1985.岩浆岩岩石学[M].北京：地质出版社.

史长义，2008.中国花岗岩类化学元素丰度研究[M].北京：地质出版社.

司幼东, 1966.稀有元素络合物在成矿过程中的相关机理问题[J].地质科学, 7(1): 1-21.

四川地矿局404队, 1969.四川康定甲基卡矿区 No.9 花岗伟晶岩型铍矿床初步勘探报告(内部资料).

四川地矿局404队, 1974.四川康定甲基卡稀有金属花岗伟晶岩矿床详细普查报告(内部资料).

四川地矿局区调队, 1982.1:20万康定幅特种矿产报告(内部资料).

四川省地质调查院, 2012.四川省矿产资源潜力评价报告(内部资料).

四川省地质调查院, 2012.四川省矿产资源潜力评价报告(内部资料).

四川省地质调查院, 2016.四川三稀资源综合研究与重点评价报告(内部资料).

苏嫒娜, 田世洪, 侯增谦等, 2011.锂同位素及其在四川甲基卡伟晶岩型锂多金属矿床研究中的应用[J].现代地质, 25(2): 236-242.

孙晓明, 王敏, 薛婷等, 2004.流体包裹体中微量气体组成及其成矿示踪体系研究进展[J].地学前缘, 11(2): 471-478.

唐国凡, 吴盛先, 1984.四川省康定县甲基卡花岗伟晶岩锂矿床地质研究报告(内部资料).

唐国凡, 杨生富, 1990.四川省区域矿产总结(稀有金属)(内部资料).

王登红, 李建康, 付小方, 2005.四川甲基卡伟晶岩型稀有金属矿床的成矿时代及其意义[J].地球化学, 34(6): 541-547.

王联魁, 黄智龙, 2000.Li-F 花岗岩液态分离和实验[M].北京: 科学出版社.

王联魁, 朱为方, 张绍立, 1983.液态分离——南岭花岗岩分异方式之一[J].地质评论, 29(2): 365-373.

王联魁, 王慧芬, 黄智龙, 1999.Li-F 花岗岩液态分离的稀土地球化学标志[J].岩石学报, 15(2): 170-180.

王联魁, 王慧芬, 黄智龙, 2000.Li-F 花岗岩液态分离的微量元素地球化学标志[J].岩石学报, 16(2): 145-152.

王联魁, 张绍立, 杨文金等, 1987.稀有元素花岗岩岩浆成矿作用——兼评成因认识的演变[J].地质与勘探, (1): 46-56.

王秋舒, 元春华, 许虹等, 2016.锂矿全球资源分布与潜力分析[A].北京: 地质出版社.

吴利仁, 1973.我国某地稀有元素花岗伟晶岩矿床的特征[A].//全国稀有元素地质会议论文汇编组.全国稀有元素地质会议论文集(第二集).北京: 科学出版社, 126-152.

吴利仁, 1984.从板块构造展望岩浆岩石学[J].矿物岩石地球化学通讯, (03): 67-73.

吴利仁, 刘若新, 梅厚钧等, 1960.云南某地硫化铜镍矿床[J].地质科学, (02): 73-78.

夏宗实, 1993.松潘-甘孜造山带三叠系陆源碎屑岩燕山早期同造山区域近变质作用[J].四川地质学报, (03): 189-192.

肖克炎, 1994.试论综合找矿模型[J].地质与勘探, (01): 41-45.

许志琴, 侯立玮, 王宗秀等, 1992.中国松潘-甘孜造山带的造山过程[M].北京: 地质出版社.

许志琴, 杨经绥, 李海兵, 等, 2007.造山的高原———青藏高原的地体拼合, 碰撞造山及隆升机制[M].北京: 地质出版社.

颜丹平, 宋鸿林, 1997.扬子地台西缘江浪变质核杂岩的出露地壳剖面构造地层柱[J].现代地质, 11(3): 290-297.

杨岳清, 倪云祥, 王立本等, 1988.南平石(nanpingite)———一种新的铯云母[J].岩石矿物学杂志, 7(1): 49-58.

易顺华, 李同林, 1994.热液脉动与岩浆涌动控制机理浅论[J].地质科技情报, (1): 86-88.

袁忠信, 白鸽, 杨岳清, 1987.稀有金属花岗岩型矿床成因讨论[J].矿床地质, 6(1): 88-94.

张旗, 金惟浚, 李承东等, 2015.岩浆热场与热液多金属成矿作用[J].地质科学, (01): 1-29.

张如柏, 1974.我国某地区锂辉石伟晶岩形成特征的初步探讨[J].地球化学, (3): 182-191.

张生, 等, 2014.硼在共存水蒸气-富硼熔体之间分配的实验研究及其地质意义[J].地球化学, 43(6): 583-591.

张天宇, 等, 2012.花岗岩体侵位机制及成矿作用研究进展[J].西北地质, 45(1): 147-150.

张文淮, 张志坚, 伍刚, 1996.成矿流体及成矿机制[J].地学前缘(4): 245-252.

张志强, 1993.花岗岩体定位机制研究进展综述[J].地球科学进展, (2): 19-28.

赵永久，2007. 松潘-甘孜东部中生代中酸性侵入体的地球化学特征、岩石成因及构造意义[D]. 广州：中国科学院研究生院（广州地球化学研究所）.

赵振华，1997. 微量元素地球化学原理[M]. 北京：科学出版社.

郑来林，金振民，潘桂棠，，等2004. 东喜马拉雅南迦巴瓦地区区域地质特征及构造演化[J]. 地质学报，78(6)：744-751.

郑秀中，等，1982. 霏细岩中的富铯锂云母[J]. 矿物学报，2(3)：237-238.

中国科学院贵阳地球化学研究所，1979. 华南花岗岩类的地球化学[M]. 北京：科学出版社，1-421.

中国矿床发现史•四川卷编委会，1996. 中国矿床发现史•四川卷[M]. 北京:地质出版社.

朱金初，刘伟新，周凤英，1993. 香花岭431岩脉中翁岗岩和黄英岩及空间分带和成因联系[J]. 岩石学报，9(2)：158-166.

朱金初，饶冰，熊小林等，2002. 富锂氟含稀有矿化花岗质岩石的对比和成因思考[J]. 地球化学，31(2)：141-152.

邹天人，徐建国. 1975. 论花岗伟晶岩的成因和类型的划分[J]. 地球化学，(3)：161-174.

Armstrong R L，1972. Low-angle(denudation)faults，hinterland of the Sevier orogenicbelt，eastern Nevada and western Utah[J]. Geological Society of America Bulletin，83(6):1729-1754.

Badanina E V，Trumbull R B，Wiedenbeck M，et al.，2005. The behavior of rare earth and lithophile trace elements in rare-metal granites: a study of fluorite，melt inclusions and host rocks from the Khangilay complex，Transbaikalia[J]. Canadian Mineralogist，44(3):667-692.

Barbarin B，张健奕，1997. 两种主要过铝质花岗岩类的成因[J].地质科学译丛，(02)：11-14.

Bellieni G，Cavazzini G，Fioretti A M，et al.，1996. The Cima di Vila (Zinsnock) intrusion，easterna Alps: evidence for crustal melting，acid-mafic magma mingling and wall-rock fluid effects[J]. Mineralogy and Petrology，56(1):125-146.

Beus A A，Severov V A，Sitnin A A，et al.，1962. Albitized and Greisenizedgranites(Apogranite) [M]. Moscow：Nauka Press.

Cady J W，1980. Calculation of gravity and magnetic anomalies of finite-length right polygonal prisms[J]. Geophysics，45(10):1507-1512.

Cerny P，1992. Geochemical and petrogenetic features of mineralization in rare- element granitic pegmatites in the light of current research[J]. Applied Geochemistry，7(5):393-416.

Cerny P，Meintzer R E，Anderson A J，1985. Extreme fractionation in rare-element granitic pegmatites：selected examples of data and mechanisms[J]. The Canadian ineralogist，23(3):381-421.

Collins W J，Sawyer E W，1996. Pervasive granitoid magma transfer through the lower–middle crust during non-coaxial compressional deformation[J]. Journal of Metamorphic Geology，14(5):565-579.

Davis G H，1980. Structural characteristics of metamorphic core complexes，southern Arizona[J]. Geological Society of America Memoirs，153:35-78.

Finger F，Roberts M P，Haunschmid B，et al.，1997. Variscan granitoids of central Europe：their typology，potential sources and tectonothermal relations[J]. Mineralogy and Petrology，61(1-4):67-96.

Förster H J，Tischendorf G，Trumbull R B，1997. An evaluation of the Rb vs. (Y + Nb) discrimination diagram to infer tectonic setting of silicic igneous rocks[J]. Lithos，40(2-4):261-293.

Ginzhurg A I，Lugovskiy G P，Riabenko V E，1972. Gesiummicas:new type of ore[J]. Geol Mineral Res，8:3-7.

Glyuk D S，Shinakin B M，1986. The role of liquid-immiscibility differentiation in the pegmatite process[J]. Geochem. Int. 23(8):38-49.

Gramenitskiy Ye N，Shekina T I，1994. Phase relationships in the liquidus part of a granitic system containing fluorine[J]. Geochem. Int.，31 (1)：52-70

Harris N B， Pearce J A， Tindle A G， 1986. Geochemical characteristics of collision-zone magmatism[J]. Geological Society, London， Special Publications， 19(1): 67-81.

Hawthorne F C， Teertstra D K， Černý P， 1999. Crystal-structure refinement of a rubidian cesian phlogopite[J]. American Mineralogist， 84(5-6):778-781.

Lister G S， Davis G A， 1989.The origin of metamorphic core complexes and detachment faults formed during Tertiary continental extension in the northern Colorado River region， USA[J]. Journal of Structural Geology， 11(1-2):65-94.

Middlemost E A K， 1994. Naming materials in the magma/igneous rock system[J]. Earth-Science Reviews， 37(3):215-224.

Norman D I， 1994. Musgrave J N2-He-Ar compositions in fluid inclusions-indicators of fluid source[J]. Geochim Cosmochim Acta, 58:1119-1131.

Norman D I， Moor I N， 1999. Methane and excess N2 and Ar in geothermal fluid inclusions[A]. In:Proc.， 24th Workshop GeathermReservior. England: Stanford University， 196-202.

Norman D I， Moor I N， Yonaka B， et al.， 1996. Gaseous species in fluid inclusions， A tracer of fluids and indicator of fluid processes[A]. In:Proceedings of 21st Workshop on Gen-thermal ReservriorEngineering. Stanford: Stanford University， 233-240.

Olivier P， Gleizes G， Paquette J L， et al.， 2008. Structure and U-Pb dating of the Saint-Arnac pluton and the Ansignancharnockite (Agly Massif): A cross-section from the upper to the middle crust of the Variscan Eastern Pyrenees[J]. Journal of the Geological Society， 165(1):141-152.

Pearce J A， 1984. Trace element discrimination diagrams for the tectonic interpretation of granitic rocks[J]. Journal of Petrology, 25(4):956-983.

Pearce J A， 1996. Source and settings of granitic rocks[J]. Episodes， 19:120-125.

Pearce J A， Harris N B， Tindle A G， 1984. Trace element discrimination diagrams for the tectonic interpretation of granitic rocks[J]. Journal of Petrology， 25(4): 956-983.

Pitcher W S， 1983. Granite type and tectonic environment[A]. In: Mountain building processes. London: Academic Press: 19-40.

Pouget P， 1991. Hercynian tectono-metamorphic evolution of the Bosost dome (French–Spanish central Pyrenees) [J]. Journal of the Geological Society， 148(2): 299-314.

Raju R D， Rao J S R K， 1972. Chemical distinction between replacement and magmatic granitic rocks[J]. Contributions to Mineralogy and Petrology， 35(2):169-172.

Shcherba G N， Stepanov V V， Masgutov R V， 1964. Beryllium and Tantalum-Niobium Mineralization Associated With Granitoids[M]. Alma-Ata: Nauka Press.

Soula J C， 1982. Characteristics and mode of emplacement of gneiss domes and plutonic domes in central-eastern Pyrenees[J]. Journal of Structural Geology， 4(3): 313-337， 339-342.

Sylvester P J， 1998. Post-collisional strongly peraluminous granites[J]. Lithos， 45(s 1-4):29-44.

Talwani M， Worzel J L， Landisman M， 1959. Rapid gravity computations for two-dimensional bodies with application to the Mendocino submarine fracturezone[J]. Journal of geophysical research， 64(1):49-59.

Veksler I V， 2004. Liquid immiscibility and its role at the magmatic–hydrothermal transition: a summary of experimental studies[J]. Chemical Geology， 210(1): 7-31.

Veksler I V， Thomas R， 2002. An experimental study of B-， P-and F-rich synthetic granite pegmatite at 0.1 and 0.2 GPa[J]. Contributions to Mineralogy and Petrology， 143(6): 673-683.